图 2-13　德国 HEPO 银行办公厅模型

图 2-30　梵帝冈圣·彼得教堂柱廊光影

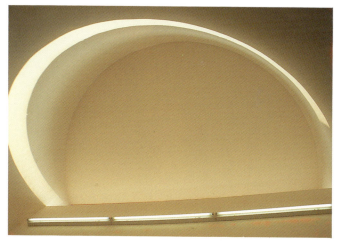

图 2-8　法国某商店模特儿设置

图 2-27　德国斯图加特美术馆天窗

图 2-29　法国朗香教堂侧窗光影

图 2-31　德国斯图加特美术馆门厅光影

图 2-32 法国巴黎某商场大厅灯光

图 2-43 德国慕尼黑某歌剧院观众厅

图 2-33 德国斯图加特美术馆走廊灯光
图 2-34 德国慕尼黑某餐馆灯光

图 2-44 德国柏林音乐厅观众厅
图 2-45 上海城市合作银行浦江支行营业厅

图 2-48　暖色楼梯扶手易成图形

图 2-77　匈牙利布达佩斯某工艺品商店的质地设计

图 2-76　德国慕尼黑某银行营业厅质地设计

图 2-78　捷克布拉格某陶瓷商店质地设计

图 2-79　荷兰鹿特丹某餐厅质地设计

图 2-80　德国慕尼黑郊区某餐馆质地设计

图 2-93 封闭空间（朗香教堂）

图 2-94 开敞空间（住宅客厅）

图 2-95 共享空间（马来西亚吉隆坡某宾馆商场）

图 2-96 流动空间（北京某宾馆中庭）

图 2-100 空间方向（慕尼黑某书店楼梯）

图 2-97 迷幻空间（维也纳某储蓄银行）

图 2-101　空间深度（巴黎某超市大厅）

图 2-104　某商店的顶棚设计

图 2-106　上海城市合作银行浦江支行营业厅（电脑绘制的彩图）

图 2-107　唐山抗震纪念馆

图 2-108　日式餐厅

图 2-109　埃及式餐厅

图 2-116 德国柏林音乐厅的声学处理

图 3-14 浴室

图 2-117 德国慕尼黑音乐厅的声学处理

图 3-18 香港某住宅客厅

图 3-13 床

图 3-15　厨房

图 3-19　香港某住宅餐厅

图 3-22　香港某住宅用餐空间

图 3-21　香港某住宅会客空间

图 3-29　荷兰海牙某超市中的室内商业街

图 3-24　香港某住宅卧室入口
图 3-25　香港某住宅客厅
图 3-30　法国巴黎某超市的地下商场
图 3-34　法国巴黎橙子般的饮料亭
图 3-37　德国慕尼黑某小百货商店的店堂

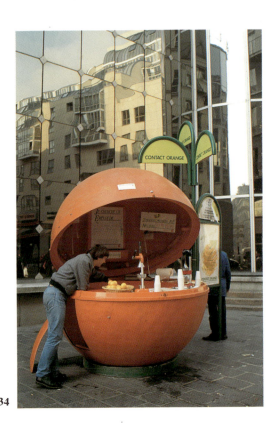

图 3-43 德国柏林某鞋店的店堂

图 3-48 上海东海商都中庭

图 3-50 法国巴黎某超市内环境　　　　　　　　　　　图 3-56 瑞士苏黎士某商店入口
图 3-52 法国巴黎某购物中心地上部分　　　　　　　　图 3-53 法国巴黎某购物中心地下部分

图 3-58　柜式橱窗

图 3-59　厅式橱窗

图 3-60　岛式橱窗

图 3-61　陈列柜

图 3-66　德国慕尼黑某咖啡厅及酒吧

图 3-73 德国慕尼黑市郊小餐馆餐厅一角

图 3-71 德国慕尼黑市郊小餐馆 外观

图 3-67 德国慕尼黑某咖啡厅及酒吧
图 3-72 德国慕尼黑市郊小餐馆

图 3-74 荷兰鹿特丹意大利风味餐馆
图 3-75 荷兰鹿特丹意大利风味餐馆

图 3-81 奥地利萨茨堡室外餐座

图 3-76 荷兰鹿特丹意大利风味餐馆

图 3-82 瑞士苏黎士某住宅旁的室外餐座

图 3-89　德国慕尼黑某超市里的小餐厅

图 3-92　匈牙利布达佩斯某宾馆大堂酒吧

图 3-90　德国慕尼黑某餐馆一角

图 3-91　德国慕尼黑某餐馆一角

图 3-93　德国慕尼黑某餐馆的吊顶和墙面设计

图 3-94　德国慕尼黑某咖啡室顶棚

图 3-95　德国慕尼黑某咖啡室一角

图 3-96　法国斯特拉茨某餐馆的灯光

图 3-100　法国 Verona 博物馆展厅

图 3-101　法国 Verona 博物馆展厅

图 3-102　德国慕尼黑某工业品展览会大厅

图 3-103 荷兰某博物馆

图 3-104 意大利罗马某展览馆大厅

图 3-105 瑞士苏黎士某展览馆

图 3-106 瑞士苏黎士某展览馆

图 3-117 意大利西那某银行柜台

图 3-118　北京某宾馆洽谈室

图 3-119　德国波恩中国驻德国大使馆客厅

图 3-120　奥地利维也纳某银行接待室

室内设计与建筑装饰专业教学丛书暨高级培训教材

人体工程学与室内设计

（第二版）

同济大学　刘盛璜　编著

中国建筑工业出版社

图书在版编目(CIP)数据

人体工程学与室内设计/刘盛璜编著.—2版.—北京：
中国建筑工业出版社,2004（2023.12重印）
室内设计与建筑装饰专业教学丛书暨高级培训教材
ISBN 978-7-112-06151-8

Ⅰ.人… Ⅱ.刘… Ⅲ.室内设计—人体工效学—
教材 Ⅳ.TU238

中国版本图书馆 CIP 数据核字(2004)第 057566 号

室内设计与建筑装饰专业教学丛书暨高级培训教材
人体工程学与室内设计
（第 二 版）
同济大学 刘盛璜 编著

*

中国建筑工业出版社出版、发行（北京西郊百万庄）
各地新华书店、建筑书店经销
建工社（河北）印刷有限公司印刷

*

开本：880×1230毫米 1/16 印张：15¾ 插页：8 字数：492千字
2004年7月第二版 2023年12月第四十五次印刷
定价：46.00元（含光盘）
ISBN 978-7-112-06151-8
(12164)

版权所有 翻印必究
如有印装质量问题，可寄本社退换
（邮政编码 100037）

本社网址：http://www.cabp.com.cn
网上书店：http://www.china-building.com.cn

本书是室内设计理论丛书的基础,全书共分三大部分,即人体工程学基础、人和环境、环境行为与室内设计。全书较系统地介绍了人体工程学与室内设计的基本知识,人和环境交互作用的概念,并通过不同环境行为的分析和实例介绍,探讨为人创造经济、舒适、安全、卫生的室内环境的基本理论和方法。全书图文并茂,书中的大量彩图和实例,均为作者多年来从国内外收集的资料,许多理论概念也是作者多年的研究成果。

　　本书可作为室内设计、环境艺术、建筑学等专业大学教材、研究生参考用书、建筑装饰与室内设计行业技术人员、管理人员继续教育与培训教材及工作参考指导书。

＊　＊　＊

责任编辑：张　晶
责任设计：孙　梅
责任校对：张　虹

室内设计与建筑装饰专业教学丛书暨高级培训教材编委会成员名单

主任委员：

  同济大学　　来增祥教授　博导

副主任委员：

  重庆建筑大学　　万钟英教授

委员（按姓氏笔画排序）：

  同 济 大 学　　庄　荣教授

  同 济 大 学　　刘盛璜教授

  华中科技大学　　向才旺教授

  华南理工大学　　吴硕贤教授

  重 庆 大 学　　陆震纬教授

  清华大学美术学院　　郑曙旸教授　博导

  浙 江 大 学　　屠兰芬教授

  哈尔滨工业大学　　常怀生教授

  重 庆 大 学　　符宗荣教授

  同 济 大 学　　韩建新高级建筑师

第二版编者的话

自从1996年10月开始出版本套"室内设计与建筑装饰专业教学丛书暨高级培训教材"以来，由于社会对迅速发展的室内设计和建筑装饰事业的需要，丛书各册都先后多次甚至十余次的重印，说明丛书的出版能够符合院校师生、专业人员和广大读者学习、参考所用。

丛书出版后的近些年来，我国室内设计和建筑装饰从实践到理论又都有了新的发展，国外也有不少可供借鉴的实践经验和设计理念。以环境为源、关注生命的安全与健康、重视环境与生态、人—环境—社会的和谐，在设计和装饰中对科学性和物质技术因素、艺术性和文化内涵以及创新实践等诸多问题的探讨研究，也都有了很大的进步。

为此，编委会同中国建筑工业出版社研究，决定将丛书第一版中的9册重新修订，在原有内容的基础上对设计理论、相关规范、所举实例等方面都作了新的补充和修改，并新出版了《建筑室内装饰艺术》与《室内设计计算机的应用》两册，以期更能适应专业新的形势的需要。

尽管我们进行了认真的讨论和修改，书中难免还有不足之处，真诚希望各位专家学者和广大读者继续给予批评指正，我们一定本着"精益求精"的精神，在今后不断修订与完善。

第一版编者的话

面向即将来临的 21 世纪,我国将迎来一个经济、信息、科技、文化都高度发展的兴旺时期,社会的物质和精神生活也都会提到一个新的高度,相应地人们对自身所处的生活、生产活动环境的质量,也必将在安全、健康、舒适、美观等方面提出更高的要求。因此设计创造一个既具科学性,又有艺术性;既能满足功能要求,又有文化内涵,以人为本,亦情亦理的现代室内环境,将是我们室内设计师的任务。

这套可供高等院校室内设计和建筑装饰专业教学及高级技术人才培训用的系列丛书首批出版 8 本:《室内设计原理》(上册为基本原理,下册为基本类型)、《室内设计表现图技法》、《人体工程学与室内设计》、《室内环境与设备》、《家具与陈设》、《室内绿化与内庭》、《建筑装饰构造》等;尚有《室内设计发展史》、《建筑室内装饰艺术》、《环境心理学与室内设计》、《室内设计计算机的应用》、《建筑装饰材料》等将于后期陆续出版。

这套系列丛书由我国高等院校中具有丰富教学经验,长期进行工程实践,具有深厚专业理论修养的作者编写,内容力求科学、系统,重视基础知识和基本理论的阐述,还介绍了许多优秀的实例,理论联系实际,并反映和汲取国内外近年来学科发展的新的观念和成就。希望这套系列丛书的出版,能适应我国室内设计与建筑装饰事业深入发展的需要,并能对系统学习室内设计这一新兴学科的院校学生、专业人员和广大读者有所裨益。

本套丛书的出版,还得到了清华大学王炜钰教授、北京市建筑设计研究院刘振宏高级建筑师及中央工艺美术学院罗无逸教授的热情支持,谨此一并致谢。

由于室内设计社会实践的飞速发展,学科理论不断深化,加以编写时间紧迫,书中肯定会存在不少不足之处,真诚希望有关专家学者和广大读者给予批评指正,我们将于今后的版本中不断修改和完善。

编委会

1996 年 7 月

第二版前言

《人体工程学与室内设计》一书与读者见面后，作者一直以本书作为教学和工程实践的主要教本。除研究生、本科生、大专生、培训生以此书作教材外，还有部分教师阅读该书，这给作者极大的鼓励，但在实践面前，深感知识的不足，特别是对天文学中的星象学、地理学中的人文地理学、人体科学中的环境心理学，了解很少，这些都是现代科学的基础。于是结合教学继续学习古代易经文化和现代科学环境理论，学习我国古人"人与天地参"的思维方式，学习现代人"实践是检验真理"的思维模式，透过现象深思事物的本质，故对世界、对事物、对人生有了进一步认识。

"天地人和事有成，三才六道定乾坤"，这是持家、治国、平天下的哲理。俗话说，办成一件事要"天时、地利、人和"。"三才"即天地人。"六道"即天道阴阳，地道柔刚，人道仁义。室内设计同样要注意室内环境的阴阳平衡，建筑空间的大小、形态要与人及邻里之间相互协调，特别要注意业主的心态需求。"食、衣、住、行、乐"是人类生活的基本行为。随着科技的进步，社会的稳定，物质产品的丰富，经济文化水平的提高，人们对这些基本行为将有进一步的认识和表现。人们对"食"的需求，将从"果腹型"向"温饱型"、"舒适型"、"保健型"发展。吸入量与消耗量平衡才健康，这是科学饮食的准则，故餐饮业的室内设计也应具备健康的理念。人们对"衣"的需求也将从"形态型"向"健康型"发展。"保健衣"、"生命衣"将是衣着的发展方向。人们对"住"的需求将从"栖身型"向"安居型"、"生态型"、"健康型"发展。"人因宅而立，宅因人而存，人宅相扶，感道天地"，将成为住宅设计与装潢的基本原则。人们对"行"的需求，不只是"交通型"、而是"运动型"将伴随人的一生，故在室内外环境设计时，要引进健身的理念。人们对"乐"的需求，将逐步成为人类生活的主流。科学、理智、健康的身心活动，应成为人们的高尚情操。故在公共场所设计中要增强休闲、健康的环境氛围和设施。

"物质的力量是有限的，精神的力量是无限的"、"人和环境始终处于交互作用状态，"这不仅是事物发展的本质，而且是人们对事物和对人生认识的基本准则。站在外空看地球，地球并不大，站在事物外看成败，是非更清楚。摆脱名利看人生，人生轨迹是个圆。"月圆则亏，水满则溢，"以此观念来看目前的家庭装修，特别要注意其标准，要"适度"。要因人、因地、因时而异。"豪华不等于舒适，舒适不等于健康"，这是作者实践的体会。为进一步说明人和环境的交互作用,再版时,在第一章第一节增加了"人体经络系统与全息论"的概念,在第二章第六节后增加了"人体气场与环境"一节。为进一步阐明对环境的认识,特增加《建筑环境科学》一文,附于书后,这是作者于2002年在世界建筑环境行为科学年会上发表的一篇论文。它进一步说明了人与建筑环境的关系,权作为书后语,也是对本书基本观点的回顾和深思,这对创造健康居住环境十分重要,请读者指正。本书再版时正值作者从教四十周年,故以此为纪念。全书中彩照全部制成光碟供读者参考。

第 一 版 前 言

什么是建筑？什么是建筑学？什么是室内设计？什么是建筑设计理论？这看似简单而又古老的话题，却长期在我脑海中盘旋着。尽管我已从事建筑教育和建筑设计工作已有30余年，仍有许多问题始终困扰着我，至今还有许多不明白的地方。

我出生在苏北一个小城镇上，记得我在读大学前，那是1958年，母亲听说我要到同济大学读建筑学专业，马上就说：学造房子，我们这里的泥瓦匠，一字不识也能将房子盖得很好，读什么大学，还要学六年。那时，我头脑中的建筑就是房子。进入大学后的二年级，著名建筑学者冯纪忠教授在讲课中提出——建筑是空间，还生动地拿茶壶作比较，壶身是大空间，壶嘴是小空间。讲到房子，教室是小空间，走廊和楼梯是联系空间，大礼堂是大空间等等。这使我更闹不清楚，房子怎么一下子又成了"空间"，捉摸不清。遗憾的是，冯先生的至理名言，在一个非常时期还遭到了批判。大学毕业后，我留校当建筑教师，也有了机会接触建筑设计工作，在教学过程中，在同甲方讨论建筑方案过程中，有很多问题说不清楚。为什么一种方案有人说好，有人反对。而往往又是资格深、地位高的人的意见，却很少有人反对。领导的意见往往是"正确"的。这迫使我要看点书，学点"理论"。于是从1978年我开始钻研"建筑理论"，经过长期努力，结果发现，有很多搞不清的地方都同心理学有关，特别是有关建筑艺术问题，什么建筑风格问题，继承和革新的问题，一句话，也是国内建筑界长期争论的问题。于是我对"人"的问题开始重视起来。在杨公侠教授的启发下，我又阅览了"心理学概论"、"实验心理学"、"环境心理学"、"人体工程学"等方面的书籍。起初，一直想探讨有关"设计科学化"、"美感的量化"等理论，但限于各种条件而未能取得预期效果。恰好在70年代至80年代，国内对"人·建筑·环境"的讨论开始风行，人们对环境越来越加重视，"建筑空间是环境的一部分"也被大多数同行所认可。于是我又将精力投入在人和环境的相互关系研究上，1986年我有机会到德国进修室内设计与装修，大饱眼福，我参观访问了德国、法国、意大利、瑞士、奥地利、荷兰、捷克、匈牙利、前苏联等许多国家的大小城镇，收集了大量的设计资料，体验了那里的生活和环境，感受到了"人的价值"。特别是我参观了慕尼黑人体工程学研究所和大众汽车公司和西门子公司以及柏林等有关研究所的实验室，看到他们对工业产品和环境的研究是如何强调科学性和艺术性，如何更好地为人使用服务，看到他们为了研究鞋子所做的各种实验，研究人在汽车里的反映,要模拟各种可能发生的情况等等,对环境艺术的追求是那样的细致入微,对环保工作的投入是那样的热心周到。这使我对建筑技术和艺术的双重性有了新的认识。于是回国后,开展了广泛的学术交流并着手创立"建筑工效学"学科,即建筑设计中的人类工效学(Ergonomiecs for Architecture)。经过在本校的六年教学实践,使该学科积累了大量的教学成果。在此期间,我们又承担了国家自然科学基金会资助的项目"家具及室内活动空间与人体工程学研究"和上海市建筑科学技术委员会资助的项目"上海居住环境质量评价",这一切使我对"人体工程学"多少懂得一些,这也是写这本书的基础。

我不是理论家,只是个建筑教师,尽管1993年我被入选《中国当代教育名人大辞典》,1995年入选"中国专家"大型文献史册,但自觉著述不多,受之有愧。所以《人体工程学与室内设计》一书,不是什么建筑理论专著,只是从自己对建筑的理解认识出发,介绍在做建筑设计和室内设计时,如何根据人的需求,按照人和环境交互作用的观点去从事建筑创造。说也奇怪,由于有了这方面的知识,我在给学生改图时,对存在的症结,能迅速掌握判断,条理清晰明确,对学生提出的各种问题,也都应付自如,对答如流;在建筑创作中,感到思路自然敏捷,有时不知不觉地"方案"就会跃然纸上。记得我于1995年底做"中国营口国际商贸中心"的可行性方案时,在一天之内就将12万 m^2 的五幢高层建筑群的总体构思方案定了下来,并得到中国建筑东北设计研究院等许多单位的肯定。我做室内设计时也有同样的感觉。我这个人并不聪明,又搞了17年的工业建筑教学,建筑方案做得很少,也很呆板。回想以前设计并建成的建筑物,虽然不少,内容也很广,但算得上有"理论"的作品,几乎没有。但近几年就不一样了,其原因就在于看得多了,实践多了,又掌握了基本的建筑设计理论和方法,所以我想借本书将自己的认识和研究成果奉献给读者。

人类的一切建筑活动都是为了满足人的生产和生活需要,都会受到环境和技术条件发展的制约。建筑活动的结果均以空间的形式表现出来,人对空间的占有和支配是生命的渴望和本能。简而言之,"需要·环境·形式"就是建筑的全部内容,这就是建筑学。

人是环境的人,环境是人的环境,形式是人和环境所需要的形式。人和环境的交互作用主宰了设计的全过程,这就是建筑设计。

室内设计是建筑设计的一部分,是建筑设计的深入和继续,是室内空间环境的再创造。

人和环境的交互作用表现为刺激和效应,效应必须满足人的需要。需要反映为人在刺激后的心理活动的外在表现和活动空间状态的推移,也就是人的行为。

人类几千年的建筑活动,各自根据环境的特点,总结出适合自己需要的"营造法式"。

随着社会的发展、艺术的追求,在营造法式的基础上又产生了许多有价值的"图式理论"。进入20世纪,建筑业的扩大,物质技术条件的增长,又出现了以功能法则为基础的"建筑空间理论"。到了70年代,环境问题成了世界的中心话题,人是环境的主体,于是人和环境又成为建筑创作的中心课题。人们预计,21世纪将是人类生命的新纪元。因此,可以推测,以人和环境交互作用发展起来的"建筑行为论",将成为走向21世纪的建筑设计理论。

基于以上对建筑、建筑学、建筑设计、室内设计和建筑设计理论的认识,本书则以人为主体,介绍人体工程学和室内设计相关部分,全书共分三部分:第一章介绍人体生理学、心理学和测量学等基础知识;第二章介绍人和环境的交互作用和室内环境质量评价;第三章介绍人的行为和室内设计;并附人体工程学在室内设计中应用的实例。

在内容选择上,考虑了国内的教育情况和专业的特点,相关书籍比较多的内容少讲或不讲,必要的内容或新的知识则多加介绍。在编写方法上,视本书为一本语文教材,先"单词",后"文法",再"文章",循序渐进。每章前面设内容概要,以便读者一目了然。第一章以文字为主,内容参考相关的论著和资料及科研成果;第二章以文字、图表、插图为主,内容是相关论著的原理及作者多年来学习和研究的成果;第三章以插图、照片为主,内容是作者近年来在国内作讲座中有关"室内设计与装修"部分,并附作者拍摄的实例。

本书内容不仅仅是为了室内设计专业,对于建筑学专业、风景园林专业和城市设计专业均有一定的参考价值。本人期望此书是室内设计理论丛书的基础,为今后的室内设计分类教材的编写提供理论依据。

目 录

概论　人体工程学及其应用 …………………… 1
　一、人体工程学由来及发展 ………………… 1
　二、人体工程学的研究内容 ………………… 2
　三、人体工程学的应用 ……………………… 2
第一章　人体工程学基础 ……………………… 4
　第一节　人体生理学知识 …………………… 4
　　一、人体感觉系统 …………………………… 4
　　二、血液循环系统 …………………………… 8
　　三、人体运动系统和人体力学 ……………… 9
　　四、人体经络系统与全息论 ………………… 12
　第二节　心理学知识 ………………………… 13
　　一、心理和行为 ……………………………… 13
　　二、感觉和知觉 ……………………………… 14
　　三、注意和记忆 ……………………………… 16
　　四、思维和想象 ……………………………… 18
　　五、知觉暂留和错觉 ………………………… 19
　　六、向光性和私密性 ………………………… 23
　　七、领域和个人空间 ………………………… 24
　第三节　人体测量学知识 …………………… 26
　　一、人体测量学由来和发展 ………………… 26
　　二、人体测量学与室内设计的关系 ………… 28
　　三、人体测量的内容和方法 ………………… 29
　　四、百分位、平均数、标准差和人体尺寸
　　　　的相关定律 ……………………………… 34
　　五、人体测量 ………………………………… 37
第二章　人和环境 ……………………………… 43
　第一节　人和环境的交互作用 ……………… 43
　　一、人与自然环境 …………………………… 43
　　二、环境构成 ………………………………… 44
　　三、刺激与效应 ……………………………… 44
　　四、知觉传递与表达 ………………………… 46
　　五、人体舒适性 ……………………………… 48
　第二节　行为与环境 ………………………… 48
　　一、环境行为 ………………………………… 48
　　二、环境行为特征 …………………………… 49
　　三、人的行为习性 …………………………… 50
　　四、人的行为模式 …………………………… 52

　　五、行为与室内空间分布 …………………… 55
　　六、行为与室内空间尺度 …………………… 57
　　七、行为与室内空间设计概念 ……………… 57
　第三节　视觉与环境 ………………………… 59
　　一、视觉特性 ………………………………… 59
　　二、光线与视觉 ……………………………… 60
　　三、色彩与视觉 ……………………………… 71
　　四、形态与视觉 ……………………………… 82
　　五、质地与视觉 ……………………………… 92
　　六、空间与视觉 ……………………………… 95
　第四节　听觉与环境 ………………………… 107
　　一、声音与听觉 ……………………………… 108
　　二、听觉特征 ………………………………… 111
　　三、室内噪声控制与隔声 …………………… 114
　　四、室内音质设计概念 ……………………… 116
　第五节　肤觉与环境 ………………………… 117
　　一、皮肤感觉 ………………………………… 117
　　二、触觉与环境 ……………………………… 118
　　三、振动觉与隔振 …………………………… 121
　　四、温度觉与室内热环境 …………………… 124
　　五、痛觉与室内环境 ………………………… 128
　第六节　嗅觉与环境 ………………………… 129
　　一、嗅知觉 …………………………………… 129
　　二、嗅觉特性 ………………………………… 130
　　三、空气品质与健康 ………………………… 131
　　四、嗅觉与室内通风 ………………………… 133
　第七节　人体气场与环境 …………………… 133
　第八节　人和环境质量评价 ………………… 135
　　一、评价概念 ………………………………… 135
　　二、评价内容、计量和标准 ………………… 137
　　三、评价方法 ………………………………… 142
第三章　环境行为与室内设计 ………………… 145
　第一节　居住行为与户内设计 ……………… 146
　　一、家庭活动效率和特征 …………………… 146
　　二、居住行为与户内空间 …………………… 149
　　三、居住行为与户内环境设计 ……………… 159
　第二节　商业行为与店堂设计 ……………… 168

一、消费行为与购物环境 …………………… 168
　　二、商业市场与经营环境 …………………… 172
　　三、商业空间功能、构成、类型和设计
　　　　要求 ………………………………………… 173
　　四、店堂空间形式和特点 …………………… 177
　　五、店堂空间组织与环境氛围创造 ………… 183
第三节　餐饮行为与餐厅设计 ………………… 189
　　一、餐饮行为与饮食环境 …………………… 189
　　二、餐饮动机与餐饮环境氛围 ……………… 190
　　三、餐厅环境设计概念 ……………………… 196
第四节　观展行为与展厅设计 ………………… 198
　　一、展厅构成及特性 ………………………… 199
　　二、观展行为及特征 ………………………… 200
　　三、展厅的识别与定位 ……………………… 201
　　四、展示流线与导向 ………………………… 203
　　五、展厅设计概念 …………………………… 206
第五节　人际行为与室内交往空间
　　　　设计 ………………………………………… 210
　　一、人际行为与人际距离 …………………… 210
　　二、人际行为与交往空间 …………………… 212
附录1　建筑环境科学 ………………………… 217
附录2 ……………………………………………… 222
　　附表1(a)　上海市区幼儿人体尺寸 ………… 223
　　附表1(b)　上海市区幼儿人体各项尺寸
　　　　　　与身高的相关系数 ………………… 224

　　附表2　中国成年人人体有关尺寸表
　　　　　　18～60岁(女55岁) ……………… 224
　　附表3　柜类家具设计高度 ………………… 226
　　附表4　柜类家具使用空间水平尺寸 ……… 227
　　附表5　单手不同功能高度的拉力 ………… 228
　　附表6　住宅功能空间低限净面积指标 …… 228
　　附表7　住区空气质量标准 ………………… 228
　　附表8　室内空气质量标准 ………………… 228
　　附表9　室内新风量标准 …………………… 229
　　附表10　室内装修材料有害物指标限量 … 229
　　附表11　室内装饰涂料安全性评价指标 … 229
　　附表12　室内温度和相对湿度标准 ……… 230
　　附表13　住区户外环境噪声标准 dB(A) … 230
　　附表14　住宅室内噪声标准 dB(A) ……… 230
　　附表15　分户墙与楼板空气声隔声标准 … 230
　　附表16　楼板撞击声隔声标准 …………… 230
　　附表17　住宅日照标准 …………………… 230
　　附表18　住宅室内采光标准 ……………… 231
　　附表19　生活饮用水水质标准 …………… 231
　　附表20　饮用净水水质标准 ……………… 231
　　附表21　中水水质标准 …………………… 232
　　附表22　水景类景观环境用水的再生水
　　　　　　水质标准 ………………………… 233
参考文献 ………………………………………… 234
后记 ……………………………………………… 235

概论　人体工程学及其应用

本章介绍人体工程学的由来和发展、研究内容及其在工程中的应用。

一、人体工程学由来及发展

人体工程学(Ergonomics)是40年代后期发展起来一门技术科学。叙述人体工程学的定义可有各种不同的表达方法,故其名称较多。按其来源说,其名称有应用实验心理学(Applied Experimental Psychology),应用心理物理学(Applied Psychosis),工业心理技术学(Промыщленая Психотехника),心理工艺学(Psychotechology),工程心理学(Engineering Psychology),生物工艺学(Biotechnology);按其研究目的来说,其名称有人类工效学(Human Factors),功量学,工力学,宜人学;按其研究内容来说,有人体工程学,人类工程学,人机工程学,机械设备利用学,人机控制学等。目前世界上普遍采用的人类工效学(日本称人间工学,美国称人的因素,前苏联称Эгромика)。Ergonomics一词在1857年由波兰教授雅斯特莱鲍夫斯基提出的,它来源于希腊文,其中Ergos是工作,nomes是规律,整个词是工作之意。在我国应用的名称有人类工效学,工效学,人类工程学,人体工程学,人机工程学,工程心理学。国际工效学会(International Ergonomics Association,简称IEA)的会章中把工效学定义为:"这门学科是研究人在工作环境中的解剖学、生理学、心理学等诸方面的因素,研究人-机器-环境系统中的相互作用着的各组成部分(效率、健康、安全、舒适等)在工作条件下,在家庭中,在休假的环境里,如何达到最优化的问题。"考虑室内设计的特点,本书习用人体工程学名称,并简称"人体工程学是研究人与工程系统及其环境相关的科学"。

自从工业革命以来,健康、安全、舒适的工作条件已成为人们共同关注的问题。据文献记载,波兰教育家、科学家雅斯特莱鲍夫斯基大约在120年前就把人类工效学这一术语写入文献中。远在20世纪初,英国泰罗设计了一套研究工人操作的方法。研究怎样操作才能省力、高效、并订出相应的操作制度,人称泰罗制,这是人类工效学的始祖。

在第一次世界大战期间,由于生产任务紧张,工厂加班生产。于是英国成立了工业疲劳研究所,研究如何减轻疲劳,提高工效。当时人类工效学研究还很不普遍,就在第二次世界大战期间,有些国家正在大力发展高效能和威力大的武器装备,但由于忽视了对操作人员的效能和维修能力的训练,以及设计时没有考虑人员的心理和生理特征,因而明显地降低效能,以致出现操作失误。因为这是属于工程和行为方面的问题,因此心理学家、工程师、人类学家和生理学家聚集在一起,试图解决设计和训练方面的问题,这时,人类工效学才受到重视。首先在美英两国,继而欧洲许多国家开展人类工效学的研究。

美国的研究工作首先在军事和航天领域得到迅速发展,继而在其他工业产品、工作环境设计,以及关于家庭和娱乐等问题,也都考虑了人的因素。随着人们对人类工效学的重视,研究这个领域的专业学会也得到发展。1950年英国成立了世界上第一个人类工效学学会,其名称为《英国人类工效学协会》。1957年9月美国政府创办了《人的因素学会》。1961年建立了《国际人类工效学协会》,并在瑞典首都斯德哥尔摩召开了第一次国际会议,当时参加的有15个联合协会,包括美国、英国、大多数欧洲国家,以及日本和澳大利亚等国。1964年日本建立了《日本人间工学会》。德国早在40年代就重视人类工效学研究,前苏联在60年代就研究工程心理学,并大力发展人类工效学标准化方面的研究。

我国关于人类工效学的研究起步较晚,目前正处在发展阶段。1989年成立了《中国人类工效学学会》,下设安全与环境等专业学会,1991年1月成为《国际人类工效学协会》的正式成员。

二、人体工程学的研究内容

早期的人体工程学主要研究人和工程机械的关系,即人-机关系。其内容有人体结构尺寸和功能尺寸、操纵装置、控制盘的视觉显示,这就涉及到生理学、人体解剖学和人体测量学等;继而研究人和环境的相互作用,即人-环境关系,这又涉及到心理学、环境心理学等。至今,人体工程学的研究内容仍在发展,并不统一。由于各学科的研究领域不同,故差异较大,但概括起来,主要有下列几个方面:

(1)生理学　研究人的感觉系统、血液循环系统、运动系统等基本知识。

(2)心理学　研究感觉、知觉、注意、警觉、拥挤、领域、私密性、向光性等概念。

(3)环境心理学　研究人和环境的交互作用,刺激与效应,信息的传递与反馈,环境行为特征和规律等知识。

(4)人体测量学　研究人体特征,人体结构尺寸和功能尺寸及其在工程设计中的应用等知识。

本书是基础理论的研究应用,并不是研究人体工程学的专著,主要是研究室内设计中人的因素,简要的介绍与室内设计有关的人体工程学的基本概念,和有关室内环境设计的基本知识,并通过各种行为环境与室内设计的分析,叙述人和环境的交互作用,为室内设计的创作与评价,提供理论依据和方法,这些知识也适用于城市环境设计和建筑设计。

三、人体工程学的应用

人体工程学是在应用中发展起来的,可以说凡是人迹所至,就存在人体工程学应用问题。

原始人用石器和木棒等捕捉猎物,这是手的功能延伸,可视为这是最原始的人体工程学应用。

做衣服要量体裁衣,就要知道人体尺寸,衣服式样和色彩要符合各人的个性和爱好,就要懂得心理学。衣服要舒适,既通风又保温,就要知道人体各部表面温度,就要懂得生理学。设计一顶帽子,就要知道人的头部尺寸,如果是安全帽,就要懂得人的头部可能承受多少冲击荷载。设计一副手套,不仅要知道手型和手的尺寸,还要知道手使用工具的特点,使手套在关键部位耐磨。设计一双鞋子,不仅要了解脚型和尺寸,还要懂得人体运动特点,足部的压力分布,使鞋底各部材料充分发挥作用。

设计一部自行车,就要知道人体运动的功能尺寸,生理学特点,异常情况下人的适应要求。设计一辆汽车,不仅要懂得空气动力学,还要懂得人在车中的功能尺度,振动对人的影响,以及异常情况下人的安全要求。至于车型和颜色又涉及到心理学问题。

人至太空,更要懂得人体工程学,要了解人在失重情况下人的心理活动、运动特点和操作要求。人在潜艇里,环境设计就要了解人在密闭环境下心理和行为以及使用要求。

在交通管理时,要懂得人对信号的反应和行为要求,才能做到安全。在企业管理中,要懂得人际行为的特点,才能充分发挥人的作用。

建筑设计与装修,应用人体工程学知识的例子则更多。要使建筑更好地为人所用,就要懂得人的心理和行为要求;要使环境很舒适,就要懂得人的知觉特性;要使家具和设备使用方便,就要了解人体活动的各种功能尺寸;要使建筑形态符合人的审美要求,就要懂得人的视觉特征,以及人和环境交互作用的特点等等。

由此可见,凡是涉及与人有关的事和物,也就会涉及到人体工程学问题。随着人体工程学与有关学科的结合,也就出现了许多的相关的学科,如研究工业产品装潢设计,便产生了技术美学;研究机械产品设计,产生了人机工效学;研究医疗器械,产生了医学工效学;研究人事管理,产生人际关系学;研究交通管理,产生安全工效学;研究建筑设计,产生建筑工效学等等……不胜枚举。

第一章　人体工程学基础

本章主要介绍人体工程学、心理学、测量学等知识。

第一节　人体生理学知识

本节主要介绍人体感觉系统、血液循环系统和运动系统等知识。

一、人体感觉系统

人类能认识世界,改造环境,首先是依靠人的感觉系统,由此才可能实现人和环境的交互作用。人的感觉系统是由神经系统和感觉器官组成。了解神经系统,才能知道心理活动发生的过程;了解其感觉器官,才能懂得刺激与效应发生的生理基础。与环境直接作用的主要感官是眼、耳、鼻、口、皮肤及由此而产生的视觉、听觉、嗅觉、味觉和触觉,即"五觉",另外还有平衡系统产生的运动觉。

(一)神经系统

神经系统是人体生命活动的调节中枢。

人类生活在错综复杂的社会里,千变万化的自然环境中,对于外界的刺激都能作出相应的反应,如手碰到火马上会缩回来,这种现象称为应激性。它是通过反射,在一系列的基本神经单位,即神经元所形成的反射弧中完成的。当刺激为感受器所接受,传入神经元和中枢神经元,把刺激信号变为指令信号,通过传出神经元到达效应器官而发生作用。

一般的反射活动,是在脊髓上发生的,而大脑皮层则能发生高级的反射,具有思维和意识的功能。

神经系统可分为中枢神经系统和周围神经系统。前者包括脑和脊髓,是神经系统的高级部分,其中脑又分为大脑、小脑、间脑和脑干四个部分。后者是由脑干发出的12对脑神经和脊髓发出的31对脊神经组成。它们广泛分布于全身各处,能感受体内外的各种变化。在周围神经系统中,又把管理内脏活动的神经称为植物性神经。根据它的功能,又分为交感、副交感神经两种,它们能调整内脏平滑肌收缩,使体内外保持相对平衡,提高人体适应自然界的能力。

大脑皮层是一个极其复杂的组织。一般来说,大脑对人体控制的关系是左右脑半球与左右侧人体的交叉倒置关系。小脑主管人体的运动平衡,脑干和间脑也参与调节。

大脑是人体的最高司令部,分左右两个半球,依靠底面的胼胝体相连。半球上布满了沟回,表面一层称大脑皮层,是神经细胞最密集的地方,平均厚度约1.5~4.5mm。皮层下面的髓质由传递各种信息的神经纤维所组成。大脑皮层的各个区管理各种不同的功能,又分为各个小区,主要有视小区、听小区、嗅小区、语言区、躯体感受区和躯体运动区等(脑的各中枢的相对位置见图1-1)。

大脑对人体的管理是一种交叉倒置关系。即左半大脑支配右半身运动,右半大脑控制左半身运动;大脑上部管理人体下半身,而下半个大脑正好相反。人的大脑,左半球偏重于语言功能,右半球则偏重于有关空间概念的功能。

建筑设计主要是空间形象思维。由此看来,从小加强左手功能的锻炼,对学习增强空间思维能力是十分有益的。

(二)视觉的生理基础

眼睛是人体最精密、最灵敏的感觉器,外部环境 80%的信息是通过眼睛来感知的。眼睛是由眼球、眼眶、结膜、泪器、眼外肌等组成,见图 1-2 眼球构造。

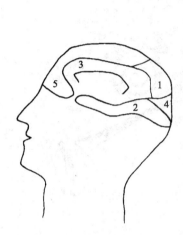
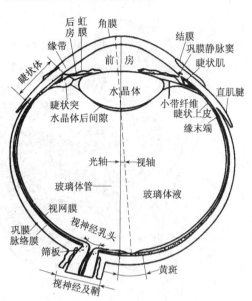

图 1-1 脑的各中枢的相对位置
1—顶叶:肤觉;2—颞叶:听觉;
3—边缘系统:味觉和嗅觉;4—枕叶:视觉;5—额叶:高级心里中枢

图 1-2 眼球构造
人类右眼的水平剖面。注意图中水晶体后表面的两种不同的曲度。较大的曲度是由于水晶体在对近物调节时膨胀了的缘故

每只眼球直径约 25mm,重约 7g。前面是透明的角膜,其余部分包以粗糙而多纤维的巩膜,籍以保护眼睛不受损伤并维持其形状不变。中间层是黑色物质的脉络膜,富有血管。视网膜是薄而纤细的内膜,它含由光感受器和一种精致而相互连接的神经组织网络。作为一个光学器官的眼睛,类似一架照相机。来自视野的光线由眼睛聚焦,从而在眼睛后面的视网膜上形成一个相当准确的视野的倒像。这种光学效应,绝大部分来源于角膜的曲度,但是,对远处和近处物体的焦点还能作细微的调整,这是借助改变水晶体形状来实现的。在水晶体两侧的前房和后房里充满着透明物质。虹膜是色素沉着的结构,它的中心开孔就是瞳孔,能以类似照相机改变光圈的方式缩小或扩大。

外界物体发出或反射的光线,从眼睛的角膜、瞳孔进入眼球,穿过如放大镜的晶状体,使光线聚集在眼底的视网膜上,形成物体的像。图像刺激视网膜上的感光细胞,产生神经冲动,沿着视神经传到大脑的视觉中枢,在那里进行分析和整理,产生具有形态、大小、明暗、色彩和运动的视觉。

(三)听觉的生理基础

了解耳朵的构造及其生理机制,才能知道听觉刺激的特性。明白大的声音对听觉的干扰,使人烦躁,噪声对健康的危害以及如何利用听觉特性,设计一个好的室内听觉环境。

耳朵包括外耳、中耳和内耳三部分,图 1-3 是人耳的构造。

外耳由耳廓和外耳道组成。耳廓有收集声波的作用,外耳道是声音传入中耳的通道。中耳包括鼓膜、鼓室和听小骨。鼓膜在外耳道的末端,是一片椭圆形的薄膜,厚约

0.1mm。当外面的声音传入时即产生振动,把声音变成多种振动的"密码"传向后面鼓室。鼓室是一个能使声音变得柔和而动听的小腔,腔内有三块听小骨,即锤骨、镫骨和砧骨。听小鼓能把鼓膜的振动波传给内耳,在传导过程中,能将声音信号放大十多倍,使人能听到轻微的声音。鼓室下部有一咽鼓管,通到鼻咽部,当吞咽或打哈欠时管口被打开,使鼓膜两侧气压保持平衡。

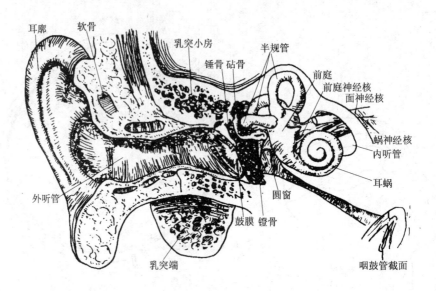

图 1-3　人耳构造

内耳由耳蜗、前庭和半规管组成,结构复杂而精细,管道弯曲盘旋,可以又叫"迷路"。其中耳蜗主管听觉,前庭和半规管则掌握位置和平衡。耳蜗是一条盘成蜗牛状的螺旋管道,内部有产生听觉的"基底膜"。基底膜上有 2.4 万根听神经纤维,其上附着许多听觉细胞。当声音振动波由听小骨传导至耳蜗以后,基底膜便把这种机械振动传给听觉细胞,产生神经冲动,再由听觉细胞把这种冲动传到大脑皮层的听觉中枢,形成听觉,使人能听到来自外界的各种声音。

(四)嗅觉的生理基础

室内的空气品质所显示的气味、粉尘及有害气体的含量等,不仅影响室内环境的质量,而且也直接关系到人的健康。而能感知其刺激作用的则主要依靠人的嗅觉器官,即鼻子。依靠嗅觉可以辨别有害气体(如煤气),也可以辨别植物的芬芳,创造良好的室内环境。

人的鼻子是由外鼻、鼻腔与副鼻窦三部分组成(见图1-4)。鼻子由骨和软骨作支架。外鼻的上端为鼻根,中部为鼻背,下端为鼻尖,两侧扩大为鼻翼。鼻腔被鼻中隔分成左右两半,内衬粘膜。由鼻翼围成的鼻腔部分为鼻前庭,生有鼻毛,有阻挡灰尘吸入过滤空气的作用。在鼻腔的外侧壁上有上、中、下三个鼻甲,鼻甲使鼻腔粘膜与气体接触面增加。在上鼻甲以上和鼻中隔上部的嗅粘膜内有嗅细胞。嗅细胞的一端有一条

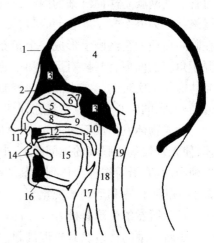

图 1-4　鼻腔构造
1—额骨;2—筛骨;3—鼻窦;4—脑;5—中鼻;
6—上鼻甲;7—嗅裂;8—下鼻甲;9—鼻后孔;
10—鼻咽;11—鼻前孔;12—硬颚;13—软颚;
14—牙齿;15—舌;16—颌骨;17—咽;
18—脊柱;19—脊髓

纤毛状的突起,另一端则是一条神经纤维。嗅神经细胞发出的神经纤维逐渐聚集,变成嗅神经,通过鼻腔顶部的筛骨后,组成嗅球与大脑的嗅觉中枢直接联系。

当有气味的化学微粒从吸入的空气中到达嗅粘膜,嗅神经纤维受刺激后即传入大脑嗅觉中框,从而辨别出物体的气味。一般人可辨出约二百种不同的气味。鼻子闻一种气味持续时间过长,由于嗅觉中枢的"疲劳",反而感觉不到原有的气味。

(五)肤觉的生理基础

感知室内热环境的质量:空气的温度和湿度的大小分布及流动情况;感知室内空间、家具、设备等各个界面给人体的刺激程度:振动大小、冷暖程度、质感强度等;感知物体的形状和大小等,除视觉器官外,主要依靠人体的肤觉及触觉器官,即皮肤。

皮肤是人体面积最大的结构之一,具有各式各样的机能和较高的再生能力。人的皮肤由表皮、真皮、皮下组织等三个主要的层和皮肤衍生物(汗腺、毛发、皮脂腺、指甲)所组成。如图1-5皮肤构造模式图。

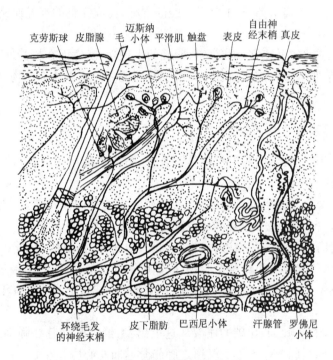

图1-5　皮肤构造模式图

皮肤对人体有防卫功能。成年人的皮肤面积约有 $1.5 \sim 2m^2$,其重量约占体重16%。它使人体表面有了一层具有弹性的脂肪组织,缓冲人体受到的碰撞,可防止内脏和骨骼受到外界的直接侵害。

皮肤有散热和保温的作用,具有"呼吸"功能。当外界温度升高时,皮肤的血管就扩张,充血,血液所带的体热就通过皮肤向空气放散;同时汗腺也大量分泌汗液,通过排汗带走体内多余的热量。当外界寒冷时,皮肤的血管就收缩,血量减少,皮肤温度降低,散热减慢,从而使体温保持恒定。

皮肤内有丰富的神经末梢,它是人体最大的一个感觉器官,它对人的情绪发展也有重要作用。皮肤广泛分布的神经末梢是自由神经末梢,构成真皮神经网络,形成了位于真皮中的感受器,可产生触、温、冷、痛等感觉。

除自由神经末梢外,在皮肤中还存在有特殊结构的神经终端。在真皮乳头层内,一些神经纤维绕成圈,互相重叠,形成线团状的终端结构,称做克劳斯(Krause)末梢球,长期被视为冷感受器。在真皮内还有罗佛尼(Ruffini)小体,它是神经末梢圈成柱状结构,带有长的末梢,曾被视为热感受器,也被一些人视为机械感受器。

毛发感受器仅存在于有毛的皮肤内,感觉神经纤维在皮脂腺下方缠绕于毛发的颈部,这种结构对于毛发的运动极其敏感,故毛发感受器为压力感受器。

触盘位于表皮的深部,是神经纤维终端形成的薄的扁圆形结构,其功能与触觉有关。

迈斯纳(Meissner)触觉小球仅存在于无毛的皮肤的真皮乳头层内,其神经纤维盘成螺旋状,一般被认为是机械感受器,对皮肤表面的变形起反应。

巴西尼(Pacini)环层小体是最发达的皮肤感受器,是皮肤中最大的神经终端,位于真皮的下层,以及关节、神经干和许多血管的近旁。它对皮肤变形很敏感,是振动信号的重要感受器。

对皮肤感受器的结构和机能,还存在许多不同的看法。人体的皮肤,除面部和额部受三叉神经的支配外,其余都受31对脊神经的支配,构成完整的神经通路,传达皮肤的各种感觉。

人体感觉系统的各个感官,均有各自明确的生理功能,然而在接受外部环境刺激的同时,又具有复杂的生理机制。通过神经系统共同或参与认识外部事物,故这也是心理活动的生理基础。

二、血液循环系统

家具尺度是否科学,室内界面材料是否合理,室内气流组织好坏,都会影响人体血液循环,影响健康。

人的血液在全身始终沿着一定的管道,按照一定的方向流动着。人体的血液循环系统由心脏和血管组成,整个血液循环系统可以分成三个部分。

左心室里含有大量氧气的血液,经过主动脉、中动脉、小动脉,不断分支流到全身的毛细血管中,将氧气和养料供给各个组织,收回废物和二氧化碳,后又经过小静脉、中静脉和大静脉返回右心房和右心室。这种循环要经过全身,故称"体循环",又叫"大循环"。

返回右心室的充满二氧化碳的血液从这里出发,经过肺动脉在肺部的毛细血管里放出二氧化碳,吸收新鲜氧气,然后又通过肺静脉返回左心房和左心室。这种循环称作"肺循环",又叫"小循环"。

血液在大循环里流一圈只要 20~25s 的时间,在小循环里流一圈只要 4~5s。

血液在毛细血管里的流动循环称作"微循环"。因为毛细血管是完成运输任务的所在地,所以又叫"末梢循环"。人体中的毛细血管有一千亿到一千六百亿根,它对人的健康有着极其重要的作用。

血液循环系统还将各种激素运送到全身各处。激素是各种信号分子。各种细胞从血液中接到不同的信号,使全身活动配合成一个完整的整体。因此,血液循环系统不仅是人体生命的"运输线",也是生命活动的"通讯网"。

当我们使用的家具,如果尺度不合理,比如椅面太高,脚够不着地,坐久了,则会影响下肢的血液循环,造成腿脚麻木。

人体的血液循环是抗重力循环,头和脚是"散热器",如果室内地面材料的蓄热系数太小,如水泥或石材地面,生活久了,对人的下肢血液循环也是不利的。如果设置采暖或空调系统,其设备布置和空调方式,也要考虑人体血液循环的特点,以保障人体健康。

三、人体运动系统和人体力学

人体运动系统的生理特点,关系到人的姿势、人体的功能尺寸和人体活动的空间尺度,从而影响家具、设备、操作装置和支撑物的设计。

(一)运动系统

人体的运动系统由骨骼、关节和肌肉组成。

1. 骨骼

骨骼是人体的支架。人体中有206块骨头,占人体重量的60%。它们一块一块地连接在一起组成了骨骼,支撑着人体,决定了身体的基本形。人骨按形状分长骨、短骨和扁骨。骨骼连接的方式有两种,一是通过韧带和软骨的直接连接,其活动性很小,或不能活动,如颅顶骨连接使之形成了完整的头盖骨;另一种是通过关节的间接连接,连接处运动灵活,如上肢骨与肩胛骨的连接等。人的骨骼分中轴骨和四肢骨两大部分。中轴骨骼包括颅骨、脊柱、胸骨和肋骨,是人体的支架大梁,保护着重要的脏器和中枢神经系统;四肢骨骼是人体运动系统的重要组成部分,肌肉附着于四肢骨上,根据大脑指令进行收缩,牵动骨骼完成运动功能。

2. 肌肉

肌肉是人体运动系统的动力。人的全身有639块肌肉,占体重的40%。肌肉分骨骼肌、平滑肌和心肌三类。骨骼肌有两种作用,一是静力作用,如维持站立姿势,肌肉通过杠杆作用与地球重力抗衡,保持一种静态平衡;另一种是动力作用,肌肉收缩产生哭、笑、走、跑等动作,反映了人的心理活动和空间状态。

3. 关节和韧带

关节是人体杠杆的重要联结方式和联结结构。关节的主要结构包括关节面、关节囊和关节腔三部分。在关节的内外还有一些韧带帮助维持关节的稳定性和防止关节异常活动。不同部位的关节,功能不同,结构也不同。如提拉重物时,肘关节是向内活动的;为使腿后蹬有力,膝关节只能向后屈。

骨骼、关节和肌肉的共同作用,完成了人体活动的各种动作。如果室内局部设计不合理或不符合人体运动的科学规律,就会造成对人体的伤害。

(二)人体力学

1. 人体骨骼力学模型

人体运动系统的各个组成部分,造就了人的空间形态,也维持了人的内力和重力平衡。它类似一个"钢筋混凝土空间结构",骨骼好比"钢筋",肌肉好比"混凝土"。它们共同作用,不仅支撑了人体各个器官,还承担了外来的负荷。而各种力的传递就是通过关节或韧带来实现的。图1-6为人体骨骼力学模型。

人体重力最后主要传至足上,而人的下肢骨的结构则巧妙地适应了这一特点,见图1-7足弓部象三角架一样支撑着整个身体,把踝部传来的重力传到了三个点上,非常合理。足弓还可以缓冲行走对人体产生的振荡和冲击,保护人体。

2. 人体姿势

人体的静态姿势主要有以下几种形式,见图1-8。根据人体测量学所制定的规范,每个人的立姿、坐姿、蹲姿、跪姿(单腿跪或双腿跪)和卧姿的基本形态及其结构尺寸几乎是不变的。唯独弯姿,由于人体活动的功能不同,弯姿也不定形,其空间功能尺寸也不同。

3. 力的传递

由于人体姿势不同,人体内力和重力传递的路线也不相同,图1-9是人体重力传递简图。

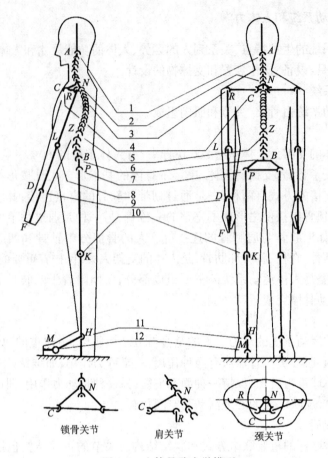

图 1-6 人体骨骼力学模型

1—头关节；2—颈关节；3—肩关节；4—胸骨和锁骨关节；
5—胸关节；6—腰关节；7—髋关节；8—肘关节；9—手关节；
10—膝关节；11—踝关节；12—趾关节

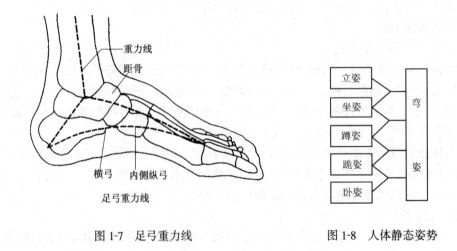

图 1-7 足弓重力线　　　　图 1-8 人体静态姿势

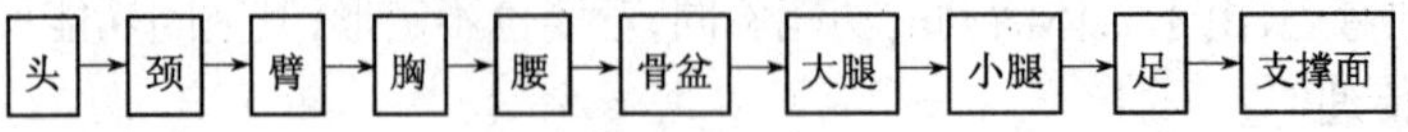

图 1-9 人体重力传递简图

图1-10是不同姿势的支撑面的压力分布简图。

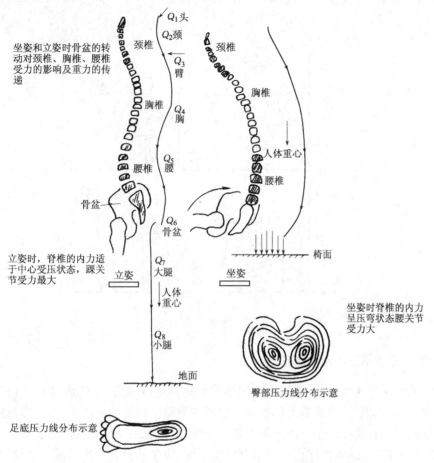

图1-10 体重压力分布

从图中看出,各支撑面的压力线分布不同,压力大小也不同。故在支撑面设计时,如家具的椅面、床垫等,应力求使压力均匀分布,即变"集中荷载"为"均布荷载",以满足人体的舒适要求。

图1-11是负荷时,不同姿势引起的脊椎骨内力的分布情况。

由此可见,合适的工作面高度,可减少脊椎骨不必要的弯曲,以免引起腰肌劳损。

4. 运动和疲劳

人的室内活动和家务劳动引起的人体运动,要耗费大量的体能。据测试,一个家庭主妇每天的家务劳动所花费的能量,可超过一般轻工业工人或邮递员。人的运动是靠肌肉收缩实现的,收缩就要耗费人的肌力。连续活动到一定限度之后,则会引起人体的疲劳,这是一种复杂的生理和心理现象。

疲劳的主要特征有:疲劳通过机体的活动产生,通过休息可减轻或消失;人体的耐疲劳能力可以通过疲劳和恢复的重复交替而得到提高;人体能量消耗越多,疲劳的产生和发展越快;疲劳程度有一定限度,超过限度就会损伤人的肌体。

测量疲劳的方法有三种:一是通过心电图测量心率恢复期,研究疲劳的程度;二是通过肌电图,测量肌力的消耗,确定疲劳程度;三是通过能耗的测量,确定疲劳程度。

与室内设计相关的主要是与运动有关的局部尺寸,如楼梯的踏步高度和宽度,煤气灶和洗盆的高度,生产流水线各种装配件的位置等。如何使其距离、高度有一个适合人体运动需要的合理尺寸,以减少肌力和体能的损耗,亦即减少疲劳,这也是运动中的工效。

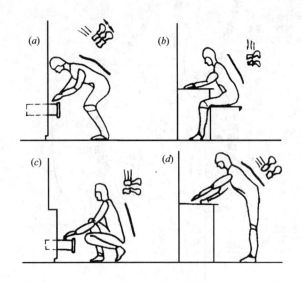

图 1-11　姿势与脊椎内力

四、人体经络系统与全息论

我国中医学认为,经络系统是人体结构的重要组成部分,是体内气血运行、联络脏腑器官、沟通表里上下、调节人体各部分功能的通路。在经络系统中,有许多特殊位点,这就是穴位。它是经络中气血所集中和输注的部位,也是经络接受外界刺激的反应点。

经络中的经,是人体气血运行的直行主干线,络是从经分出来的遍布全身的大小支脉。人体内主要有十二条经脉和任督二脉,合成十四经脉。

十二条经脉中,每条都属于一个脏腑器官,所以它们各以所属脏腑器官命名,其中有六条通到手,称手六经,六条通到足,称足六经。任脉在腹下中,督脉在背正中。

经脉畅通,则气血调和,能够营养全身,有利生长发育,也就维持了正常的生理功能,保障身体健康。如果经脉不畅通,气血活动失调,就可能发生疾病。有位老中医形象地告诉作者:"人身气血如长江,一处不到一处伤。"如果外界的寒热等邪气影响了某一经脉,它的运行受到阻碍,与经脉相通的脏腑器官就会发生病疾。同样,某一脏腑如果有病,也会影响与其相关的这一经络上的有关穴位。如果进行针灸,或补或泻,打通经脉,则达到治病的目的。例如,平时所做眼保健操所选的穴位:"晴明"属足太阳膀胱经;"风池"属足少阳胆经;"太阳"、"医风"两穴属少阳三焦经。

根据现代科学信息论的观点,生物体上每一个相对独立的部分,在化学组成模式上与整体相同,是整体成比例缩小。在生物体上,功能或结构与它周围部分有明显边界的一个相对独立部分,称为全息元。生物体的全息律不仅在生物界,而且在整个自然界和人类社会都普遍存在这一规律。例如,社会的构成单位,如一个城市,一个乡村,一个工厂,一个学校,一个家庭都是一个社会全息元,是社会的一个缩影。它们都能通过信息,不同地反映出整个社会的经济、政治、文化、风俗等社会生活的全貌,反映社会发展的历史进程和时代特征。

全息论就是研究物质世界的全息律及其特点的科学。全息论指出,一切物质系统都是全息系统。全息系统是以物质系统为形式,以信息为内容的概念,它与物质系统有联系又有区别。不同的全息系统所记录的各种不同的宇宙信息的多少是不同的,这就是说,它有不同的信息结构。全息系统,不只是一个接受、记录或储存信息的系统,同时也是一个全息的发送系统。

基于上述观念,室内环境是宇宙环境的一部分,是社会环境的一部分,是生物环境的一部分,同样存在宇宙、社会、生物界有关信息元,同样存在类似人体经络系统的有关"经络"和"穴位"。如同在海上行船,要根据水文所确定的航线通航,如同在空中飞行,要根据天文所确定的航线飞行,否则会容易翻船,会容易失事。同样在居室中安置床位,确定人们经常停留的场所,最好在气场较好的"穴位"上。门窗洞口的方位、大小与开启要有利室内气场的流通。避免邪气伤及人体,这也符合我国古人所说"室内风水"的基本观念。

第二节 心理学知识

心理学是研究人的心理现象及其活动规律的科学。心理是人的感觉、知觉、注意、记忆、思维、情感、意志、性格、意识倾向等心理现象的总称。这些心理现象究竟有那些特征？它们与室内设计有何联系？根据我国心理学普及的情况和室内设计专业的要求,作一些必要的基本知识介绍。

一、心理和行为

从哲学上讲,人的心理是客观世界在人头脑中主观能动的反映,即人的心理活动的内容来源于我们的客观现实和周围的环境。每一个具体的人所想、所作、所为均有两个方面,即心理和行为。两者在范围上有所区别,又有不可分割的联系。心理和行为都是用来描述人的内外活动,但习惯上把"心理"的概念主要用来描述人的内部活动(但心理活动要涉及外部活动),而将"行为"概念主要用来描述人的外部活动(但人的任何行为都是发自内部的心理活动),所以人的行为是心理活动的外在表现,是活动空间的状态推移。有关行为的特性和规律及其与室内设计的关系,我们将在第二章人和环境中加以介绍。

由于客观环境随着时间和空间的变化不断改变,故人的心理活动随之而改变。心理活动是依靠人的大脑机能来实现的,这就必然受到人体自身特点的影响,由于年龄、性别、职业、道德、伦理、文化、修养、气质、爱好等不同,每个人的心理活动也千差万别,所以心理活动具有非常复杂的特点。心理学的研究在不断地深化,心理学的应用也在不断地扩大。运用自然科学的研究方法,研究人的心理活动,建立了"实验心理学"这是各门应用心理学的基础。研究人和环境的相互作用,建立了"环境心理学","建筑环境心理学"则是其中一部分。研究人际关系,建立了"人际关系学"。研究商业活动,建立了"商业心理学",等等,这些都是"应用心理学"。

人的心理活动一般可以分为三大类型：一是人的认识活动,如感觉、知觉、注意、记忆、联想、思维等心理活动；二是人的情绪活动,如喜、怒、哀、乐、美感、道德感等心理活动；三是人的意志活动,这是在认识活动和情绪活动基础上进行的行为、动作、反应的活动。

心理活动在心理学中常用三种维度来描述其活动的特征：一是心理活动的过程,如正在进行的感觉、知觉,正在体验的喜悦、正在做出的动作；二是心理活动状态,如在进行的心理活动中,感觉到什么内容、什么程度,比如是高兴呢还是很高兴；三是个性心理特点,如不同的性格、气质、价值观、态度等特点。

心理活动的各种特征是建立"心理量表"和"行为模式"的基础,这将在后面加以介绍。

二、感觉和知觉

(一)感觉的类型和作用

感觉是人的大脑两半球对于客观事物的个别特性的反映,如苹果是圆的,但圆的东西不都是苹果。感觉是最简单的一种心理现象,是心理活动的基础,它引导我们去认识世界,也提醒我们保护自己。失去某种感觉是危险的,失去视觉则看不见东西,失去痛觉就无法预防一些伤害。

感觉分为两大类:

第一类是反映外界各种事物个别特性的感觉,称为外部感觉,如视觉、听觉、嗅觉、味觉、皮肤感觉。它们的感觉器官称为外在分析器,这就是前面介绍的眼、耳、鼻、口、皮肤的生理基础。这与室内设计的关系最为密切。

第二类是反映我们自身各个部分内在现象的感觉,称为内部感觉,如运动感觉、平衡感觉。它们的感觉器官称为内在分析器,如肌肉、肌腱和关节的运动感觉器,耳内的前庭器官是平衡感觉器,呼吸器、胃壁等内脏器官是内脏感觉器。这同室内热环境等设计有关,当室内环境不能满足内在分析器的生理和心理要求时,则会出现"建筑病综合症"。

此外,还有一些感觉是属于几种感觉的结合,比如触摸觉就是皮肤感觉和运动感觉的结合。有的感觉既可能是外部感觉,又可能是内部感觉。比如痛觉即可能是皮肤受到有害刺激,也可能是内脏器官的病变。

(二)感受性和感受阈

感受性就是能够反映有关事物的个别特性的能力。感受性分两种:第一是绝对感受性,就是我们的分析器能够感受有关事物的极微弱的刺激而产生的感觉能力。第二是差别感受性,就是我们的分析器能够分析有关刺激之间的及其微小的差别的能力。

感受阈即凡是足以被我们的分析器所感受从而能够引起我们的感觉动因的刺激所必须达到的那种限度,如小于3g重的物体就不能引起我们的重量感觉。

感受阈分两种:一种是绝对感受阈,即引起我们感觉动因的刺激的最低限度。如1km外的光的亮度小于1/1000烛光时就不能引起我们的光感觉。另一种是差别感受阈,即能分析出刺激之间的差别的最小限度,如引起重量感差别的最小重量约为3g。

德国生理学家韦伯提出,差别阈和标准刺激成正比,其比例是一个常数,这就是韦伯定理。

$$\frac{\Delta I}{I} = K$$

式中　ΔI——差别阈限;

　　　I——标准刺激强度;

　　　K——韦伯分数,$K < 1$。在光觉范围内,K 约为 1/100;在声觉范围内,K 约为 1/10;在重量觉范围内,K 约为 3/100;以上规律是在中等强度范围内的刺激,过弱或强的刺激,K 值会显著降低。

德国物理学家费希纳又提出刺激强度和感觉强度是对数关系,这就是韦伯-费希纳定律。

$$S = K \log R$$

式中　S——感觉强度;

K——常数；

R——刺激强度。

由此可见，刺激强度须增加10倍，才能使感觉强度增加1倍。这就告诉我们，室内设计过程中，不能只依靠增加环境的刺激强度来增加人的感觉强度。比如室内照明，单纯提高照度标准是不经济的，而要采用局部照明以弥补环境照明的不足。此外，从韦伯定律还可看出，视觉和声觉的 K 值竟相差10倍，可见视觉微小的变化就能被分辨出来，而听觉则比较迟钝，故室内设计要重视视觉环境的光和色彩的设计。

（三）感觉特性

人们在生活中总是不断地，甚至是同时地受到周围环境的各种刺激，这就产生了以下一些特性。

第一是感觉适应，是由于感觉器官不断地接受同一种刺激物的刺激而产生的，比如人们从明亮处突然进入暗处，开始时什么都看不见，但过一会就不再感到眼前漆黑一团了，这就是视觉的暗适应；反之，叫做视觉的明适应。其他感觉也都有适应的特点，但适应时间不一样。在室内设计时，就要考虑室外和室内环境的差异所造成的感觉适应，如出入口的光觉适应、空调房间的温觉适应等。

第二是感觉疲劳，当同一种刺激物的刺激时间过长时，由于生理原因，感觉适应就要变成感觉疲劳，如"久闻不知其香"，这是嗅觉疲劳；"熟视无睹"，这是视觉疲劳，等等。故室内装修设计时，就要考虑室内环境变动的灵活性，不断地变化，以唤起人们新的感觉，这对商业建筑装修设计尤为重要。另外，感觉疲劳具有周期性。一种刺激被抑制时，另一种刺激则亢进，交替作用造成对环境的适应。认识其周期性变化，把握其规律，则可以"超前"设计。

第三是感觉的对比，这是因为同一感觉器官能接受不同刺激物的刺激，这就产生了比较，比如一幢高层建筑附近有一幢低层建筑，就会感到高层建筑显得很高而低层建筑显得很低。在室内设计过程中，室内净空较低时，我们就用低矮的小家具，以显示室内净空的高大。再如用粗糙烘托光洁，用灰暗衬托明亮等等。

第四是感觉的补偿，当某种感觉丧失后，其他感觉可在一定程度上进行补偿，如盲人的听觉和触摸觉就比他失明前发达，耳聋人的视觉很敏锐等，这就为残疾人的室内外环境的无障碍设计提供了理论依据。

（四）知觉特性

知觉是我们大脑两个半球对于一个具有某些统一特征的对象或现象所发生的反映。如苹果的形、色、质和味的统一性，建筑物的形状、材料、色彩等统一性。知觉是对外部世界较为深入的反映，具有以下四个基本特征：

一是知觉的选择性，人们在知觉周围的事物时，总是有意无意地选择少数事物作为知觉的对象，而对其余事物的反映较为模糊，如观瞻一幢高层建筑，比较注意其顶部；观瞻多层建筑，比较注意出入口；进入室内比较注意主人的动作和居室的装修及陈设，而比较少关心顶棚和地板。

二是知觉的整体性，我们的任何知觉所反映的都是客观对象或现象，而不是对象或现象的个别特性，比如看一个室内效果，是知觉室内环境的总的效果，而不是只知觉室内环境的某一特性，如材料、色彩、光影等等。观看一幅画，是知觉一幅画的整体效果，而不是只知觉某一根线条。

三是知觉的理解性，人们在知觉事物的过程中，总是根据以往的知觉经验来理解事物的，如一个人没有见过也没有吃过苹果，他就无法知觉这是苹果。这里理解很重要，幼童就无法区别石蜡的假苹果和真苹果有何不同。我们进入室内空间，对环境气氛的知觉就主要是依靠理解。

四是知觉的恒常性，人们知觉事物的过程中，知觉的效果往往不会因知觉的条件改变而改变，比如一个圆形的钟，正面看是圆形的，斜看是椭圆的，侧看是矩形的，但凭我们的经验却知道这是圆形的钟。我们看一座假山，尽管它的尺度很小，但我们知道真山的形状，所以仍然知觉这座假山是山的形状。

(五)知觉的种类

知觉可分为空间知觉、时间知觉和运动知觉三种，它们分别反映客观事物的空间特性、时间特性和运动特性。

空间知觉是指人对物体的空间特性的反映。物体的空间特性包括物体的形状、大小、远近、方位等等，因而产生形状知觉、大小知觉、距离知觉、立体知觉和方位知觉。物体形状是依靠人的视觉、触摸觉和运动觉来实现的。人对物体形状的知觉具有稳定的恒常性，比如你对熟悉的物体无论从什么角度去知觉它，都不会发生差错。物体的大小则依靠视觉和理解来知觉，来判断其和我们之间的距离。两个同样大小的物体，由于距离不等，会出现近大远小的现象，但由于理解，仍会知觉它们一样大。物体的距离主要是依靠视觉来知觉，但有时也依靠听觉来知觉它。立体觉则依靠双眼视觉的信息加工来知觉。

空间知觉是室内设计的基础，根据其特性可创造出丰富多采的室内空间环境。

时间知觉是人对时间的知觉，是依靠人体感官(主要是视觉)与客观物体的参照物比较而产生的，如太阳和月亮的移动，感知时间的推移；现在和过去的比较，感知时间的进程，其次是生理的变化引起感知时间的变化。

运动知觉是人对物体运动的反映。影响运动知觉的因素有：物体运动的速度，物体与观察者的距离，运动的参照物，观察者的静止或运动状态。运动知觉是依靠视觉和运动觉来实现的。

利用运动知觉特性作霓虹灯的动态设计、室内光导向设计、室内景观电梯的空间动感设计等。

三、注意和记忆

(一)注意的特点和作用

人的各种心理活动均有一定的指向性和集中性，心理学上称之为"注意"。当一个人对某一事物发生注意时，他的大脑两半球内的有关部分就会形成最优越的兴奋中心。同时这种最优越的兴奋中心，会对周围的其他部分发生负诱导的作用，从而对于这种事物就会具有高度的意识性。

注意分无意注意和有意注意两种类型。

无意注意是指没有预定的目的，也不需要作意志努力的注意，它是由于周围环境的变化而引起的。

影响注意的因素有两个方面：一是人的自身努力和生理因素，二是客观环境。注意力是有限的，被注意的事物也有一定的范围，这就是注意的广度。它是指人在同一时间内能清楚地注意到的对象的数量。心理学家通过研究证实，人们在瞬间的注意广度一般为7个单位。如果是数字，或没有联系的外文字母的话，可以注意到6个；如果是黑色圆点，可以注意到8~9个，这是注意的极限。

在多数情况下，如果受注意的事物个性明显、与周围事物反差较大，或本身面积或体积较大、形状较显著、色彩明亮艳丽，则容易吸引人们的注意，因此在建筑环境设计时，为引起人们的注意，应加强环境的刺激量，常用的方法有三种：

一是加强环境刺激的强度,如采用强光、巨响、奇香、异臭、艳色等刺激。这里的刺激作用,不在于绝对强度,而在于相对强度。

现代舞厅中采用强节奏的音乐,商业建筑的内外装修,尤其是出入口的设计,就是利用这一原理进行装修设计的。

二是加强环境刺激的变化性,如采用闪动的灯光、节奏变化大的音乐、阵阵的清香、跳跃的色彩等刺激,例如现代的迪斯科舞厅中的灯光和商业建筑闪动的霓虹灯广告及装修设计等。

三是采用新异突出的形象刺激,如少见的或奇异的舞厅形状、名牌或名人效应、强烈的广告等,例如著名的悉尼歌剧院造型、上海东方明珠的造型等,容易引起人们的注意。在商业建筑内装修设计中,也经常利用这些特点进行装修设计,吸引顾客潜在购物。

有意识注意是指有预定目的,必要时还需要作出一定意志努力的注意。

这种注意主要取决于自身的努力和需要,也受客观事物刺激效应的影响,如有意要购买某一物品,则会注意选择哪一家商店最合适。而有关商店就要将商品陈列在使顾客容易注意的地方,这就形成了橱窗设计。

(二)记忆的特点和作用

记忆是过去的经验在人头脑中的反映,是人脑对外界刺激的信息储存。

按照信息保持的时间长短,可以把人的记忆分为瞬时记忆、短时记忆和长时记忆三种类型。瞬时记忆是指人接受外界刺激后在 0.25~2s 的时间里的记忆;短时记忆是指在 1min 以内的记忆,长时记忆是指 1min 以上,甚至终身的记忆。

按照记忆的内容,记忆还可以分为动作记忆、情绪记忆、形象记忆和语词记忆四种。

与建筑设计密切相关的是形象记忆。依靠记忆,才能进行形象思维活动。

整个记忆过程通常是从识记开始的。记忆是大脑获得知识经验并巩固知识经验的过程。在识记之后,大脑就开始对记忆材料进行保持,并在必要时进行回忆和再认,这就是记忆的全过程。在这个过程中还伴随着遗忘的发生。

识记可分为无意识记和有意识记。

最初级的记忆形式就是无意识记,也就是没有预先确定目的的无意形成的记忆。人们对偶然感知过的事物,当时并没有意图去记住它,但后来却有不少被记住并能回忆起来或再认出来,这就是无意识记。

无意识记表明了凡是发生过的心理活动都能在头脑中保留印迹,但这种印迹有浅有深,浅的事过境迁不再有所记忆,深的会经久难忘,因此,无意识记有很大的局限性。

有意识记是有目的或有动机的,采取一定措施,按一定的方法步骤,经过意志努力去进行的识记。有意识记是一种特殊而复杂的、有思维参加的活动,是有意的反复感知或印迹的保持过程,是比较巩固、持久的记忆,因此,有意识记比无意识记的效果要好得多。为了得到系统的知识和技能,都必须进行有意识记。

经过识记存储在大脑中的信息一旦被提取,这就是回忆和再认。回忆是经历过的事物不在眼前时大脑提取的有关信息;再认则是经历过的事物再次出现在眼前时,能够识别它们,因此再认比较简单一些,进行再认时也就有可能发生错误。

在识记外界事物之后,把它们储存起来,这就是保持过程。但在保持过程中,记忆的材料会发生一定的变化,这就是遗忘。

记忆过程中有许多规律,如能合理地加以利用,就能加强记忆力。一是记忆活动要有明确的目标,二是对记忆的材料进行理解,三是注意记忆材料的特征,四是多种感官的并用,五是采用多种形式复习记忆材料。

许多好的建筑创作,好的室内设计,其素材都来源于生活,因此,一个好的建筑师或者室内设计师,就要利用记忆的特性,加深对周围世界的记忆;同时利用记忆的特性,创造出好的设计作品,给人们头脑中留下"终身难忘"的印象。

四、思维和想象

(一)思维过程

思维是人脑对客观现实的间接和概括的反映,它是认识过程的高级阶段。人们通过思维才能获得知识和经验,才能适应和改造环境,因此,思维是心灵的中枢。

思维的基本过程是分析、综合、比较、抽象和概括。

分析,就是在头脑中把事物整体分解为各个部分进行思考的过程,如室内设计包含的内容很多,但在思维过程中可将各种因素如室内空间、室内环境中的色彩、光影等分解为各个部分来思考其特点。

综合,就是在头脑中把事物的各个部分联系起来的思考过程,如室内设计的各种因素,既有本身的特性和设计要求,又受到其他因素的影响,故设计时要综合考虑。

比较,就是在头脑中把事物加以对比,确定它们的相同点和不同点的过程,如室内的光和色彩,就有很多相互共同的特点和不同的地方,需要加以比较。

抽象,就是在头脑中把事物的本质特征和非本质特征区别开来的过程,如室内的墙面是米色的,顶棚是白色的,地面是棕色的,通过抽象思考,从中抽出它们的本质特征,如墙面、顶棚和地面是组成室内空间的界面,这是本质特征;而它们的颜色不同,就是非本质的特征了。

概括,就是把事物和现象中共同的和一般的东西分出来,并以此为基础,在头脑中把它们联系起来的过程,如上面讲的墙面、地面、顶棚,其作用各不相同,但它们都是室内空间的界面,这就是概括。

(二)思维形式

思维形式主要包括概念、判断和推理三种。

概念是人脑对事物的一般特征和本质特征的反映,如上面讲的墙面、地面和顶棚是室内空间的"界面",但"界面"不等于就是墙面、地面和顶棚,因为家具、设备的表面与空间的关系也可以视作"界面"。

判断是对事物之间关系的反映,如我们谈到住宅,就会判断它与其他建筑不同,它是住人的;谈到厨房,就会判断它和其他房间不同,它是从事炊事活动的地方。

推理是从一个或几个已知判断中推出新的判断,比如上楼梯,第一步、第二步、第三步的踏步都一样高,则会推理出第四步、第五步也是一样高。

(三)思维的品质

思维的品质是指人们在思维的过程中所表现出来的各自不同的特点,如敏捷性、灵活性、深刻性、独创性和批判性等。

思维的敏捷性,是指思维活动的敏锐程度,如有的人建筑创造思路敏捷,有的人则较慢。敏捷性是可以培养的,多思考、多观察则会提高思维的敏捷性。

思维的灵活性,是指思维的灵活程度,有的人掌握一种创作方法,会举一反三,看到周围环境对创作有用的东西,会很快在设计中加以运用,这是思维灵活性强的表现。

思维的深刻性,是指思维活动的深度,有的人能抓住建筑创作的本质,根据基本原理进行创作活动,他的思维活动则具有深刻性。

思维的独创性,是指思维活动的创造精神,亦即精神创造性思维,有的人对室内设计有独特的见解,有自己的一套创作方法,则他的思维具有创造性。

思维的批判性,是指思维活动中分析和批判的深度,有的人善于发现作品中的不足之处而加以改进,有的人则满足于一时的成果,这就是思维的批判性。

(四)想象

认识事物的过程,除了感知觉、注意、记忆和思维外,还包括想象。

想象就是利用原有的形象在人脑中形成新形象的过程。

想象可以分为无意想象和有意想象两种。无意想象是指没有目的,也不需要作努力的想象;有意想象则再造想象、创造想象和幻想。再造想象就是根据一定的文字或图形等描述所进行的想象;创造想象是在头脑中构造出前所未有的想象;幻想是对未来的一种想象,它包括人们根据自己的愿望,对自己或其他事物的远景的想象。

室内设计需要想象,每一个作品的创造活动,都是创造想象的结果。科学研究和科学创作大体上可以分为三个阶段:第一阶段是准备阶段,其中包括问题的提出、假设和研究方法的制定;第二是研究、创作活动的进行阶段,其中包括实验、假设条件的检查和修正;第三是对创作研究成果的分析、综合、概括以及问题的解决,并用各种形式来验证、比较其创作研究成果的质量和结论。缺乏创造想象能力的建筑师和室内设计师,没有创造性的指导思想,不可能创造出优秀的具有一定风格的作品,最多属于再造想象、再现或模仿他人的设计,跳不出现实的已有的建筑模式,缺乏个性和创新,其结果必然是大同小异或千篇一律。

五、知觉暂留和错觉

(一)视觉暂留

当刺激物已停止作用于人的感官以后,人的感觉并不立即消失,这种现象称为知觉暂留。

各种知觉都有暂留的现象,如视觉暂留、听觉暂留、嗅觉暂留、味觉暂留、肤觉暂留等,但各种知觉暂留的时间和反映各不相同,这不仅同人的感官的生理机能有关,而且同刺激物的刺激作用有关。同室内设计关系最密切的是视觉暂留。

视觉暂留是指当视觉的刺激物已停止发生作用的时候,人的视觉并不随之立即消失,还会延宕若干时间,在刺激停止后若干时间内所延宕的视觉,又叫做视觉后像,或称视觉余像、视觉残像、视残留。通常在中等照度下视觉暂留的时间约0.1s。

视觉后像有两种:

一种是积极后像,就是在性质方面和刺激作用未停止前的视觉基本相同的一种后像,如我们在灯前,闭目注视灯光20s以上,然后关灯,此前的视觉并不会立即消失,还会延宕一段时间。

另一种是消极后像,就是在性质方面和刺激作用未停止前的视觉正好相反的一种后像,如用两张四方形白纸(图1-12),在一张上面放一张红纸,其中刻一"十"字。我们凝视白十字约20s,然后转视另一张白纸,即可见到一张青色四方形,稍后渐白,约20~30s消失。

在阳光下,我们注视红旗约20s以上,然后转视别处,也会见到青绿色现象。

消极后像的色彩是原刺激物色彩的补色,如视黄色,可见到蓝色。在明度方面,正好相反,注视黑色,可见到白色。

视觉暂留的现象,在视觉环境设计中,早已被人们注意,如交通安全设计时,为防止路口红灯造成驾驶员的误视,须加避光罩,防止阳光直射。在高速公路旁,每隔200m标注一个安全提示信号;在影片制作中,使画面间隔时间在0.1s以内,使画面被视为连续的图形;在橱窗、商店出入口、室内装修、工业造型等视觉环境设计中,也经常利用此现象,延宕积极后像时间,增强环境识别性,或根据消极后像原理,使娱乐场的灯光设计,增加迷幻的气氛。

 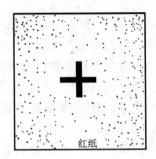

图 1-12 视觉后像

(二)错觉

错觉是指和客观事物不相符合的错误的知觉。人们的外感官都会产生错误的知觉现象,如错视觉、错听觉、错嗅觉、错味觉、错肤觉,以及运动错觉、时间错觉。在错觉现象中,以错视觉表现得最为明显,它同建筑设计和室内设计关系也最为密切。错视觉中,有图形错觉、透视错觉、光影错觉、体积错觉、质感错觉、空间错觉等。人们研究最多的是几何图形错觉。

当我们把注意只集中于线条图形的某一因次,如它的长度、弯曲度、面积或方向时,由于各种主客观因素的影响,有时感知到的结果与实际的刺激模式是不相对应的。这些特殊的情况被称之为"几何图形错觉"。多数情况下,错觉在有规则的图形中表现得最明显。如图 1-13 Poggendorf 错觉,直线 1—2 在规则的平行线图中,变得错位了。有些错觉在日常生活中也常遇到,如瀑布错觉,当你注视瀑布流下少许时间,再看两旁的山石,就会产生山石向上运动的错觉;又如运动错觉,当你坐在火车里,注视车外的行道树,车速很快,你会觉得车子没有动,而树在运动。

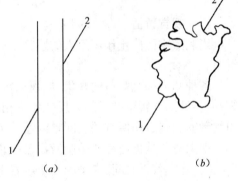

图 1-13 Poggendorf 错觉
图中 1—2 斜线是一条直线

关于错觉的研究已有 100 多年,但到目前为止,许多错觉的成因仍不清楚。现就常见的错觉图作简要分析,见图 1-14。

Müller—Lyer 错觉及其变式的图中,同样长的水平线,下面一行的直线显得长。

透视错觉图中,同样长的短线,上面的短线显得长。

横竖错觉图中,同样长的直线,竖向的显得长。

充满空虚错觉图中,同样长的水平线,上面显得长。

Wundt 错觉图中,平行的四条平行线,中间两条被扭曲了。

平行四边形错觉图中,同样长的两根斜线,左边的显得长。

Hering 错觉图中,平行的四条平行线,中间两条被扭曲了。

Jastro 错觉图中,两组曲线,下组显得长。

Ehrenstein 错觉图中,正方形被扭曲了。

Zöllner 错觉图中,四条平行线,显得不平行。

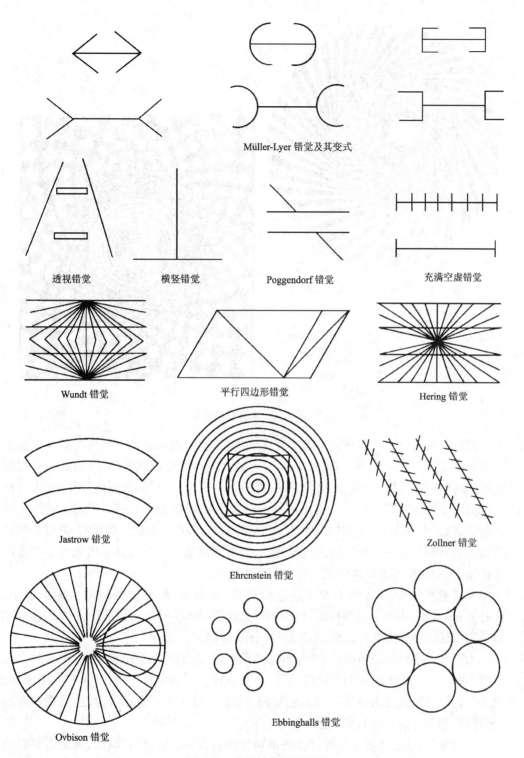

图 1-14　常见的传统错视图

Qrbison 错觉图中,等长的圆半径,右边显得短。

Ebbinghaus 错觉图中,中间两个大小相同的圆,左边圆显得大。

错觉图形是多种多样的,根据它引起错误的倾向性,可以分为两类:

一类是数量上的错觉,包括大小方面引起的错觉,如 Müller—Lyer 错觉、Sander 平行四边形错觉;另一类是关于方向的错觉,如:Zöller、Hering 和 Wundt 错觉以及螺旋形错觉,见图 1-15。

图 1-15 螺旋形错觉

错觉的形成除了受客观刺激物本身的结构影响外，观察者个人所持的态度以及练习也起一定的作用。早在 1904 年 Benassi 就对错觉中的中枢因素作了研究，如果观察者以"整体感知"态度去观察几何图形，所得的知觉效应和以"部分隔离"的态度去观察几何图形，所得的知觉效应，会得出不同的结果。如观察 Müller—Lyer 错觉，整体观察比隔离观察，会发现上下图中水平线长短的差距会更大些。这就告诉我们，典型几何错觉图是形状知觉的一些特殊情况，它们在一个图形的某一部分可显示出的大小和方向上的错误，是受图形的整体印象的影响而产生的。

如果我们反复多次地去观察这些错视形，还会发现，其中的错觉差距会缩小。G.Heymans 早在 1096 年就进行了研究，如对上述的 Müller—Lyer 错觉图，或对 Poggendorf 错觉图、Zöller 错觉图进行观察，都会取得同样的结果。

由于几何图形的原始结构不同，图底关系不同，附加图形的结构不同，观察的态度也就不同。形成以上所述的各种错觉图，会有各种各样的解释理论，并且有一定道理，又不能以同一种观点去解释所有的错觉图，这里不加评述。笔者认为，这同观察者的"推理、联想和完成化的倾向"有关。

所谓推理，即观察者是根据自己的视知觉经验去认识它；所谓联想，就是观察者总是将几何图形的原始结构和附加结构作比较去认识它；所谓完成化倾向，就是由于图形结构的位置、大小和方向的不同，图底关系以及内隐梯度的不同，观察者会以整体形象去认识它。如果是彩图，它还包括色彩面积大小和明度等因素，从而诱导观察者得出某种特定的视觉效应，而形成错视觉。

关于错觉的现象，除了几何图形错觉外，在视知觉中，有关色彩、光线、质感、空间旷奥度等视觉因素，均会产生错觉现象。

关于错觉的研究，对于了解知觉过程的线索具有重要的理论价值。这里仅介绍几何图形错觉的心理基础。在实际应用中,如何消除错觉的消极影响;或相反,根据需要有意识的引起人们产生错觉,这在建筑设计和室内设计中是经常遇到的,也有很多成功的例子,关于错视形在室内设计中的应用,将在下一章"形态与视觉"中予以介绍。

六、向光性和私密性

(一)向光性

向光性是人类的本能和视觉的特性。

人类离不开光,并在光环境中发展。走向光明是人的本能。有了光就增加了希望,增强了安全感,缩短了人际距离。

两个相邻的出入口,一个有光亮,一个没有光亮,对于陌生人,几乎都会选择有光亮的出入口。

观看一个橱窗,首先引起注意的是光亮度最强的物品。

走进室内,首先被看到的也是开亮的灯光下的家具物品。

由于"注意"的心理特性,人在室内环境中,首先注意的是相对光亮度强的物体,因为光亮的物体的刺激强度大,特别是光亮度不断变化或内烁的物体,最容易使大脑两个半球的有关部位形成最优越的兴奋中心,同时这种兴奋中心会对其他部位,发生负诱导的作用,这就产生了高度的指向性和集中性,这就是人的向光性。

人的向光性特点,对于室内设计与装修极其重要。

在商场、展厅、娱乐场等光环境设计中,利用向光性的特点,可以不做顶棚或局部设置吊顶。当人们进入室内时,首先注意光亮度大的物品,极少注意很暗的顶棚,这样吊顶里的管线和送风口,即使显露出来,也很少被人察觉。这不仅节约了造价,同时也便于检修。

在室内环境安全设计中,由于光亮处容易引起人们的注意,故设置灯光,可起"防犯"的作用。在安全出入口作光导向设计,这比安全标志更起作用。

在商业橱窗和室内景观设计中,利用向光性特点,美化商品,点缀景点。

(二)私密性

私密性指个人或群体控制自身与他人在什么时候,以什么方式,在什么程度上与他人交换信息需要。

私密性有四种基本状态:独居、亲密、匿名、保留。

独居和亲密,分别指一个人独处或几个人亲密相处时,不愿受到他人干扰的实际行为状态。

匿名指个人在人群中不求闻达、隐性埋名的倾向。

保留指对某些事物加以隐瞒和不表露态度的倾向。

私密性也是人的本能,它可使人具有个人感,按照自己的想法来支配环境,在没有他人在场的情景中充分表达自己的感情。

私密性在人际关系中形成了人际距离,即人与人之间所保持的空间距离。这种空间距离,在社会学中,是一种信息的关系、一种情感距离,而在环境科学中,则是实际的空间尺度,两者有一定的联系。

根据人类学家赫尔(E.Hall)的研究结果,人际距离包括了以下常见的空间距离关系。

1. 亲密距离

当事人一般相距0～50cm,在此范围内所实现的活动,如爱、抚摸,这是家庭活动常见的现象。对于家具和设备布置有参考意义。在体育运动中,如角斗、拳击活动,这对场地设计也有一定的意义。

2. 个人距离

当事人一般相距 50~130cm,在此范围内所表现的活动,指亲密朋友间接触,或日常同事间交往,这对起居室和一般接待空间设计有一定的参考意义。

3. 社交距离

当事人一般相距 1.3~4m,在此范围内,常见的是非个人的或公务性的接触,这对较正规的接待室和商场柜台布置有一定的参考意义。

4. 公共距离

当事人一般相距 4m 以上,在此范围内表现的是政治家、演员与公众的正规接触,这对接待大厅、会议室等室内空间设计有参考意义。

私密性在环境中的个体表现,导致了个人空间,即个人身体周围存在的空间范围,也是身体缓冲区,它在住宅的邻里关系中,出现了"私密门槛线",这是美国人类学家拉波普(A.Rapoport)研究不同文化背景要求、不同住宅外部空间私密性后提出的。它指陌生人接近住宅时,引起居住者焦虑的位置或界限。

私密门槛线可以是一幢楼和大门或内门,也可以是一个象征性的界线。由于文化和地区的不同,对私密性的需要也不同,反映在住宅中的私密门槛线也不同。图 1-16 为私密门槛线。图中 A、B、C 分别是穆斯林、英格兰、北欧三种文化背景的私密门槛线的位置。这对庭院环境设计、领域范围的确定、安全标志的设置,都有一定的参考价值。

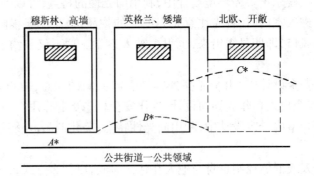

图 1-16　私密门槛线

笔者考察欧洲许多国家的建筑,发现住宅私密性程度基本如此,相当开敞,低矮的栏杆,象征个人的领域范围,即使公共建筑,甚至"机密"建筑,也很少高墙深院。相反,我国绝大部分地区,不加围墙的建筑则很少。这表明私密性问题同民族传统、社会管理等诸因素有关。另外,邻里效应不可忽视,一幢住宅,只要有几家设围墙栏杆,其余各家都会仿效。我国南方、香港地区,甚至顶层人家都加安全栏杆,这绝大部分不是治安问题,而是心理问题。因此,如何处理好私密性问题,对建筑设计影响很大。

在室内环境设计中,也要区分各房间的性质,根据使用要求确定私密性等级,尽可能在门窗设置、室内设备和家具布置时,满足私密性要求,尽可能少加为了"安全"的附加构件,以免影响建筑美观。

七、领域和个人空间

这是同私密性相关的问题。

(一)领域

领域是指人为了某种需要而占据的一定空间范围。这种范围可以是个人座位,或是一间房子,也可以是一幢房子,甚至是一片区域。它可以是有围墙等具体的边界,也可能是象征性的,容易为其他人识别的边界标志,或是使人感知的空间范围。

人对空间的占有和支配,是生命的渴望和本能。

占有和控制领域是所有动物的行为特征,也是人的特殊需要。如果两个同学住在同一房间里,该房间将被分成二个大致相等的空间范围,各人的物品也会放在各自的范围内。相邻两户宅前的空地,人们会本能地用围墙或绿篱等隔开,以示各自的范围。

扩大领域范围,这也是一切动物的行为特征,这也是多数人的行为表现或欲望。有了一间房子居住,条件许可时又想占有一套房子。从小房子调到大房子,这也是日常生活中常见的事。

将领域人格化,这是人对领域占有的一个共同特点。

所谓领域人格化,是指领域的占有者,总是用特殊方式,将领域处理得具有特殊性,以肯定自己的身分,肯定他在人群中的地位。其最有效的方法是将物质环境作特殊处理,以示占有者的身分。如将住宅外部出入口、围墙等特殊设计,使其具有标志性,将室内家具、陈设、装饰等作特殊处理,使其具有个性。

领域不仅指有形的物质环境,个人的地位也是领域的另一个显著特性。

人是社会的人,人是有理智的。人类对领域的占有和支配,是受社会、自然环境、生物环境等诸因素所制约的,这是人与动物关于领域的最大区别。人们不可能,也不应该无限地扩大或占有社会和环境允许的领域。环境的可持续性也不可能无限地实现占有者对领域的要求,因而领域在动态中平衡,这又是人类领域的特殊性。

关于人类的领域特性,其积极作用是,领域的要求促使占有者进行正常的活动,为自身提供安全感,实现自我表达的可能性,使空间环境构成一定的秩序,也使人类的建筑活动,在动态中发展与平衡。

领域的消极作用是,由于人类具有扩大领域的本能,因而造成占有者彼此之间的攀比,甚至是斗争,从而使人际关系、邻里关系,甚至是社会关系复杂化,这在日常生活中常遇到的,如为了一块停车地,邻里间发生了纠纷。

关于领域的研究,对建筑设计和室内设计也具有指导意义。既不能无限地使占有者随意扩大领域,也不能不合理的缩小个人领域,搞"大家庭"。这就要求设计者合理的确定个人领域和公共领域的界限,既保障领域占有者的安全,又要便于人群交往。在户内设计中,也要明确各自的个人领域大小,以利户内正常活动。

(二)个人空间

个人空间是指存在于个体周围的最小空间范围。

个人空间是个人活动和生存的基础,对这范围的侵犯和干扰,将会引起人的焦虑和不安,它随着个体活动而移动,它和领域概念的不同点就在于它是生理和心理上所需要的最小空间,这一概念最早是由心理学家索姆尔(R. Summer)提出的。

个人空间有两种作用:

一是使人与人,人与空间环境的相互关系得以分开,使其保持各自完整又不受侵犯的空间范围,即"身体缓冲区",这是研究行为空间的基础;

二是从信息论的观点出发,个人空间又使个人之间的信息交往处于最佳状态。在此范围内个体之间得到最广泛的信息交换,这是研究人际距离、人际关系的基础。

影响个人空间的主要因素有:

一是个人因素,如年龄、性别、文化、社会地位等;

二是人际因素,如人与人之间的亲密程度;

三是环境因素,如活动性质、场所的私密性等。

个人空间的特点,对场所和室内环境设计有很大的指导意义,如在公共汽车里,对"拥挤",人们具有很强的忍耐性;而在公共餐厅里,邻座太近,会引起相互不安和烦恼;而在舞厅里,个人空间又很紧密;在教室或会议厅中,个人空间又相当均衡;在谈判席和法庭上,个人空间又很大。

由此可见,人的心理因素对个人空间影响很大。如何掌握这一"心理空间"尺度,就要求设计师对人和环境有充分的理解,因人、因事、因时、因景的确定个人空间的大小。

因人,就要分清不同性别、年龄大小、不同种族、职业、文化等诸因素,如小孩与小孩之间,个人空间就较小,其他因素也很少影响,而大人之间、老少之间、男女之间、不同民族的个人之间、不同职业人员之间,各自个人空间的差异都比较大。

因事,就要分清场合,有共同需求时的个人空间就小,如恋爱、跳舞;要相互讨论时的个人空间就较适中,如洽谈、接待、买卖之间;有相互冲突时的个人空间就较大,如竞赛、谈判。

因时,就是社会环境的影响。社会很和睦,很安定,个人空间就较小,反之则较大。

因景,就是不同环境,个人空间有不同的尺度,如前面所述的在车厢里和在餐厅里,个人空间就有不同的要求。

所有这些因素,要求环境设计者综合考虑,合理地、科学地处理好各种关系,搞好室内设计。

第三节 人体测量学知识

本节主要介绍人体测量的内容、方法等基本概念及与室内设计的关系。

一、人体测量学由来和发展

人体测量学是通过测量人体各部位尺寸来确定个人之间和群体之间在人体尺寸上的差别的一门学科。

人体测量学是一门新兴的学科,同时又具有古老的渊源。早在公元前一世纪罗马建筑师 Vitruvian 就已从建筑学的角度对人体尺度作了较全面的论述,他从人体各部位的关系中,发现人体基本上以肚脐为中心。一个站立的男人,双手侧向平伸的长度恰好就是其高度,双足趾和双手指尖恰好在以肚脐为中心的圆周上。按照他对人体尺度的描述,在文艺复兴时期,Leonardo da vinci 创作了著名的人体比例图(图 1-17)

1857 年 John Gibson 和 J. Bonomi 又绘出了 Vitruvian 标准男人的设想图(图 1-18)。

此后,许多哲学家、数学家、艺术家、理论家对人体尺度进行了大量的研究,积累了大量的人体测量数据,但大多数都是从美学角度来研究人体的比例关系,还没有考虑人体尺度对生活和工作环境的影响。直到第一次世界大战时,航空工业的发展,人们迫切地需要人体测量的数据,作为工业产品设计的依据。到了第二次世界大战时,航空和军事工业产品的生产对人体尺寸提出了更高的要求,更加推动了人体测量的研究。人体测量学的成果在军事和民用工业产品设计中,以及人们日常生活和工作环境中,得到了广泛的应用,并拓宽了研究领域。目前,人体测量学的研究仍在继续进行。建筑师和室内设计师也意识到人体测量学在建筑设计中的重要性,应用人体测量的研究成果提高建筑环境质量,合理地确定建筑空间尺度,科学地从事家具和设备设计,节约材料和造价。

以往人体测量学研究的理论、方法和成果,为我们现在和将来的研究提供了借鉴。但由于人类个体和群体的差异,生活环境的变化,使用目的的不同,使得人体测量数据处于缓慢的变化之中,因此以往的和其他国家的人体测量数据不可能照抄照搬。

影响人体测量的个体和群体差异的主要因素有：

(1)种族　从人种学的角度来说，由于遗传等诸因素，不同民族的人在体格方面有明显的差异，人体尺度也随之不同，如我国汉族人和维吾尔族人，越南人和比利时人，人体尺寸的群体差异就很大。

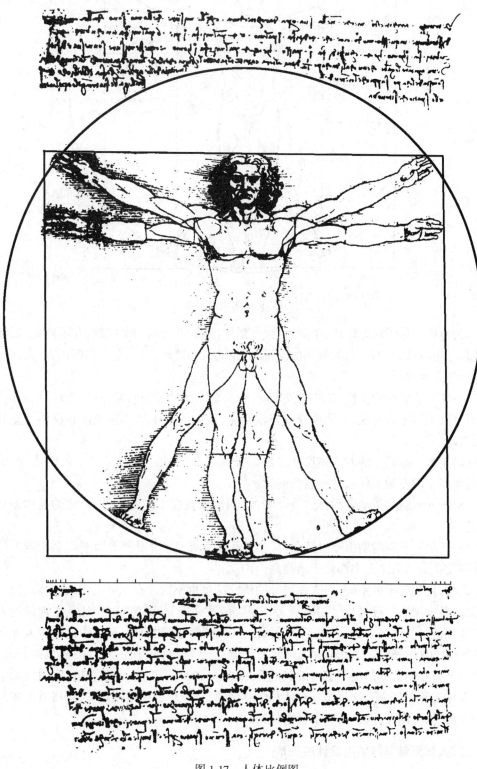

图 1-17　人体比例图

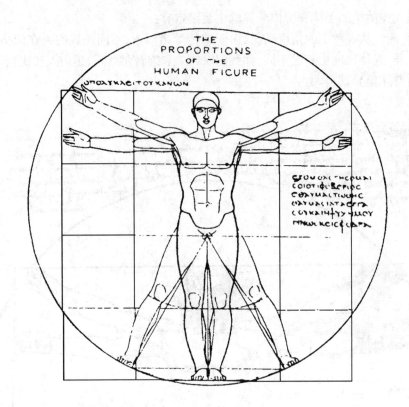

图 1-18　标准男人设想图

(2)地区　由于地理环境、生活习俗、生活水准的不同,同一个民族,在不同地区,其人体尺寸也有较大的差异,如我国的汉民族,东北人和广东人,山东人和四川人,人体尺寸的个体差异就很大。

(3)性别　男性和女性在14周岁之前,在活动方面没大的差异,有的女性身高还会超出男性,但到了青春期,人体差异就非常明显,他们的人体尺寸在个体和群体上差异都很大。

(4)年龄　不同年龄的人体尺寸个体差异就很大,婴儿、幼儿、学童、少年、青年、中年、老年各个时期的人体尺寸一直在变化。

(5)职业　脑力劳动者和体力劳动者,运动员和教育工作者,人体尺寸的群体差异不同。

(6)环境　不同时期由于经济条件、文化生活水平,生活习惯等因素均会影响人体尺寸的变化。目前全人类都处于增高期。

此外,使用要求的不同,对人体尺寸的研究深度也不同。在国际上也无法作出统一的标准,各个国家均根据自己的国情、人口状况、地区差异、制定符合本国、本地区的人体尺寸规范。我国在1989年底,公布了第一部人体尺寸的国家标准,《中国成年人人体尺寸》(GB 1000—88)。但在幼儿人体尺寸的研究还是一个空白。对专门领域的研究,国家标准公布的数据仍很不够。故我们在1989～1990年期间作了《家具及室内活动空间与人体工程学研究》,这是国家自然科学基金项目,由杨公侠教授负责,今将有关成果公布于后,供室内设计参考(见书后附录)。

二、人体测量学与室内设计的关系

人体测量是工业产品设计、工业场所设计、室内空间设计的基础,这些设计也正是室内设计的主要内容。

(一)工业产品设计

工业产品设计的内容极其广泛,小到一支笔、一块表、一副眼镜、一双鞋子等,要使这些产品符合人的使用要求,就得了解人的手型及其尺寸,头型及其尺寸,脚型及其尺寸等;中到一个冰箱、一套大橱、一组沙发或椅子、一张写字台等,要使产品更适用,就得了解人在开启冰箱或拉开橱门时的弯姿的舒适尺寸,坐着休息或写字时人的坐姿的舒适尺寸,就得了解人在日常卫生活动时的坐姿或立姿的舒适尺寸及范围;大到工厂里的一条生产流水线,要使机器能正常运转,便于工人操作,就得了解人在操作机器时所允许的活动范围,从而确定机器控制台的位置和大小。

(二)工作场所设计

这种设计是同工业产品设计分不开的,如家庭的炊事活动,要使洗涤盆和煤气灶的高度适合人的操作,就要懂得人在盥洗或烹饪时的姿势、活动范围和最佳的功能尺寸,进一步确定洗涤盆的大小、煤气灶尺寸等,才能减少家庭主妇的疲劳。同样,要使人在写字时较省力,就要使台面和椅面的高度符合人的坐姿、活动范围和最佳的功能尺寸,进一步确定椅子和写字台的科学尺寸。

(三)室内空间设计

室内空间大小更离不开人的尺度要求。确定一扇门的高度和宽度,就要了解人在进入房间时的姿势和活动范围及其功能尺寸,才能最经济、最科学地确定门的大小。确定观众厅里走道的宽度,坐椅每排间距,就要了解人在通行时每股人流的最小宽度,坐着时人的臀部到膝盖的尺寸和坐高,才能使观众舒适地坐着,既不影响他人的通行又不影响后排人的观看,使每排间距最经济,从而节省面积和空间高度。

三、人体测量的内容和方法

(一)人体测量内容

人体测量的内容主要有四个方面:人体构造尺寸、人体功能尺寸、人体重量和人体的推拉力。

1. 人体构造尺寸

人体构造尺寸(即人体结构尺寸)主要指人体的静态尺寸,它包括头、躯干、四肢等在标准状态下测得的尺寸。在室内设计中应用最多的人体构造尺寸有:身高、坐高、臀部—膝盖长度、臀部宽度、膝盖和膝腘高度、大腿厚度、臀部—膝腘长度、坐时两肘之间的宽度等(图1-19)。

2. 人体功能尺寸

人体功能尺寸是指人体的动态尺寸,这是人体活动时所测得的尺寸。由于行为目的不同,人体活动状态也不同,故测得的各功能尺寸也不同。要精确的测量其尺寸是比较困难的,但根据人在室内活动的范围和基本规律,也可以测得其主要功能尺寸。

图1-20是我们研究我国成年人使用柜内家具的功能尺寸的简图,图中编号参见国标GB 1000—88,缺少的内容另编号为A、B、C……等等,其结果将在人体测量一节中介绍。

3. 人体重量

测量人体重量的目的在于科学地设计人体支撑物和工作面的结构。对于室内设计来说,体重主要涉及的是地面、椅面、床垫等的结构强度。由于人体体重的差异对这些支撑物设计影响较小,故可以粗略地计算,一般分为幼儿体重和成年人体重,以此来确定人体支撑物的计算荷载。

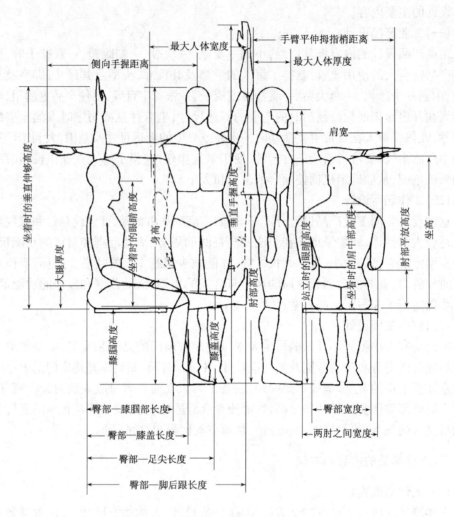

图 1-19 室内设计者常用的人体测量尺寸

4. 人体推拉力

测量人体推拉力的目的在于合理地确定橱门的开启力和橱柜抽屉的重量,进而科学地设计家具五金的构造。我们在这方面做了一些测试,其结果将在人体测量一节中加以介绍。

(二)人体测量方法

人体测量方法主要有以下四种:丈量法、摄像法、问卷法、自控或摇感测试法。

1. 丈量法

主要用人体测量仪来测量人体构造尺寸,如用测高仪丈量身高、坐高、肩高等;用直尺和卡尺丈量人体的细部构造尺寸;用磅秤测量体重;用拉力器测量人体推拉力。

2. 摄像法

由于人体功能尺寸随着姿势而变化,故一般丈量法难以测得较准确结果,常用的方法是用照相机或摄像机等作投影测量。图 1-21 表示了摄像测量人体功能尺寸的方法。图中(a)是带有光源的投影板,板上刻有 10cm×10cm 的方格,每一方格又分成 1cm×1cm 的小方格。图中(b)是照相机或摄像机,当照相机或摄像机与投影板间的距离 d 大小为被测试者高度 10 倍以上时,投射光线可粗略视为平行线,即可拍摄被试者在投影板上的各种姿态,从投影板的方格数上而得知其功能尺寸。如要求其尺度的精确性,可根据被试与投影板的间距,算得修正系数(其数值 <1),然后将投影的尺寸乘以修正系

数,即可得到更为准确的人体功能尺寸。

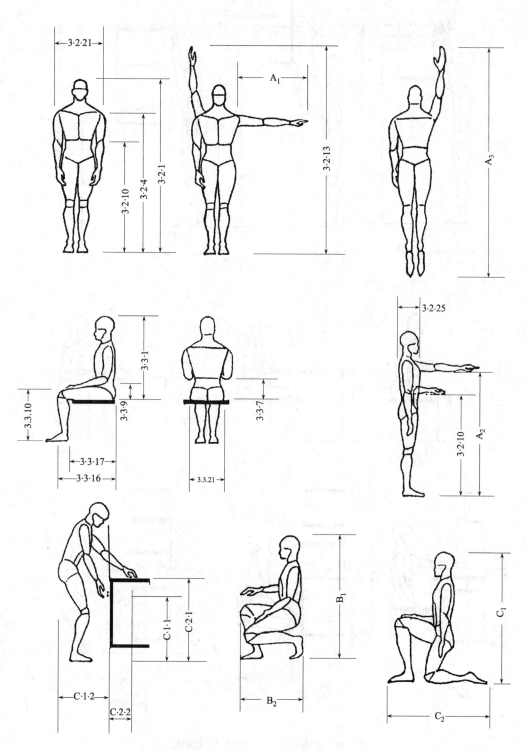

图 1-20 人体结构尺寸和功能尺寸简图(一)

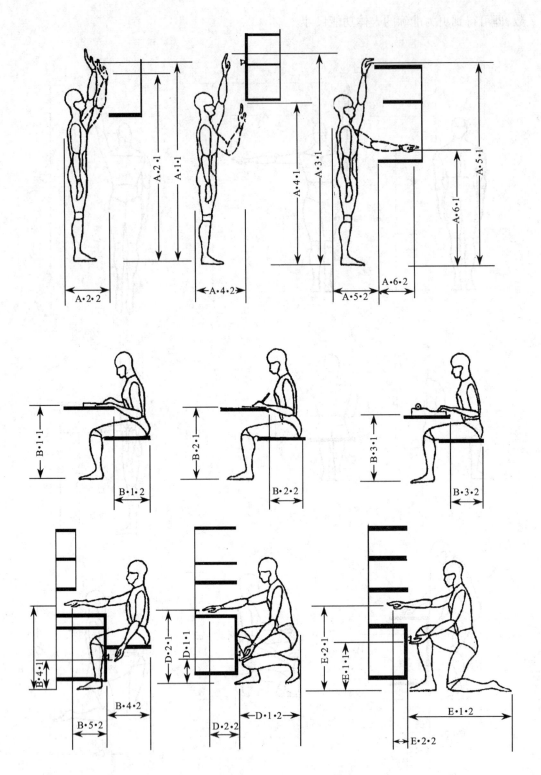

图1-20 人体结构尺寸和功能尺寸简图(二)

3. 问卷法

人体功能尺寸是变化的尺寸,如何使其尺寸符合人的需要,减少体力,从而达到相对的"舒适",这就需要测得人体感到"舒适"的功能尺寸,显然它是同被试的生理和心理特点有关。因"舒适"是被试的主观评价,随人而异,故采用问卷法。虽然功能尺寸的测得结果是个变化值,但存在一个阈限,这个阈限就是室内设计的参考数值。如测量椅面与椅背的夹角对被试的影响,我们通过调节脚的搁置高度和椅面和椅背的夹角的大小,询问被试的压痛点的感觉评价,从而测得不同功能要求的较合适的椅面和椅背的"舒适"曲线。同样要测得台面或搁板的"舒适"高度或宽度,也由被试自我调节其高度或宽度,从而测得其"舒适"的高度或宽度尺寸,供家具设计参考。此法也将在人体测量一节中加以介绍。

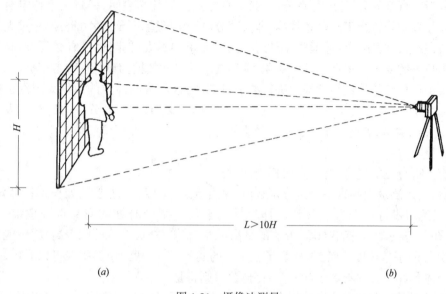

图 1-21　摄像法测量
(a)带有光源的投影板;(b)照相机或摄像机

4. 自控和遥感测试法

要想测得人体在椅面、椅背或床垫上的压力分布,从而科学地确定椅面或椅背形状,床垫中弹簧的弹力,就得依靠自动控制系统,将压力输入,由电脑测得其结果,该装置如图 1-22。要想测得运动尺寸(如楼梯踏步、煤气灶尺寸)对人的影响,就可以利用多功能生理测试仪,采用遥控方式测量人体运动时的肌电大小,心律的变化,确定这些运动尺寸的合理数值。

图 1-22　人体静态压力测量

四、百分位、平均数、标准差和人体尺寸的相关定律

(一)百分位

由于人的个体和群体差异,人体尺寸都有很大的变化,设计时几乎不用"平均数"(即平均值),而对某一尺寸在一定范围内进行数值分段,如将被试的身高或肩宽等在尺寸上分为一百个等分,这就是百分位,又叫百分点。统计学表明,任意一组特定对象的人体尺寸分布均符合正态分布规律,即大部分属于中间值,只有一小部分属于过大或过小的值,分布在两端。设计上要满足所有人的要求则不太可能,也没有必要,但必须满足大多数人的要求。根据设计的对象,选用其中的尺寸数据为设计的参考依据。

由于百分位是从最小到最大进行数值排列的,这就表明高位的数值大于低位的数值。如第95百分位的身高大于第5百分位的身高,又如第90百分位的肩宽就大于第50百分位的肩宽,如此类推。人体的体重也是一样,第50百分位的体重大于第5百分位的体重。

有关百分位的概念,有两点要特别注意:

(1)人体测量中的每一个百分位数值,只表示某一项人体的尺寸,如身高和肩宽。

(2)绝对没有一个人在各种人体尺寸的数值上都同时处在同一百分位上。(图1-23)图(a)表示此人有第50百分位的身高尺寸,有第40百分位的膝盖高度,可能有第69百分位的手掌长度。而图(b)表示三个人的实际尺寸,从图中的折线可以看出,一个人的身体各部位尺寸不属于同一个百分点,否则将是一条水平线。

选择测量数据时要注意根据设计内容和性质来选用合适的百分数据。以下几点原则可供参考:

(1)够得着的距离,一般选用第5百分位的尺寸,如设计坐着或站着的功能高度,对于第5百分位的人够得着,则95%的人肯定够得着。如适合矮个子的椅面高度,对于第5百分位以上的人来说,只要将腿向前伸一点,也就可以了,而仅有5%的人脚可能够不着地。

(2)容得下的距离,一般选用第95百分位的尺寸,如设计通行间距,对于95%的人能够通过的走道,而只有5%的人通行有困难,即大个子的人能够通行,对于小个子的人一定能够通行。

(3)常用高度,一般选用第50百分位的尺寸。如门铃、把手、电灯开关的高度,厨房设备高度等,这样既照顾矮个子的使用要求,也考虑高个子的需要。

(4)可调节尺寸,若确定百分位大小有一定困难,条件许可时,可增加一个调节尺寸。如采用升降椅或可调节高度的搁板,用这些调节尺寸的措施来满足大多数人的使用要求。调节尺寸的大小是根据人体尺寸、工作性质和家具及设备的加工能力来决定的

(二)平均数(M)与标准差(SD)

我们在实际工作中常常会提到平均数的概念,就会将第50百分位的人体尺寸代表"平均人"的尺寸。实际上这是错误的,这里不存在"平均人"。第50百分位只说明某一项人体尺寸仅适合50%人的要求,而某一项尺寸的第50百分位的数值和该项尺寸的平均数值相等。

美国人类学家H.T.E.Hertzbexy博士指出:"没有平均男人或女人存在,或许是在个别一两项上(如身高,体重或坐高)是平均值,在被测量的人当中,两项尺寸是平均值的占7%,三个项目符合平均值的只占3%,当四个项目同是平均值时,则少于2%,10个重要人体尺寸都相同于平均值的人几乎没有"。

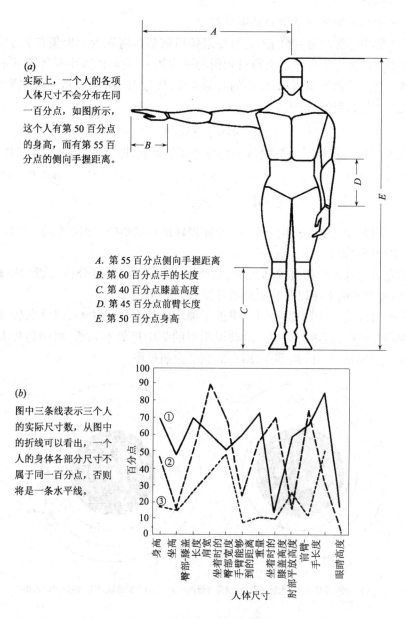

(a) 实际上，一个人的各项人体尺寸不会分布在同一百分点，如图所示，这个人有第 50 百分点的身高，而有第 55 百分点的侧向手握距离。

A. 第 55 百分点侧向手握距离
B. 第 60 百分点手的长度
C. 第 40 百分点膝盖高度
D. 第 45 百分点前臂长度
E. 第 50 百分点身高

(b) 图中三条线表示三个人的实际尺寸数，从图中的折线可以看出，一个人的身体各部分尺寸不属于同一百分点，否则将是一条水平线。

图 1-23 人体尺寸百分位分布

在人体测量等实验中，经常会遇到实验数据的处理问题，这就涉及到有关统计学的一些概念。如将所得数据整理时，按其大小顺序排列，从中便可看出最大值、最小值和中间值，然后再将这些数据加以分组，并作出次数分配。一般将统计数据分为 12～18 组，以便获得较准确的实验结果，同时计算也不会太复杂。为使人们对一组数据有一个概括的了解，在统计学中常采用两个概念予以表明，一是集中趋势的变量，二是离散趋势的变量。

代表集中趋势的变量常用的是平均数。

所谓平均数，即算术平均数，其符号为 M，它的计算公式是：

$$M = \Sigma X / N$$

这里的 Σ 代表总和；X 是每一个单独的度量。N 是度量的总数。当数据是按次数分配时，则假定每一组的度量，都落在该组的中点上，即每组的平均值。将每组的平均值乘以每组次数，其总和再除以总次数其结果与算术平均数几乎相同，其误差并不影响实验准确性,但却简化了计算。

代表离中趋势的变量常用的是标准差。

计算了集中趋势之后,我们还必须知道各组数据如何靠近地聚集在表示集中趋势的数值周围的情况。很可能两组都有相同的平均数,但它们的离中趋势却不一定相同,这就用离中趋势的数值来表示,常用的有标准差,代号为 SD,它表示误差在平均数周围分散程度的度量,其计算公式是:

$$SD = \sqrt{\Sigma X^2 / N}$$

这里的 X 是分配中任何一个分数与平均数之间的差数,即 $X = X - M$,将算术平均数计算公式代入,即得:

$$SD = \frac{1}{N}\sqrt{N\Sigma X^2 - (\Sigma X)^2}$$

有了平均数和标准差这两个数值,便能较好地总结整个一组的数据,并对全部数据作出较准确的预测。

在研究人的行为所获得的结果时,如研究人机系统,便可分析出影响准确性的因素,分析各种误差的来源以及补救或清除误差的办法。

如分析射击结果(图 1-24):射手甲的子弹均围绕在靶的中心,但落点较分散;射手乙的子弹离开靶心,但落点集中。这就说明甲的集中趋势不如乙,离中趋势大,其变异误差较大。如果校正乙的瞄准器,则乙的成绩会超过甲。

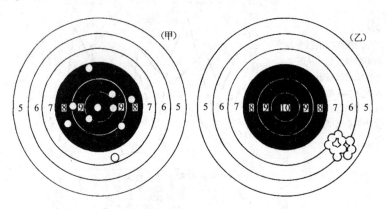

(a) 试射成绩。(甲)无恒常误差,但变异误差很大;(乙)的恒常误差大,但变异误差小。

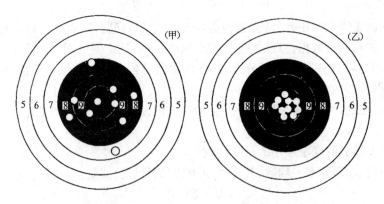

(b) 正式射击成绩。经调整枪的瞄准器后,(乙)取消了恒常误差,而(甲)则无改进。

图 1-24 射击结果比较

在实验中,经常遇到的不只是一个单一的变异度量统计,如研究时间、错误数、身高、产品重量或尺寸等的相互关系时,就会遇到相互的度量。如研究身高与重量的关系,通常高人比矮人重,这就涉及到相关度量的测量。常用的是相关系数,以表示两种变量的相关程度,数值从 1~0。当相关系数 $r<0.5$ 时,则表示这一分组数值关系不密切,其相关量则不准确。表示相关量的方法也很多,我们在研究人体尺度与家具尺度时,则采用的是回归方程。因为有关统计学具体计算与表达方法,同室内设计没有直接的联系,故这里不再赘述。

(三)人体尺寸的相关定律

室内设计对人体尺寸精确度的要求,要比某些工业产品的设计要求低得多。如室内空间相差 1cm 影响不大,而对于表带或眼镜架尺寸相差 1cm 就影响使用了。故某些人体的相关尺寸还可以作为室内设计时的参考。

人体的各种尺寸虽然差别很大,却有着一定的变化范围和相关联系。如腿长的人往往上肢较长,肩较宽,而身体较短,胸部较平;相反腿短的人,上肢也短,而身体较长,胸部较厚,还有前面曾提到的成年人的身高与其站立时两手平伸手指间的距离相等。我国通过对青年男子的人体测量,发现他们的平均身高大约为 170.09cm,头的高度约为 22.92cm,这两项之比是 1:7.54。女子的身高与头高的比例也基本相同。

如将头的高度当作有关基本尺度单位,则身高为 7.5 个头高,肩宽是 2 个头高,上肢是 3 个头高,下肢是 4 个头高,这些人体尺寸的相互关系在人类学上称为人体尺寸的相关定律。

但由于年龄、种族、地区等差异,上述人体相关定律的比例是不尽相同的。如两岁孩童的身高约为 4 个头高,6 岁时是 5 个头高,10 岁时是 6 个头高,16 岁时是 7 个头高,25 岁时是 7.5 个头高。而欧美的青年男子的身高约为 8 个头高。

以上概念对研究人体造型艺术很有参考价值,而对于室内设计只能作为估计室内活动空间大小的参数,要求高时,还须另作计算。

五、人体测量

国家技术监督局根据我国的人口结构、人口分布和地区特点,1988 年制定了《中国成年人人体尺寸》(GB 1000—88)规范。标准对人体测量内容、适用范围、测量术语、测量方法作了较为详尽地说明,将我国人口尺寸划分为六个区域,即东北和华北区、西北区、东南区、华中区、华南区、西南区,提供了 47 项人体尺寸的基础数据。按男女性别分开,且分为三个年龄段:18~25 岁(男子),26~35(男女),30~60 岁(男),55 岁(女)。目前还缺少台湾等地区的人体尺寸,缺少幼儿人体尺寸和其他功能尺寸的研究。

因此根据室内设计工作的需要,自 1988 年,我们对家具及室内空间尺度作了三年的调查研究,内容共分五个方面(结果详见附录):

(1)上海市区幼儿人体尺寸;
(2)中国成年人人体与家具相关尺寸;
(3)柜类家具及其使用空间尺寸;
(4)座椅舒适度评价;
(5)不同功能高度的水平拉力。

这些研究可作为室内设计工作者了解人体测量的概况,也权作"国标"的补充。但必须说明由于被试选取的范围不广,人数较少,测量深度和精度不够,故这些成果的适用范围有限,尚需进一步研究,给予修正和补充。另外,我们认为"国标"提供的数据虽然很多,但人体尺寸是变化的,过若干年又得修改,能否根据人体尺寸的相关定律,以人体某一尺寸为自变量,求出其他尺寸的函数关系。研究表明,人体身高与其他尺寸的关系比较密切,且符合人体尺寸正态分布的规律。我们对人体尺寸的函数关系曾以线性函数、幂函数、指数函数和对数函数进行拟合,结果发现这些关系非常接近。为了直观和使用方便,我们均采用线性函数,以身高为自变量(x),提供与身高相关的其它尺寸的回归方程式(y),供人体测量研究工作者参考。为便于应用,我们还给出了第5、第50、第95百分位的具体数据,供室内设计参考。

有关人体测量的术语及其编号均以"国标"为准,缺少部分则在简图中作了补充。我们的测量方法,关于人体构造尺寸是采用丈量法,人体功能尺寸采用摄像法,人体拉力是采用拉力器进行测量的。

(一)上海市区幼儿人体尺寸的研究

1989年我们以上海杨浦区鞍山路幼儿园和铁岭路幼儿园为对象,1990年又挑选了徐汇区复兴幼儿园为对象作了测试。被测试年龄为6～7岁的大班幼儿102人(男49人,女53人),5～6岁的中班幼儿101人(男58人,女43人),男女比例符合自然分布。测量项目共27项,有立姿和坐姿等。测量的结果有人体构造尺寸,也有人体功能尺寸。测试时考虑了"衣着条件",毛衣两件,着鞋。测足长时脱鞋着袜。这不符合国际严格的测量要求,但与实际较吻合,故测量结果可理解为包括衣着的人体尺寸。测量结果见附录。

我们将研究结果同美国及日本的幼儿人体测量有关资料作了比较,结果发现,我国幼儿的人体尺寸多数都低于同年龄的美国幼儿,而同日本幼儿很接近,故借鉴美国幼儿家具及用品时,不能盲目套用,而日本的幼儿资料可以参考。

(二)中国成年人人体与家具有关尺寸的测量

为了科学地确定柜类家具如大衣柜、书柜等的高度和深度的上限尺寸;五斗柜、写字台等高度和深度的适宜尺寸;以及床头柜等高度和深度的可用尺寸。我们在《中国成年人人体尺寸》(GB 1000—88)的基础上,对与家具设计有关的中国成年人人体尺寸作了系统地补充测量。测量时参照国标规定,除GB 3975—83《术语》,GB 5704.1～5704.4—85《仪器》和GB 5703—85《方法》,缺少的项目自行编号外,其余均同"国标"。

测量的种类包括影响家具设计的人体构造尺寸和人体功能尺寸。

人体构造尺寸有:身高、肩高、肘高、中指尖点上举高、肩宽、胸厚、肩指点距离、腋高、坐高、坐姿肘高、膝高、大腿厚、小腿加足厚、臀膝距、坐深、两肘间宽、坐姿臀宽、跽高、蹲高、蹲距、单腿跪高、跪距(参见图1-20)。

与作用柜类家具有关的人体构造尺寸的测量术语参见"国标",这里略去。有关数据应用附后,供选用时参考。

3.2.1 身高,该数据用于限定头顶上空悬挂家具等障碍物的高度。

3.2.4 肩高,该数据用于限定人们行走时,肩可能触及靠墙搁板等障碍物的高度。

3.2.10 肘高,该数据用于确定站立工作时的台面等高度。

3.2.13 中指尖点上举高,该数据用于限定上部柜门、抽屉拉手等高度。

3.2.21 肩宽,该数据用于确定家具排列时最小通道宽度、椅背宽度和环绕桌子的座椅间距。

3.2.25 胸厚,该数据用于限定储藏柜及台前最小使用空间水平尺寸。

3.3.1 坐高,该数据用于限定座椅上空障碍物的最小高度。

3.3.7 坐姿肘高,该数据用于确定座椅扶手最小高度和桌面高度。

3.3.8 坐姿膝高,该数据用于限定柜台、书桌、餐桌等台底至地面的最小垂距。

3.3.9 坐姿大腿厚,该数据用于限定椅面至台面底的最小垂距。

3.3.10　小腿加足高,该数据用于确定椅面高度。

3.3.16　臀膝距,该数据用于限定臀部后缘至膝盖前面障碍物的最小水平距离。

3.3.17　坐深,该数据用于确定椅面的深度。

3.3.20　坐姿两肘间宽,该数据用于确定座椅扶手的水平间距。

3.3.21　坐姿臀宽,该数据用于确定椅面的最小宽度。

A_1　肩指点距离,该数据用于确定柜类家具最大水平深度。

A_2　腋高,该数据用于限定如酒吧柜、银柜等高服务台的高度。

A_3　踮高,该数据用于限定搁板及上部储藏柜拉手的最大高度。

B_1　蹲高,该数据用于限定蹲下时,头部上空障碍物最低高度。

B_2　蹲距,该数据用于限定蹲下时家具前面空间最小水平距离。

C_1　单腿跪高,该数据用于单腿跪下时,头部上空障碍物最低高度。

C_2　单腿跪距,该数据用于限定单腿跪下时,家具前面空间最小水平距离。

考虑家具使用的广泛性,我们参照国标(GB 1000—88)的第5、第50、第95百分位的身高数据,选择本校来自我国不同地区的男女教职工和大学生作为被试对象。测试时,被试者脱鞋着袜,穿单衣或毛衣。用人体测量仪测量人体构造尺寸的精度为mm,利用摄像法测量人体功能尺寸的精度为cm,测量舒适尺寸采用极限法由被试作上下、前后往返调节三次以上,直至本人认为较舒适时的功能尺寸。

测量结果参见附录,根据人体尺寸的使用规则,我们不仅列出了有关尺寸的回归方程,第5、第50、第95百分位的数据,还提出了家具设计时的有关人体尺寸参考值。

(三)柜类家具及其使用空间尺寸

人们在使用柜类家具时,无论是托举重物、推拉柜门、取放物品,四肢和脊椎都发生不同程度的弯曲,当其尺度超过人的生理允许幅度时,不仅费力,而且会使肌肉劳损、脊柱变形。参见图1-11不同姿势的脊柱变形简图。从图中可以看出,图(a)费力,脊柱变形大,腿部弯曲不适。图(c)省力,脊柱变形小。图(b)、(d)较费力,脊柱微弯曲。引起上述人体姿势变化的直接因素是柜类家具的搁板、抽屉、台面、拉手等位置和大小。

下面是我们研究柜类家具人体功能尺寸的种类和应用范围。有关人体姿势的规定术语参见"国标",这里略去。有关姿势简图仍参见图1-20。

A.1.1　立姿单手托举最大高度,该数据用于限定搁板等物的最大高度。

A.2.1　立姿单手托举舒适高度,该数据用于确定常用物体的搁置高度。

A.3.1　立姿单手推拉最大高度,该数据用于限定拉手和搁板等物的最大高度。

A.4.1　立姿单手推拉舒适高度,该数据用于确定拉手和搁板等物的适宜高度。

A.5.1　立姿单手取放最大高度,该数据用于限定物体的最大搁置或悬挂高度。

A.6.1　立姿单手取放舒适高度,该数据用于确定物体的适宜或悬挂高度。

B.1.1　阅读台面舒适高度,该数据用于确定书桌台面高度。

B.2.1　写字台面舒适高度,该数据用于确定写字台台面高度。

B.3.1　打字桌台面舒适高度,该数据用于确定打字桌台面高度。

B.4.1　坐姿单手推拉舒适高度,该数据用于确定低矮柜门、抽屉等拉手的适宜高度。

B.5.1　坐姿单手取放舒适高度,该数据用于确定写字台、化妆桌等上部搁板的适宜高度。

C.1.1　弯姿单手推拉舒适高度,该数据用于确定矮柜拉手及中低位抽屉等适宜高度。

C.2.1　弯姿单手取放舒适高度,该数据用于确定下层搁板或挂钩等的适宜高度。

D.1.1　蹲姿单手推拉舒适高度,该数据用于确定矮柜拉手及低位抽屉等适宜高度。

D.2.1　蹲姿单手取放舒适高度,该数据用于确定矮柜的搁板或抽屉拉手等适宜高度。

E.1.1　单腿跪姿推拉舒适高度,该数据用于确定矮柜拉手及低位抽屉等适宜高度。

E.2.1　单腿跪姿取放舒适高度,该数据用于确定矮柜等搁板或抽屉适宜高度。

A.2.2　立姿单手托举柜前距离,该数据用于限定托举物体时,柜前等最小空间距离。

A.4.2　立姿单手推拉柜前距离,该数据用于限定直立推拉物体时,柜前等最小空间距离。

A.5.2　立姿单手取放柜前距离,该数据用于限定直立取物时,柜前等最小空间距离。

A.6.2　立姿单手取放搁置深度,该数据用于确定立姿单手取放物体适宜的搁置深度。

B.1.2　坐姿阅读桌前距离,该数据用于确定阅读时,桌前最小使用空间距离。

B.2.2　坐姿写字桌前距离,该数据用于确定写字时,桌前最小使用空间距离。

B.3.2　坐姿打字桌前距离,该数据用于确定打字时,桌前最小使用空间距离。

B.4.2　坐姿单手推拉柜前距离,该数据用于限定坐姿推拉物体时,柜前等最小空间距离。

B.5.2　坐姿单手取放柜前距离,该数据用于确定单手取物时,柜前等最小空间距离。

B.6.2　单手取放搁置深度,该数据用于确定单手取放物体时,物体适宜的搁置深度。

C.1.2　弯姿单手推拉柜前距离,该数据用于限定弯姿单手推拉抽屉时,柜前最小空间距离。

C.2.2　弯姿单手取放搁置深度,该数据用于确定弯姿取放物体时,柜面适宜的搁置深度。

D.1.2　蹲姿单手推拉舒适深度,该数据用于限定蹲姿单手推拉抽屉时,柜前最小空间距离。

D.2.2　蹲姿单手取放搁置深度,该数据用于确定蹲姿取放物体时,柜内适宜的搁置深度。

E.1.2　单腿跪姿推拉柜前距离,该数据用于限定单腿跪姿推拉抽屉时,柜前最小空间距离。

E.2.2　单腿跪姿取放搁置深度,该数据用于确定单腿跪姿取放物体时,柜内适宜的搁置深度。

根据上述各项有关柜类家具人体功能尺寸的定义和应用要求,我们将测得的数据分高度尺寸和水平尺寸两个部分(见书后附录),可供参考选用。

立姿各项尺寸主要用来确定大衣柜、书柜等上限空间的高度和深度;坐姿各项尺寸主要用来确定五斗柜、化妆柜、写字台等中限空间的高度和深度,其他各姿尺寸为确定床头柜、矮柜等下限空间的高度和深度。除了立姿单手托举、推拉和取放的最大高度,作为柜类家具设计最大高度参考尺寸外,其余各种尺寸,均按使用柜类等家具较舒适的姿势确定的。最后参考我国家具设计的模数制。人体测量学有关尺寸的使用原则,男女不同百分位尺寸的差异等因素,从而确定出柜类家具设计的建议尺寸。

(四)座椅舒适度评价

影响座椅舒适性的因素很多,其中椅面高度、椅面的水平仰角、靠背与椅面的夹角和扶手高度以及椅面、椅背硬度等对座椅的舒适性都有直接的影响。我们主要是研究不同功能要求时的椅面和椅背的夹角。

通过对国外座椅资料的分析,发现日本座椅比较接近我国人体的功能要求,故我们选用了日本推荐的四种硬面座椅进行测试。见表1-1和图1-25。

四种硬面座椅　　　　　表1-1

类　　型	工 作 椅	休 息 椅	沙 发 椅	躺　　椅
座面夹角(°)	6	10	14	23
靠背与椅面夹角(°)	105	110	115	127

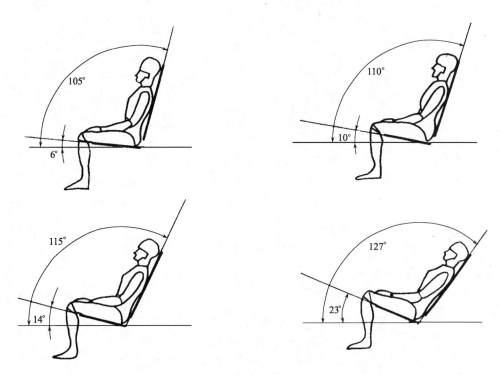

图1-25　座椅面夹角

我们选择本校男女师生为被试对象,每位被试者在每种椅上静坐五分钟,然后主述身体不适感的部位,并对不同反映作评价统计,对不同类型座椅反映情况如下:

(1)工作椅　(6°/105°)　　80%的人反映不适感部位集中在腰骶部。
(2)休息椅　(10°/110°)　　60%的人反映不适感部位集中在腰骶部。
(3)沙发椅　(14°/115°)　　70%的人反映不适感部位集中在腰骶部。
(4)躺　椅　(23°/127°)　　60%的人反映不适感部位集中在胸背部。

测试结果表明:

对于工作椅、休息椅和沙发椅,由于人体重量集中在椅面上,坐久了腰骶部有不适感,而对于躺椅由于靠背后倾角度大,人体重量大部分集中在椅背上,故反映人体背部有不适感。另外,根据被试者反映有不舒适感的人,其身高百分位分布很不规则,说明这些不适感同椅面和椅背夹角关系不大,主要是由于椅面和椅背的材料过硬引起的。

因此,日本建议的座椅角度基本适合我国的座椅设计。

(五)不同高度的水平拉力

每个人的拉力不一样,同一个人由于姿势、位置的不同,拉力也不同。我们根据家具的实际使用情况,对人体立、坐、弯、蹲、跪等五种姿势,进行了单手不同功能高度的水平拉力测试,其目的在于合理地确定橱门、抽屉等的开启力,从而为计算家具五金等的拉力和抽屉等的容量,提供科学依据。

被试为本校的教职工和大学生。测试时采用上下可移动的弹簧秤,同被试根据不同姿势的规定,上下往返调节三次以上,确定适合自己的拉力位置,其持续3s钟以上的最大拉力和高度。

通过测试发现,同一功能的水平拉力与被试身高关系不大,故统计时,采用了算术平均数。根据人体测量学中有关尺寸的使用原则,我们分别给出了设计高度和最大水平拉力的建议值,供参考使用。见附录。

第二章 人和环境

本章主要介绍人和环境交互作用的基础和过程;人的环境行为表现、特征和规律;人对建筑环境的视觉、听觉、嗅觉和肤觉的要求及其相互的制约作用。

第一节 人和环境的交互作用

本节主要介绍人与自然关系、环境构成、刺激与效应、知觉传递与表达及人体舒适性等概念。

一、人与自然环境

(一)大自然诞生了人类

自然环境是人类生存、繁衍的物质基础,利用、保护和改善自然环境,是人类自身的需要,也是维护人类生存和发展的前提。这是人类与自然环境关系的两个方面,缺少一个就会给人类带来灾难。

我们生活的自然环境,是地球表面的一部分。地球的表层是由空气、水和岩石(包括土壤)构成的大气圈、水圈和岩石圈,在这三个圈的交汇处就是生物生存的生物圈(图2-1)这四个圈在太阳能的作用下,进行着物质循环和能量流动,使人类和其他生物得以生存和发展。

据科学检测,人体血液中的60多种化学元素的含量比例,同地壳各种化学元素的含量比例十分接近。这表明人是自然环境的产物。

人类与环境的关系,还表现为人体和环境的物质交换关系。大自然中有200多万种生物。它们之间相互结合着各种生物群落,依靠地球表层的空气、水和土壤中的营养物质生存和发展。

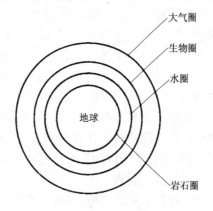

图2-1 自然环境

这些生物群落在一定自然范围内相互依存,在同一个生存环境中组成动态的平衡系统,这就是生态系统。生态系统包括动物、植物、微生物和周围的非生物环境(又叫无机环境、物理环境)四大部分。在太阳能的作用下,非生物环境中营养物质经微生物分解成养分供给植物,植物供养了动物,动物产生的废物及其解体后,又回归自然,如此循环,不断进行着生态系统的物质交换,并保持一个平衡状态。

(二)人类利用和改造环境

人类为了生存和发展,就要向环境索取资源。处于"刀耕火种"时代的人类命运是受自然条件主宰的。由于人口稀少,人类对环境没有什么明显的影响和损害。人类发展了,为了养活自己并生存、发展下去,开始毁林开荒,这就在一定程度上破坏了环境。到了产业革命时期,人类学会使用机器以后,生产力大大提高,对环境的影响也就增大了。进入20世纪,人类利用、改造环境的能力空前提高,规模逐渐扩大,创造了巨大的物质财富。据估计,现代农业获得的农产品可供养约50亿人口,而原始土地上的光合作用所产生的绿色植物只能供给约一千万人的食物。由此可见,人类利用、改造环境已处于主导地位。

(三)环境保护和治理

生态系统的各个组成部分都是相互联系的。如果人类活动干预某一部分,整个系统可以调节,以保持原有状态不受破坏。生态系统的组成越多样,其能量流动和物质循环的途径越复杂,调节能力就越强。但生态系统的调节能力是有限的,如果人类大规模的干预,自动调节的能力就无济于事,生态平衡就遭到破坏。本世纪60年代以来,许多工业发达的国家,已逐步认识到环境破坏对人类造成的危害,分别采取保护环境、综合治理环境的措施,并出现了相应的国际组织。我国是发展中国家,人口众多,可耕地相对很少,城市高速发展,环境污染严重,如果任其发展,将会给后代造成巨大的灾难。有识之士目前已逐步认识到其危害性。在乡镇规划中,提出了生态循环系统的综合治理;在城市规划中,提出了生态城市的概念;在建筑设计中,提出了生态建筑的设想;在室内环境设计中,提出了绿色建材的综合利用,创造健康、卫生、安全的人工环境。所有这一切,都需要我们几代人的努力才能实现。

二、环境构成

广义地说,环境是包括我们周围一切事物的总和,其内容和构成是复杂的。

(一)大小构成

如按构成空间大小来分,环境可以分为微观环境、中观环境和宏观环境。

微观环境指室内环境,包括家具、设备、陈设、绿化以及活动在其中的人们。

中观环境指一幢建筑乃至一个小区的空间大小。它包括邻里建筑、交通系统,绿地、水体、公共活动场地、公共设施,以及流动在此空间里的人群。

宏观环境指小区以上,乃至一个乡镇,一座城市,一个区域,甚至是全国、全地球的无限广阔的空间。它包括在此范围内的人口系统和动植物体系,自然的山河、湖泊和土地植被,人工的建筑群落、交通网络,以及为人服务的一切环境设施。

此分类的目的在于同我们的专业结合起来。微观环境设计即室内设计和装修,中观环境设计即建筑设计和城市设计。宏观环境设计即小区规划,乡镇规划,区域规划等,以及在此范围内的生态环境的综合开发与治理,等等。

(二)构成因素

如按构成因素来分,环境包括空气、阳光、水体、矿物、植物、动物、微生物和人类等,它进一步可分为物理环境、化学环境、生物环境和社会环境。这种分类可供自然科学工作者参考。

(三)构成性质

如按构成性质来分。环境包括自然环境、生物环境、人工环境和社会环境。这种分类可供社会科学工作者参考,进一步研究、制定保护、治理环境的政策和法规等。建筑环境是人工环境的一部分,同时与其他环境产生交互作用,故此分类也是建筑工作者研究的内容。

三、刺激与效应

(一)人体外感官和环境交互作用

人和环境的交互作用,表现为刺激与效应。

生态系统中的各种因素都是相互作用,相互制约的。这是我国古代人早就知道的,万物相生相克。用现代语言,就是生态循环和平衡。人是环境中的人,无论是个体或群体,都受到环境各种因素的作用,其中也包括人的相互作用。见图2-2,人和环境的相互作用。

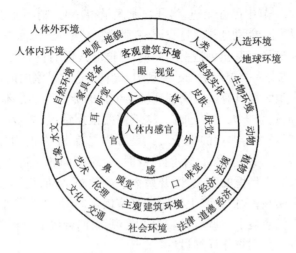

图2-2 人和环境的相互作用

当人体受到各种环境因素作用时,其中包括人体的自身因素。人体的各种感官受到刺激后,就要作出相应的反应。如夏季气温很高,人体的发汗系统就很旺盛,迅速发汗,以降体温。到了冬季,气温较低,人体的皮肤就收缩,内感官也加紧蓄热。当人受到强烈的太阳光刺激时,人的眼睛会自动调节闭合,减少进光量,以适应环境。当人们进入黑暗的地方,人的眼球又自动调节,以便看清周围的环境。当人们乘船受到风浪颠簸时,人体会自觉的摇摆,以保持身体的平衡。当我们的手碰到很热或很冷的物体时,便会自动地缩回。当我们突然听到很响的声音时,会自觉地捂起耳朵,以适应环境的刺激。同样,当闻到强烈的异味刺激时,也会捂起鼻子,闭紧嘴巴。当人们吃到不适应的食物时,如很辣很酸很麻的食品,就会皱起眉头,甚至会吐掉食物。所有这一切现象,都是人体受到环境刺激后,能动的作出相应的反应。这就是人体外感官的五觉效应,即视觉、听觉、嗅觉、味觉和肤觉效应,以及人体运动觉的反应。以上各种反应,都是环境因素引起的物理刺激或化学刺激效应。

(二)人体内感官和环境的交互作用

人体的内感官或大脑受到生理因素或环境信息引起的心理因素刺激后,也会作出各种相应的反应。

如饥饿时,人的腹部会不自觉的咕哩咕噜地叫。人体低血糖时,会感受头晕目眩。心慌时,心跳会加快。呼吸困难时,会张大嘴巴或加速呼吸。大小便时,会自觉地去解手。如此等等。这一切反应,都是人体内感官受到生理因素刺激后,所作出的生理效应。

(三)人的心理和环境的交互作用

当大脑通过人体内外感官接受到各种信息时,还会作出相应地心理效应。

当人们做出成绩受到表彰时,会情不自禁地感到喜悦。受到不该有的歧视会感到愤怒,失去亲爱的朋友会感到悲哀,当得知比赛成绩获得第一名时,会乐得跳起来。这种来自信息的刺激,所表现出的喜、怒、哀、乐的反应,即属心理效应。在种族歧视严重的白人居住区,如果住进一户黑人,则会引起严重的纠纷。就是在我们的周围,如果邻里的文化层次、生活习惯相差很大时,也会感受格格不入,这都是精神作用引起的反应。即使不受当时外在环境的任何刺激,当人们回忆往事时,也会产生各种的心理活动,并会作出相应的反应。

(四)刺激和效应

以上所说的各种环境刺激(包括人自身)所引起的各种效应,都有一个适应过程,适应范围。我们在心理学一节中已介绍过,当环境刺激量很小时,则不能引起人们感官的反应,刺激量中等时,人们会能动地作出自我调整,刺激量超出人们接受能力时,人们会主动地反应,会改变或调整环境,甚至创造新的环境,以适应人们的自我需要。这种刺激效应是人类发展的基础,也是人类建筑活动的原动力。当然,这也是室内设计的理论依据。

不仅人类,所有生物都具有适应周围环境而生存的能力。如果不能适应,它就会必然灭种,如适应得好,就会扩大生存范围。这就需要根据情况,采取一定的措施去适应环境,如动物筑巢,就是一个典型的例子。人是万物之首,生存能力更强。原始人为躲避风雨等大自然侵害,就躲进洞穴。不能容身时,会筑棚而憩。进入文明社会,为满足生理和心理的需要,适应环境的变化,则开始大量的建筑活动,创造新的环境。就是在室内,为了居住的私密性,人们会装上窗帘。当室内黑暗时,人们会装上照明设备。当室内过冷过热时,人们会装上空调设备。为了美观,人们会放上各种陈设或绿化。如此等等的行为表现,以后我们将作详细讨论。

四、知觉传递与表达

(一)知觉传递

研究知觉传递与表达的目的,在于如何科学地确定能为人体接受的环境刺激因子的物理量、化学量和心理量,创造适合人们需要的健康、安全、卫生的人工环境。

在第一章里我们已经介绍过,环境刺激引起人的感觉和知觉的生理基础和心理基础,即视觉、听觉、嗅觉、肤觉等生理过程和注意、记忆、思维、想象等心理过程。环境因子作用于人的感官,引起各种生理和心理活动,产生相应的知觉效应,同时也表现出各种外显行为,去改造或创造新的环境,以适应人体的生理和心理的需要,新的环境因素又促进人类需求的增长,又要不断改变环境,如此循环,以至无穷。这里知觉传递的全过程(见图2-3)。往返无穷,只能是相对的暂时的平衡和稳定,故知觉传递是动态的平衡系统。

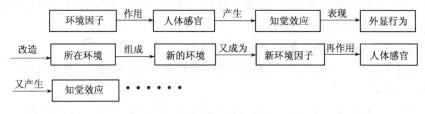

图2-3 知觉过程

(二)知觉表达

作用于人的各种环境因子,如果是物理刺激,则可用物理量来测量。

如引起视觉的光和色,则可通过光谱仪和色谱仪来确定其波长等物理量。如果引起肤觉温感或湿感的,则可通过温度计或湿度计来测量其温度或湿度。如果引起肤觉痛感的,可以通过压力计来测量其压力的大小。如果引起听觉关于响度或频率等的感觉,也可以通过有关声音测量仪来测量其声压的大小和声频的高低。总之,由于物理因素的刺激可产生的知觉效应,均可以用有关测量仪检测刺激的强度,得出有关物理量表。也就是说知觉的物理量,可以用有关物理度量单位来表达。

如果引起嗅觉是关于气味、有害气体的种类和含量等问题,则可用有关化学试剂和气体分析仪等来测定。如果引起嗅觉的是关于粉尘等问题,则可用尘埃计数器来测定其含量的多少。如果引起味觉是有酸、碱度等问题,同样要用有关化学试剂来测定。总之,由于化学因素的刺激可产生的知觉效应,均可用有关化学试剂和仪器来检测刺激强度,得出化学量表。

然而,许多知觉效应,是无法用物理或化学方法来检测的。如一个工程师进行照明设计时,要使一个室内空间的亮度是另一个室内空间的亮度看起来是两倍。如果他只是把灯光的瓦数加倍,他会发现所增加的亮度看起来很小。这说明只用物理量是不能测量所有因子的。这是因为刺激的物理值等量的增加或减少,并不一定引起感觉上等量的变化。为了弄清楚刺激的变化和感觉的变化之间的关系,就得建立能够度量阈上感觉的心理量表。

(三)心理量表

从量表有无相等单位和有无绝对零来说,心理量表可以分为顺序量表、等距量表和比例量表三个类型。

顺序量表既没有相等单位又没有绝对零,只是把事物按照某种标志排出一个顺序。例如赛跑时不用秒表计时,先到终点的是第一名,次到的是第二名,再次是第三名,如此办法,也能确定名次,在某种意义上也算对赛跑速度进行了度量。但此法不能确切地告知第一名和第二名、第三名之间的速度相差多少,也没有相等的单位。这是一种最粗的量表。对这些对象的数据既不能用加减法也不能用乘除法来处理。在实际工作中,这种量表也很有用处,如评论几个建筑设计方案的好坏,最终要排出名次,则常采用这种"模糊"的计量。我们在评判学生建筑设计成绩时,就是根据各方案优缺点和存在问题的多少进行方案排队,然后由几位老师共同确定第一名和最后一名的成绩,这样其他同学的设计成绩则依次或相同的扣除几分而得出各位同学的成绩,这种统计虽不能说明第一名究竟比第二名的价值差多少,但却能说明好一点。

等距量表比顺序量表又进了一步。根据等距量表,我们不仅能知道两事物之间在某种特点上有无差别,还可以知道差多少。比如由于寒流的侵袭,甲地从20℃降到10℃,乙地从10℃降到0℃,说明两地气温降低幅度是相等的,都降了10℃。说明这种量表有相等单位,但没有绝对零。对这些数据只能用加减法而不能用乘除法。我们在评判两地房地产价格是否合理时,也可以采用这种量表,如同一标准的房屋,甲地居民用10年的收入可以买下,乙地的居民用10年的收入也可以买下。尽管两地的房屋售价相差很大,但这种价格对评价两地居民购房能力来说都是同等的。

比例量表比等距量表更进了一步。它既有相等单位又有绝对零。例如尺、斤、圆周的度量都属这一类量表。如4尺长的绳子是2尺长的两倍,也可以说4尺长的绳子比2尺长多两尺。这些数据可以用加减法也可以用乘除法处理。比如评价两个室内空间大小时,可用此量表。但要评价两个室内空间给人的感受哪一个好一些,就不能用此量表,而用顺序量表。

量表还有所谓直接量表和间接量表,直接量表可直接测量要测的事物特性,间接量表所测的是一事物对另一事物的产生的影响,借助测量另一事物来推知所要测量事物的情况。直接测量,如用尺来测量某一物体的长度。而用温度计来测量气温,则是间接测量,这是借助热量对温度计上水银柱的影响,来表明气温的高低。

综上所述,知觉效应的表达,是通过测量环境因子的刺激量来实现的。不同因子有不同的表达方法。各有不同的度量单位。对于科研人员,有关心理量表的制作等,可看有关实验心理学等专著。对于从事室内设计的人员来说,最重要的是分清不同环境因子作用人体感官所产生的知觉效应,如何确定其刺激量的科学的阈限,这又涉及到有关人体舒适性的概念。

五、人体舒适性

(一)舒适性概念

这是一个复杂的动态概念。它因人、因时、因地而不同,正因为如此,同样的室内环境,给不同人会有不同的感受。有的人满意,有的人不满意。如一套一室一厅的单元住宅,对无房户来说,能得到它就很满意了。如果他住进去以后,即使人口没有变化,当他看到别人的居住水平提高了,他就对此会产生不满意。同样这套住宅,其环境因素对不同人也有不同的接受水平,如果这套住宅临近马路,对习惯城市嘈杂声的人来说,则不以为然,而对来自乡镇,习惯宁静生活的人来说,可能他睡不着觉,感到很烦燥。由此可见,讨论人和环境交互作用问题时,必须明确这是相对概念。

环境的情况有正常、异常和非常三种情况。我们的所有设计概念都是建立在正常情况下的。比如对于环境噪声问题,30~80dB 能为多数人接受,到了 120dB 就会使人感到很烦燥,30dB 以下,太安静了也会使人产生静寞甚至恐怖的感觉,这样 30~80dB 的声环境,就是正常水平。这也是人体声环境舒适性指标的范围。其他环境因素的概念也是一样。凡是这个环境能使在该环境中 80% 的人感到满意,那么这个环境就是这个时期的舒适环境。

舒适性还要涉及到安全、卫生的概念。比如在大热天,我们走进有空调的房间,感到很"舒适",其实这不一定是"安全"、"卫生"的地方,因为人体的热舒适性应是一个振荡的过程,要有适当的温度变化,如果长期在空调环境中工作的人,就会患"空调病"。因此,这是一个不"安全",不"卫生"的环境,不宜久留。

(二)舒适性类型

总的来说,人体舒适性包含两个方面,一是行为舒适性,二是知觉舒适性。

行为舒适性是环境行为的舒适程度。比如我们累了,要找个休息的地方,要坐下休息,如果坐在地板上,或坐在高凳上,会感到很不舒适,那么这种环境就达不到行为舒适性的要求。知觉舒适性是指环境刺激引起的知觉舒适程度。如上述这个休息地方,很热、很嘈杂,灰尘很多,光线很暗,即使有椅子可坐,显然这个环境不能满足人的感官要求,因而这个地方的知觉环境也不舒适。同室内设计关系最密切的,主要是视觉环境、听觉环境、嗅觉环境和肤觉环境等的舒适性,这将在下面各节里作专题讨论。

第二节 行为与环境

本节主要介绍环境行为的起因、环境行为的特征、人的行为习性,环境行为模式、行为对室内空间分布、空间尺度和环境设计的影响。

一、环境行为

人和环境交互作用所引起的心理活动,其外在表现和空间状态的推移,称之为环境行为。

行为是多样的,有教育行为、管理行为、商业行为、人际行为、娱乐行为、防卫行为、宗教行为、居住行为、劳动行为、餐饮行为、体育行为、观展行为、恋爱行为、犯罪行为等等。这里介绍的是建筑环境行为。不同环境的刺激作用,人类自身不同的需求,社会不同因素的影响,所表现出的环境行为是各不相同的。

原始人为躲避风雨等的自然侵害而寻找栖身的巢穴,这是最原始的居住行为。进入文明社会,对居住场所,有了明确地分工:为满足餐饮要求,则表现出炊事行为,设置了厨房和餐厅;为满足人际交往需要,表现出接待行为,设置了起居室;为满足休息的要求,表现出小憩和睡眠行为,设置了休息室和卧室;为满足卫生要求,表现出盥洗行为,设置了卫生间和盥洗室。如此等等,这就构成了文明社会里人类居住行为所要求的居住环境。

同样,在人类社会的初期,人们为了得到各自需要的物品,出现了以物易物的行为,于是就在双方便利的地方发生了交易。可以说,这个地方就是最原始的商业点。易物的人多了,除了有个交易点,还共同确定了交易时间,便形成了集市。物品多了,就要储存,于是就盖了房子,这就是早期的商店。很多商店聚集在一起,形成了商业街。许多商业街便构成了商业区。这就是最简单的商业行为所产生的商业环境。

人类为了自身的安全,不仅要避免自然环境的侵害,还要防止社会环境中人为的伤害,表现出防卫行为,于是就在个人空间和领域内设置了防卫设施,如围墙、院落、城堡等。

人类对自然现象、社会现象的不甚了解,或对某些事物、个人的崇拜,便产生了信仰,并将某种信仰人格化,塑造了偶像,表现出宗教行为,于是就建立了寺庙、教堂等。

由于社会的影响或是自我需要的增强,人们对已建成的环境感到不能满足,于是表现了对建成环境的改造行为,便要对原有的环境进行改造和装修活动。

由此可见,人类的环境行为是由于客观环境的刺激作用,或是由于自身的生理或心理的需要,或是由于社会因素作用所形成的。作用的结果则表现出适应、改造和创造新的环境。因此,人类的建筑活动是由于人和环境的交互作用的结果,这里的人则包含社会群体的作用。

应该指出的是,行为主义和环境决定论的观点是片面的。行为主义者排斥人的意志和意象的心理需求,片面强调人的生理活动所表现的外显行为。环境决定论者则过于夸大规划师和建筑师的建筑作用。他们认为人的行为和过程完全受环境支配的,只要改变城市或建筑的形式,即能改变人的行为,就能组织社会,为人类造福,其实不然。因此,无论是规划设计还是建筑设计或是室内设计,一定要尊重使用者的需求,并不能超越客观的自然环境和社会环境的可能性去进行设计。

二、环境行为特征

以上事例告诉我们,环境行为是环境和行为相互作用相互影响的过程。这个过程包含人对环境的感觉、环境的认知、环境的态度这一连续的过程,同时包含空间行为的这一外显的活动,即对上述连续过程的反应和动作。

因此,环境行为有以下一些特征:

(一)客观环境

行为的发生,必须具备一个特定的客观环境。

客观环境(包括自然环境、生物环境和社会环境)对人的作用(包括群体),产生了各种行为表现,作用的结果是要人类去创造一个适合人类自身需要的新的客观环境。

(二)自我需要

环境行为是人类的自我需要。

人是环境中的人,不同层次的人,不同种族、不同年龄、不同文化水平、不同的道德观念、修养、伦理等,对环境的需要是不一样的。这种需要既包含生理需要,也包含心理需要。这种需要随着时间和空间的改变而变化,并且永远不会停留在一个水平上。因此人的需要是无限的,这种无限的需要,也就推动了环境的改变,社会的发展和建筑活动的深入和继续。

(三)环境制约

环境行为是受到客观环境制约的。

人类的需要不可能也不应该无限的增长或做随意的改变,它是受到各方面条件制约的。如人们对居住环境的追求,希望有一所大而舒适的住宅,然而由于人多、土地少、经济和物质技术条件不能满足,于是就产生社会干预,各种政策和法规也限制了个体的需要。另外人是有理智的,深知客观环境是有限的,不可能无限制的持续发展。

(四)共同作用

环境、行为和需要的共同作用。

心理学家库尔特·列文(K.Lewin)提出,人的行为是人的需要和环境两个变量的函数,这就是著名的人类行为公式:公式主要包含两个方面的内容:

$$B = f(P \cdot E)$$

式中　　B——行为(Behavior);

　　　　f——函数(function);

　　　　P——人(Person);

　　　　E——环境(Enviroment)。

一是人行为的目的是为实现一定的目标、满足一定的需求,行为是人自身动机或需要作出的反映。其中对人的理解有不同看法,有的学者认为,人是指人性。而笔者认为,人的因素应包含生理和心理的需求,故用"Person"一词。

二是行为受客观环境的影响,是对外在环境刺激作出的反应,客观环境可能支持行为,也可能阻碍行为。

此外,人的需要得到满足以后,便构成了新的环境,又将对人产生新的刺激作用。故满足人的需要是相对的,暂时的。环境、行为和需要的共同作用将进一步推动环境的改变,推动建筑活动的发展。这就是人类环境行为的基本模式。见图2-4。

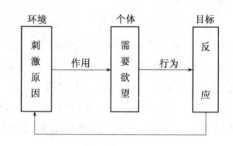

图2-4　环境行为基本模式

三、人的行为习性

人类在长期生活和社会发展中,由于人和环境的交互作用,逐步形成了许多适应环境的本能,这就是人的行为习性。

(一)抄近路

当人们清楚知道目的地的位置时,或是有目的的移动时,总是有选择最短路程的倾向。我们会经常看到,有一片草地,即使在周围设置了简单路障,由于其位置阻挡了人们的近路,结果仍旧被穿越,久而久之,就形成了一条人行便道。在道路的交叉口,人们总不愿意走人行天桥。既使在室内,由于出入口位置不当或是因家具布置不妥,要绕道行走,也会使人感到烦恼。因此,不论是规划、还是建筑设计或是室内装修,要注意人们抄近路的行为习性。见图2-5。

(二)识途性

识途性是动物的习性。在一般情况下,动物感到危险时,会沿原路折回。人类也有这种本能。当人们不熟悉路径时,会边摸索边到达目的地,而返回时,为了安全又寻找着来路返回。火灾现场情况表明,许多遇难者就倒在原来进来的楼电梯口。说明在灾害时,人们慌不择路,忘记附近的安全疏散口,而仍走原来路径逃生。这就告知室内设计师,要利用人类的识途性本能,在入口处就要标明疏散口的方向和位置。

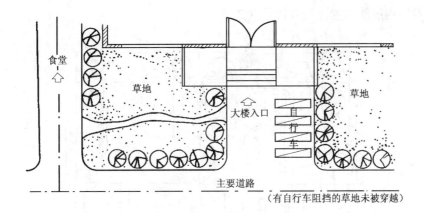

图 2-5　抄近路行为习性

(三) 左侧通行

在没有汽车干扰的道路和步行道、中心广场以及室内,当人群密度达到 0.3 人/m² 以上时会发现行人会自然而然地左侧通行。这可能同人类使用右手机会多,形成右侧防卫感强而照顾左侧的缘故。这种行为习性对商场的商品陈列,展厅的展品布置等有很大的参考价值。见图 2-6。

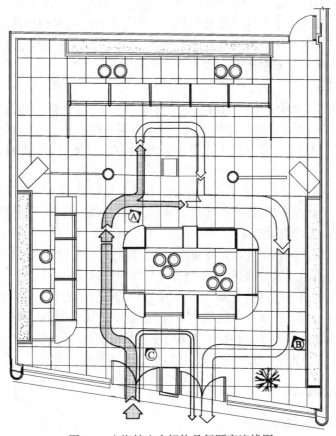

图 2-6　上海绅士金银饰品行顾客流线图

(四) 左转弯

同左侧通行的行为习性一样,在公园、游乐场、展览会场,会发现观众的行动轨迹有左转弯的习性。见图 2-7。同样会发现棒球的垒的回转方向、体育比赛跑道的回转方向,以及速度滑冰等,在运动中,几乎都是左回转。这种现象对室内楼梯位置和疏散口的设置及室内展线布置等均有指导意义。

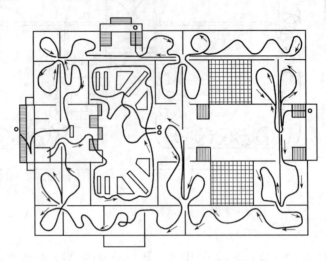

图 2-7　某展馆观众行动轨迹

（五）从众习性

从众习性是动物的追随本能。俗说"领头羊"，当遇到异常情况，一些动物向某一方向跑，其他动物会紧跟而上。人类也有这种"随大流"的习性。这种习性对室内安全设计有很大影响。如果发生灾害或异常情况，如何使首先发现者保持冷静是很重要的。由于人类还有向光性的本能和躲避危险的本能，故可采取闪烁安全照明，指明疏散口，或用声音通知在场人员安全疏散。

（六）聚集效应

许多学者研究了人群步行速度与人群密度之间的关系。当人群密度超过 1.2 人/m^2 时，发现步行速度有明显下降的趋势。当空间的人群密度分布不均时，则会出现滞留现象。如果滞留时间过长，这种集结人群会越来越多。这种现象，我们称之为聚集效应。

类似从众习性，人类还具有好奇的本能。日常生活中我们会发现，当某个地方发生异常情况，如出了交通事故，或有人在那里喊叫，如叫卖商品，则会发现附近的人群会向这方面集结，这就是聚集效应。

这种聚集效应无论在室外还是在室内，均会发生。建筑设计和室内设计时人们会利用这种特性。商品经销者懂得，同类商品聚集在一起时，则容易销售。人们也发现很多小商贩会利用假顾客"抢购"商品，造成聚集效应招徕其他顾客。室内设计时，人们会设置很多模特儿造成人群聚集的假象。室内商品的陈列也不宜太分散，顾客活动空间不宜太大，要造成"人挤人"的现象，如法国巴黎的某家商店，见文前图 2-8。利用逼真的模特儿和售货员在一起，会发现商店关门后，该店仍是"顾客"满门。

四、人的行为模式

（一）行为模式化依据

人的行为模式就是将人在环境中的行为特性，总结和概括，将其规律模式化。从而为建筑创作和室内设计及其评价提供理论依据和方法。

人的行为模式化的依据是环境行为基本模式。各种环境因素和信息作用于环境中的人和人群，人们则根据自身的需要和欲望，适应或选择有关的环境刺激，经过信息处理，将所处的状态进行推移，作为改变空间环境的行为。

由于人的意识各不相同,因此有关人的情绪和思考的程序是很难模拟的,我们只能将与空间关系比较密切的行为特性进行模式化,并在一定的时间和空间范围里进行模拟,以期创造出来的新环境符合人的行为要求。

(二)行为模式的分类

由于模式化的目的、方法和内容的不同,人的行为模式也各不相同。

1. 空间行为模式

空间里的行为模式,按其目的性,有再现模式、计划模式和预测模式。

(1)再现模式　再现模式就是通过观察分析,尽可能忠实地描绘和再现人在空间里的行为。这种模式主要用于讨论、分析建成环境的意义,人在空间环境里的状态。

比如,我们观察分析人在餐厅中的就餐行为,忠实记录顾客的分布情况和行动轨迹。就可看出餐厅里的餐桌布置、通道大小,出入口位置等是否合理。观察分析顾客在商店里的购物行为,如实地记录顾客的行动轨迹和停留时间以及分布状况,就可以看出柜台布置、商品陈列、顾客活动空间大小等是否合理,从而进一步改变建成的环境。

(2)计划模式　计划模式就是根据确定计划的方向和条件,将人在空间环境里可能出现的行为状态表现出来。这种模式主要用于研究分析将建成的环境可能性、合理性等。我们从事的建筑设计和室内设计,主要就是这种模式。

比如我们计划建一幢住宅,根据确定的居住对象、人数、生活方式、经济技术条件等,按照人的居住行为,将居住空间表现出来,这就是住宅设计。由此也可以看出建成后的居住环境的合理性。

(3)预测模式　预测模式就是将预测实施的空间状态表现出来,分析人在该环境中的行为表现的可能性,合理性等。这种行为模式主要用于分析空间环境利用的可行性。我们从事的可行性方案设计,主要就是这种模式。

比如要建造一座展厅,我们就可以根据基地环境、展览要求、展出方式等,分析展厅有几种可能性,哪一个更加符合人的观展行为,更加符合预测计划要求。为进一步落实计划提供了多种可行性方案比较。

2. 行为的表现方法

按行为模式的表现方法分,有数学模式、模拟模式和语言模式。

(1)数学模式　数学模式就是利用数学理论和方法来表示行为与其他因素的关系。这种模式主要用于科研工作。

如著名的人类行为公式:$B = f(P \cdot E)$,就表示行为(B)与人(P)和环境(E)之间是一个函数(f)关系,B 是因变量、P 和 E 是自变量,P 和 E 的变化则会导致 B 的改变

(2)模拟模式　模拟模式就是利用电子计算机语言再现人和空间之间的实际现象。这种模式主要用于实验。模拟对整体环境变动原因进行技术分析。在建筑计划中,模拟既可以对人的行为进行分析,也可以对设计方案进行评价。

由于电子计算机的能力和计算技术的迅速发展,利用电子计算机模拟人在空间中的行为和展现计划中的建筑环境则越来越普遍,越来越真实。人们可以利用多种模拟的专用语言,逼真地展示人在建筑环境中的活动情况,这也是今后的发展方向。

(3)语言模式　语言模式就是用语言来记述环境行为中的心理活动和人对客观环境的反映。这种模式主要用于环境质量的评价。

这也是常用的对环境行为的表达法。即心理学问卷法。比如我们对上海市居住环境质量评价,就选择具有代表性的两个居住区,确定54个与居住质量有关的问题,制成心理学测试表,分发给近1000户居民,请居民根据自身的体会,回答有关问题,然后利

用电子计算机对问题中的各种反映进行数理统计和数据处理,得出相关因子和评价值。处理结果发现,人们较普遍的对前几年建成的公房中,厨房和卫生间很不满意,对老年人的居住行为考虑较少。

其次我们也经常用"显著性"的语言来描述人在建成或将建成环境中行为的合理性,如合理、比较合理、不合理、很不合理等。也可以说这是心理学中的一种"顺序量表"。

3. 行为内容

按行为的内容分类,有秩序模式、流动模式、分布模式和状态模式。

这是建筑设计和室内设计传统的模式化创作和分析方法。因"秩序模式"和"分布模式"是预测人在环境中的静态分布状况和规律,故称静态模式。而"流动模式"和"状态模式"是描述人在环境中变化的状况和规律,故称动态模式。

(1)秩序模式　秩序模式是用图表来记述人在环境中的行为秩序。

比如人在商店里的购物行为:

顾客 →进入→ 店堂 →选购→ 商品 →支付→ 现金、支票 →提取托运→ 商品 →退出→ 店堂

由此可见"进入"、"选购"、"支付"、"提取"、"托运"、"退出"等各种行为状态是有一定秩序的,绝不能倒过来。这就要求室内设计,首先要将顾客"引进"商店,将商品由顾客很好地选择,最后才能成交付款。

又如人在厨房中的炊事行为:

原料 →拣切→ 半成品 →清洗→ 清洁品 →配菜→ 菜肴 →烧煮→ 食品

由此可见"拣切"、"清洗"、"配菜"、"烧煮"这四种行为也是有一定秩序的,也不可以倒过来。这也要求在厨房设计时,关于台板、洗槽、灶台等设备布置,应遵照炊事行为的秩序,以满足使用要求。

(2)流动模式　流动模式就是将人的流动行为的空间轨迹模式化。这种轨迹不仅表现出人的空间状态的移动,而且反映了行为过程中的时间变化。这种模式主要用于对购物行为、观展行为、疏散避难行为、通勤行为等,以及与其相关的人流量和经过途径等的研究。

比如人在商店里的购物行为,见图2-9。从图中不仅可以看出顾客购物行为的流动分布状况,流动轨迹长度,还可以统计出顾客在1、2、3、4各区的流量和停留时间。从而分析该商店的商品陈列是否合理,吸引顾客的因素,以便改善室内环境设计。

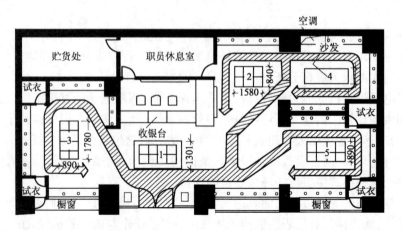

图2-9　上海"ESPRIT"专卖店顾客流动分析图

又如人在户内的流动行为,见图 2-10 身处起居室的人,向哪个房间移动?对此作 100 次观察,得出图示的结果,从中可以看出,去餐厅的次数最多,占 60%,即空间选择概率。它表示了人在两个空间之间的流动模式。有人称之为移动便捷度。它也反映了两个空间之间的密切程度,这为我们室内设计提供了理论依据,告诉我们做户内设计时,应将餐厅与起居室靠近布置。

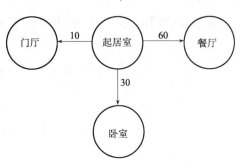

图 2-10 户内空间流动行为

(3) 分布模式 分布模式就是按时间顺序连续观察人在环境中的行为,并画出一个时间断面,将人们所在的二维空间位置坐标进行模式化。这种模式主要用来研究人在某一时空中的行为密集度。进而科学地确定空间尺度。

观察的方法主要有两种:

一是用摄像法,即在观察点用摄像机或照相机记录人们的活动情况,并将观察点按 2m 画成直角坐标网,然后统计某一时刻各个方格网里的人数。

二是计数法,即将观察点绘成 2m 的方格网,然后记下不同时间内在方格网中的人数。

记录时分清移动和静态的人流,并根据分布特性进行数据处理。第一种方法主要用于研究室外广场上的人流分布,如校园内学生的空间定位。第二种方法主要用于研究室内公共空间里的人流分布。如商场、展览馆内顾客和观众的空间定位。

以上几种行为模式所记述的行为,都是客观的可以观察到的行为空间的移动或定位。但人的行为状态就会涉及人的生理和心理的作用所引起的行为表观,同时又包含客观环境的作用所引起的行为表现。

(4) 状态模式 状态模式的研究是基于自动控制理论。采用图解法的图表来表示行为状态的变化。这种模式主要用于研究行为动机和状态变化的因素。比如人们进入餐馆可能是饿了要吃东西,也可能受餐馆食品的诱导或是为了社交活动而进入。这不同的生理和心理作用所引起的行为状态的变化是不同的。饿了去吃东西,行为迅速,时间短,对环境的选择也要求不高。相反,如果是为了美食或是社交需要,则进餐行为表现出时间长,动作缓慢,对环境要求高的特点。这种状态的差别,对从事室内设计很有指导意义。

同样,顾客在商店里的购物行为所表现的状态也是各不相同的。有目的的购物,其行为状态是迅速寻找有关商品,时间短,变化快;相反,如果是潜在性购物或是逛商店,其行为状态缓慢,购物时间长,状态变化慢。于是商店室内设计时则采用不同方法来吸引各种顾客。除了用橱窗直接展示商品外,还在入口处标明商品的分布情况,供有目的的购物者选购。另外,条件许可时,则在店内增加休闲环境,方便其他顾客逗留,吸引潜在购物者前来购物。

五、行为与室内空间分布

(一)空间定位

我们分析研究人的行为特征、行为习性、行为模式的主要目的就在于合理地确定人的行为与空间的对应关系。空间的连接、空间的秩序、进而确定空间的位置,即空间的分布。

不同的环境行为有不同的行为方式,不同的行为规律,也表现出各自的空间流程和空间分布。

如前面介绍的人在厨房中的炊事行为,其对应的空间位置见图2-11。

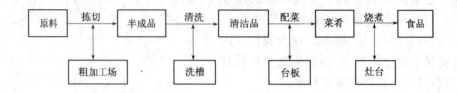

图 2-11 炊事行为的空间分布

图中的粗加工场、洗槽、台板、灶台则是拣切、清洗、配菜、烧煮等行为所对应的空间位置,也是炊事行为的空间分布。由于行为规律的制约,其空间分布也表现出相应的秩序,亦即空间流程。这也提示我们,设计厨房时,不应摆错相应设备的空间位置,否则就会违反行为规律,就会给使用带来不合理。

商店里的购物行为,其对应的空间位置见图2-12。

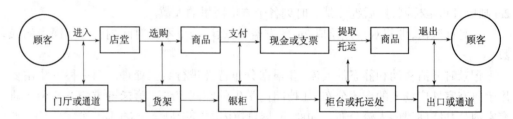

图 2-12 购物行为的空间分布

图中的进入、选购、支付、提取或托运和退出等购物行为,其对应的空间位置就是门厅或通道、货架、银柜、柜台或托运处、出口或通道。这也是购物行为的空间分布。

应该说明的是任何一个行为空间,均包括人的活动范围及其有关的家具、设备等所占据的空间范围。室内空间分布不仅确定了行为空间的范围,而且也确定了行为空间的相互关系,即空间秩序。

(二)空间分布

每一个形为空间的具体形状及其中的家具、设备的布置,又要考虑人在空间里的分布状况,即分布图形。

由于个人行为特性、人际关系和环境场所的差异,人在空间里的分布则各不相同。

通过观察可以看到,在广场上、公园里、儿童游戏场上、舞会及交易等场所,人们经常是三、五成群的聚集在一起,构成大小不等的"聚块图形"。在休闲地、步行道上及多数的室内空间,人群是随意分布的,也就构成了不规则的"随意图形"。在礼堂、剧场及教室里,以及候车室等场所中,人群的分布又是非常有规律,从而构成了"秩序图形",见表2-1。

人在空间里的分布图形　　　　　表 2-1

分　类	图　形	行　为　场　所
聚块图形	⋰⋱ ⋰⋱	广场、公园、游戏场、舞厅、交易场等
随意图形	⋯ ⋯	休闲地、步行道、居室、商场等
秩序图形	⋯⋯ ⋮⋮⋮	礼堂、剧场、教室、候车室等

从图形中可以分析出,人群在呈"秩序图形"的场所,人际关系是等距离的,受场所环境的严格限制。人的行为是有规则的,人的心理状态是较紧张的。而在休闲地、居室、商场里,人际关系呈公共状态,各自自由,场所环境对各人之间几乎没有约束。因而各人的心理状态也较宽松。在广场、公园等地,由于人们之间亲密度不同,人际距离则大小不等,关系密切者则聚在一起,各组团之间又呈现出较大的公共空间距离。

故室内空间设计时,不仅要考虑个人的行为要求,还要照顾到人际间的行为要求,空间形状和布局、家具、设备等布置,尽可能地按照个人的行为特性和人群分布特性进行。

六、行为与室内空间尺度

适应行为要求的室内空间尺度,是相对概念,其空间大小也是动态尺寸。室内空间尺度是一个整体概念。首先要满足人的生理要求(同时存在心理因素的影响),故其空间尺度则涉及到环境行为的活动范围(三维空间),和满足行为要求的家具、设备等所占的空间大小。另外要满足人的心理要求同时存在生理要求的作用,如听觉、嗅觉等)。

行为要求的空间,其空间的"容积"基本是不变的,习惯称为使用功能的空间尺寸,主要是根据使用要求来调整空间的形态。无法通过其他物质技术手段来"压缩"其空间大小。如满足大多数人行走要求的通道,最小宽度是60cm,最小高度是200cm,太小了,正常行走就感到困难。

而知觉要求的空间的"容积"是变化的,如满足听觉、嗅觉要求的听觉空间和嗅觉空间,不只是用空间大小来适应其要求,而且以通过物质技术手段来调节其空间大小,如电声系统、空调系统。即使是视觉空间,也可以利用错觉等原理,适当调整其空间感。这些概念将在后面继续介绍。

行为的空间和知觉的空间是相互关联、相互影响的。不同环境、场所有不同的要求。当行为空间尺度超过一般的视觉要求后,则行为空间和知觉空间几乎融为一体。如体育馆、剧场、电影院等,其空间尺寸较大,如网球馆的净高约为12m,这是网球活动的要求,在这样大的行为空间里,一般的知觉要求均能实现,不必再增加知觉空间。而在有些情况下,行为空间尺度较小,如教室,满足上课行为空间高度,2.4m就可以了。在多数情况下,这样的高度就显得太低了,采用物质技术手段,多数也不能满足知觉要求,就要适当增加知觉空间,如将净空增至4.2m。而在某种情况下,净高2.4m也可以,如给少数人上课的研究室。这又涉及到空间尺度的比例问题。故室内空间尺度,同样会涉及室内室间形态问题。从中也可以看出空间环境对行为的制约或支持作用。

七、行为与室内空间设计概念

室内环境设计是室内各种因素的综合设计,人的行为只是其中的一个主要因素,关于知觉因素与室内环境设计的关系,将在下面几节中叙述。

行为与室内空间设计关系主要表现在以下几个方面:

(一)确定行为空间尺度

根据室内环境的行为表现,室内空间可分为大空间、中空间、小空间及局部空间等不同行为空间尺度。

1. 大空间主要指公共行为的空间

如体育馆、观众厅、大礼堂、大餐厅、大型商场、营业大厅、大型舞厅等,其特点是要特别处理好人际行为的空间关系,在这个空间里个人空间基本是等距离的,空间感是开放性的,空间尺度是大的。

2. 中空间主要指事务行为的空间

如办公室、研究室、教室、实验室等。这类空间的特点,既不是单一的个人空间,又不是相互间没有联系的公共空间,而是少数人由于某种事务的关联而聚合在一起的行为空间。这类空间既有开放性,又有私密性。确定这类空间尺度,首先要满足个人空间的行为要求,再满足与其相关的公共事务行为的要求。

中空间最典型的例子就是办公室,为了提高工作效率,这类空间正在向大空间发展,出现了所谓庭园式的办公厅。为了处理好个人与他人的关系,则采用半开敞的组合家具成组布置,既满足个人办公要求,又方便相互间的联系。见文前图2-13德国HEPO银行办公厅模型。

3. 小空间一般指具有较强个人行为的空间

如卧室、客房、经理室、档案室、资料库等,这类空间的最大特点是具有较强的私密性。这类空间的尺度一般不大,主要是满足个人的行为活动要求。

4. 局部空间主要指人体功能尺寸空间

该空间尺度的大小主要取决于人的活动范围。如人在站、立、坐、卧、跪时,其空间大小,主要是满足人的静态空间要求。如人在室内走、跑、跳、爬时,其空间大小,主要是满足人的动态空间要求。

(二)确定行为空间分布

根据人在室内环境中的行为状态,行为空间分布表现为有规则和无规则两种情况。

1. 有规则的行为空间

这种空间分布主要表现为前后、左右、上下及指向性等分布状态。这类空间多数为公共空间。

(1)前后状态的行为空间　如演讲厅、观众厅、普通教室等具有公共行为的室内空间。在这类空间中,人群基本分为前后两个部分。每一部分又有自己的行为特点,又相互影响。室内空间设计时,首先根据周围环境和各自的行为特点,将室内空间分为两个形状、大小不同的空间,两个空间的距离则根据两种行为的相关程度和行为表现及知觉要求来确定。各部分的人群分布又根据行为要求,特别是人际距离来考虑。

(2)左右状态的行为空间　如展览厅、商品陈列厅、画廊、室内步行街等具有公共行为的室内空间。在这类空间中,人群分布呈水平展开,并多数呈左右分布状态。这类空间分布特点是具有连续性,故这类空间设计时,首先要考虑人的行为流程,确定行为空间秩序,然后再确定空间距离和形态。

(3)上下状态的行为空间　如楼电梯、中庭、下沉式广场等具有上下交往行为的室内空间。在这类空间里,人的行为表现为聚合状态,故这类空间设计,关键是要解决疏散问题和安全问题。经常采用的是按消防分区的方法来分隔空间。

(4)指向性状态的行为空间

如走廊、通道、门厅等具有显著方向感的室内空间。人在这类空间中的行为状态指向性很强,故这类室内空间设计,特别要注意人的行为习性,空间方向要明确,并具有导向性。

2. 无规则的行为空间

无规则的行为空间,多数为个人行为较强的室内空间,如居室、办公室等。人在这类空间中的分布图形,多数为随意图形。故这类空间设计,特别要注意灵活性,能适应人的多种行为要求。

(三) 确定行为空间形态

人在室内空间中的行为表现具有很大的灵活性,即使是行为很秩序的室内室间,其行为表现也有较大的机动性和灵活性。行为和空间形态的关系,也就是常说的内容和形式的关系。实践证明,一种内容有多种形式,一种形式有多种内容。也就是说室内空间形态是多样的。

比如,上课行为,方形教室,长方形教室,马蹄形教室等均能上课。相反,方形的室内空间既可以上课,也可以开会,还可以跳舞。

常见的室内空间形态的基本平面图形有圆形、方形、三角形及其变异图形。如长方形、椭圆形、钟形、马蹄形、梯形、菱形、L 形等,而以长方形居多。

究竟采用哪一种空间形态为好？就要根据人在室内空间中的行为表现、活动范围、分布状况、知觉要求、环境可能性,以及物质技术条件等诸因素研究确定。

(四) 行为空间组合

室内空间尺度、室内空间行为分布、室内空间形态基本确定后,就要根据人们行为和知觉要求对室内空间进行组合和调整。

对于单一的室内空间,如教室、卧室、会议室、办公室等,主要是调整室内空间布局、尺度和形态。使之很好地适应人的需要。

对于多数的室内空间,如展览馆、住宅、旅馆、商场、剧场、图书馆、俱乐部等室内空间,首先要按人的行为进行室内空间组合,然后进行单一空间的设计。

第三节 视 觉 与 环 境

本节主要介绍视觉与视觉环境交互作用所显示的视觉特性,根据眼的机能所表现的视区分布,以及客观环境的形态、光影、色影、物体的质感、空间旷奥度等与视觉的关系,并简介室内视觉环境设计概念。

一、视觉特性

本文叙述的是视觉与视觉环境的交互作用,故这里的"视觉"是指视知觉的概念。即视觉是各种环境因子对视感官的刺激作用,所表现的视知觉效应。

不同环境因子的不同刺激量和不同的刺激时间及空间,不同人的不同刺激反应,所显示的视觉特性均有差异,但其共同特性表现在以下几个方面。

1. 光知觉特性

光是人们认识世界一切物体的媒介,是视觉的物质基础。光的本质是电磁波,可见光谱是 400~760nm,即红外线至紫外线之间的光谱,眼睛对此范围内的光谱反应最有效。人对光的刺激反应表现为分辨能力、适应性、敏感程度、可见范围、变化反应和立体感等一系列光觉特性。

2. 颜色知觉特性

颜色的本质同光一样,是不同频率的电磁波,各种颜色的波长也在可见光的光谱范围内。人对颜色的反应,表现在颜色的基本特性的知觉,即对色调、明度和饱和度的知觉及其心理表现。

3. 形状知觉特性

由于光对物体各部分的作用不同,而产生了人对物体形状的图形知觉,故形状知觉特性表现为人对图形和背景,良好形态和空间形象的认识。

4. 质地知觉特性

由于光对物体表现作用的差异,物体表面的质地也就呈现出来。人对物体表面质地的感觉,即质感,表现为光洁程度、柔软度。

5. 空间知觉特性

人在空间视觉中依靠多种客观条件和机体内部条件来判断物体的空间位置,从而产生空间知觉。空间知觉特性表现为人对空间的认识,空间的开放性和封闭性。

6. 时间知觉特性

由于光对物体和环境作用的强度和时间长短的不同,人对环境的适应和辨别率也不一样,这就是视觉的时间特性。

7. 恒常特性

人对固定物体的形状、大小、质地、颜色、空间等特性的认识,不因时间和空间的变化而改变,这就是视觉的恒常性。

由于环境因子刺激量和人的接受水平的差异,故同一室内环境,给各人的反应是各不相同的。在众多因子中,光和颜色对环境氛围的影响则最大。下面进一步介绍各种环境因子对室内环境的影响。

二、光线与视觉

(一)人与光线

有了光线才有了人类,才有了世界,人类离不开光线。对光的知觉,是人类感觉器官最朴素、最基本的功能。利用光线造福人类,防止光线的伤害是人类的本能和智慧。

1. 光线的作用

众所周知,太阳光线不仅具有生物学及化学作用,同时对于人类生活和健康也具有重要意义。

光能照亮一切物体,有了光线,人们才能看清世界。

直射的阳光对人们居留的房间具有杀菌作用。利用阳光可以治疗某些疾病。

阳光中的红外线具有大量的辐射热,在冬天可借此提高室温。

光线能改变周围环境,利用光线可以创造丰富的艺术效果。

2. 光与健康

光线也有许多不利的地方。长期在阳光下工作会容易疲劳,过多的紫外线照射,容易使皮肤发生病变。过多的直射阳光在夏季会使室内产生过热现象。不合理的光照,会使工作面产生眩目反应,甚至伤害视力。因此要合理利用阳光,科学地进行采光和照明设计,以保证人体健康,创造舒适的室内环境。

3. 室内光的利用和遮挡

利用直射阳光照亮室内环境、制造室内环境气氛,提高卫生水平,故要保证建筑合理间距,选择好采光口。

利用直射阳光进行日光浴、治疗疾病,也要选择采光方向和采光口位置及建筑保温。

采用人工照明,照亮室内环境、制造室内环境气氛,故要选择合理的光源、正确的照明设计。

防止夏季过多的直射阳光进入室内,需要进行建筑遮阳,建筑隔热。

(二)视觉机能

根据视觉系统和视觉刺激的特点,视觉机能表现在以下几个方面:

1. 视力

视力是眼睛对物体形态的分辨能力。测定视力的图形，称为视标。视标很多，但应用最广泛的是朗多尔氏环（Landolt）。见图 2-14。其背景为白色。当视距为 5m 时，获得的视角约为 1°。恰好能分辨出图形的开口方向。取此视角的倒数，以 1.0 表示，若视角为半分时能分辨出开口方向，其视力则为 2.0，这表明视力取决于视角。而实际上尽管视角相同，当观察距离改变时，眼睛的机能也在调节，故检测视力可在 5m 处不动。

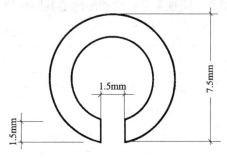

图 2-14 朗多尔氏环

由此可见视力与人的视觉生理有着密切关系，并随年龄的增长而改变。眼球不动能看到最鲜明的映像范围约为 2°左右，这个范围的视觉称为中心视觉。它的外侧模糊视角，称为周边视觉。在中心区能充分发挥视网膜中心的锥状体作用，见图 2-15。稍偏中心，视力就下降。而暗处视力偏离中心 5°左右为最高。这对人的夜里活动十分重要。

视力与亮度的关系也很密切。见图 2-16。亮度与视力。纵坐标是朗多尔氏视环视力。横坐标是白色背景的亮度。从图中 S 形曲线可以看出，视力是背景越亮，清晰度越好，并且有一个上限和下限。亮度的实质是被照物体表面的光辐射能量。视网膜上的感光细胞对不同亮度的敏感度是不一样的，只有到达一定亮度时才能发挥作用。同时由于眼的调节机能，具有收缩和放大作用，故其变化也有一定的范围。

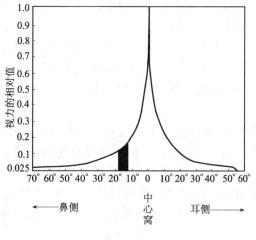

图 2-15 视网膜位置与视力

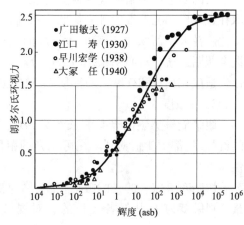

图 2-16 亮度与视力

视力与人类种族关系不大，而同年龄比较密切，室内设计时，对老年人的视觉环境要保证足够的亮度。而亮度不仅同光源的发光强度和被照物的方位有关，而且同周围环境的亮度有关，同样的室内环境，白天由于自然光的作用，室内的照明要比晚间同样光强显得暗，这是同人的适应能力有关。

2. 适应

人的感觉器官在外界条件刺激下，由于生理机制，会使感受性发生变化。它既能免受过强刺激的损害，又能对弱刺激具有敏感的反应能力，同时对几个不同刺激进行比较。这种感觉器官感受性变化的过程及其变化达到的状态，叫适应。

眼睛向暗处的适应叫暗适应，向亮处的适应叫亮适应或叫明适应、光适应。另外有的研究者认为,在暗视和明视之间,还存在间视,即间适应。

人类的视网膜包含两种光感受器,即同明视有关的锥体细胞和同暗视有关的棒体细胞。间视则是这两种细胞的共同作用。人眼的明暗视觉见表2-2。

人眼的明暗视觉　　　　　表 2-2

状　　态	明　　视	暗　　视
感 受 器	锥体(约7百万)	棒体(约1.2亿)
视网膜位置	集中在中央,边缘较少	一般在边缘,中央没有
神 经 过 程	辨别	累积
波长峰值	555毫微米	505毫微米
亮度水平	昼光(1到10^7毫朗伯)	夜光(10^{-6}到1毫朗伯)
颜色视觉	正常三色视觉	无彩色视觉
暗 适 应	快(约7min)	慢(约40min)
空 间 辨 别	分辨能力高	分辨能力低
时 间 辨 别	反应快	反应慢

当人们由暗处进入亮处,瞳孔开始缩小,遇到亮度为1000asb的光,瞳孔由黑暗时的8mm可缩小到3mm,再遇到黑暗时,瞳孔又扩大。从亮处突然进入暗处,适应时间长达10多分钟,而从暗处进入亮处,适应时间约1min就可完成。

人的明适应和暗适应的视觉特性对室内设计影响较大。如地道的出入口,经常采取在近入口的亮处设置日光灯照明系统,在地道暗处采用白炽灯照明,使人适应环境的变化。在大型商场、电影院和大展厅的入口处,同样会出现这样的情况,同样需要采用混合照明系统。对照明系统应采用分路开关、调光装置或多级镇流器来控制照明水平,以便适应在白昼和夜晚人对照明系统的适应要求,提高视觉环境的质量。

3. 视敏度

眼睛能够感觉的光其波长约为380～780nm,在此限以下的紫外线,或在此限以上的红外线,都不能感觉到。在可见光的范围内,眼睛对各种波长的光具有不同的感受性。

眼睛对某波长的光的敏感程度,称为视敏度。根据国际照明委员会(CIE)的规定,最高视敏度为1,其他各波长的相对视敏度,称为比视敏度。见图2-17比视敏度曲线。

视网膜的感光细胞锥状体和棒状体对不同光波的感受性。见图2-18锥状体与棒状体的阈值。从图中可以看出,锥状体在555nm处的阈值,即感觉的最小能量。因此,在明亮处,眼睛对波长555nm的黄绿色具有最高的感受性。图中的另一条曲线,棒状体的阈值比锥状体的阈值要低得多,其最小值也向左移动,并在650nm处结束,说明棒状体对波长510nm的绿色光,其敏感度最高,而对650nm以上的红光则没有感觉。

在黄昏时,观察庭园里的红花,起初色彩明显,这是锥状体的作用。天色渐暗,绿色叶子看上去很显眼,红花变黑,这是棒状体的作用。这种使红色敏感度下降、绿色敏感度上升的现象,称为浦肯野氏(Purkingje)现象。

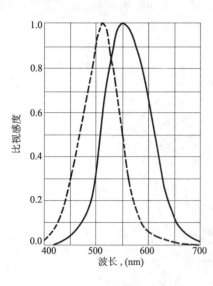 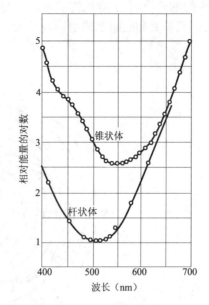

图 2-17　比视敏度曲线　　　　图 2-18　锥状体和棒状体的阈值

视敏度的特性对室内设计也具有密切的关系。如商店橱窗设计和室内商品陈列，对红色之类的物品宜搁置在明亮处，或采用近似日光的照明系统，使其显眼。相反，对近似绿色的物品，宜设在较暗处，或选用近似用单色照明系统，使其鲜明。对室内景观设计或环境气氛的创造，其配色和照明也应考虑视敏度的特性。

对于在暗室工作和夜间警卫人员，如果突然进入明亮处，最好先戴上红色滤色镜，这种镜只能通过 650nm 以上的光，能使棒状体继续处于暗适应状态，以便返回暗处，摘掉眼镜能立即工作，以免有一个视觉适应时间。

4. 视野

视野就是视线固定时，眼睛所看到的范围。图 2-19 为右眼视野。图中显示，在中心部位，红、黄、绿、蓝等各色都能看清，而稍偏离中心，先是看不到红绿色，再偏一点，色彩就分不清。这种现象表明了视网膜上各种感受体的分布情况。对明视起主要作用的锥状体构成了"彩色片"，对暗视起主要作用的棒状体构成了"黑白片"。

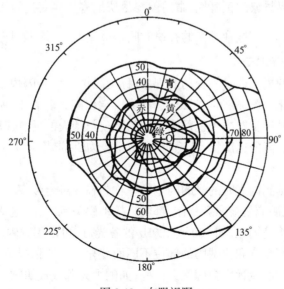

图 2-19　右眼视野

视野的外缘右约100°,左约60°,上约55°,下约65°。上面图2-20,是白种人的右眼视野,受高鼻梁和眼睛凹陷的影响较大。中国人、日本人的眼睛视野,近似水平向的椭圆形。

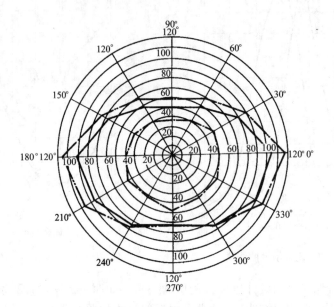

图2-20 头部固定的静视野、动视野、注视野

图2-20是头部固定时的视野状况。静视野是两眼静视时的合成视野。动视是让眼球自由运动,注视的范围大约停留在40°的界限内。

在实际生活中,人们在广阔的视野里,通过视野中的水平线或垂直线,看到的是一条直线,但偏离视野中心,看到的水平或垂直的直线都有凹曲的现象。人们看物体,眼睛也是转动的,故视野范围都要比图示范围大得多。

视野概念对研究和室内空间设计十分重要。经验表明,人在室内,如果室内各围合空间的界面在视野范围以内,一般情况下,室内空间感就显得太小,或太压抑。反之,则显得较宽广。另外对研究视觉分布和设计区的划分,也很重要,这将在下面介绍。

5. 闪烁

人们为得到外界景象的正确性,眼睛就要尽快地将外界变化的映像,映现在视网膜上,并将以前的映像消失,这种进光的补偿时间是极短的,大约不到$\frac{1}{10}$s。如果超过这个界限,眼睛就会觉察光的变化。

眼睛会感觉光的周期性时间变动的现象,称为闪烁。1s钟闪熄60次以上的闪光是不会感觉到光在变化。若1s钟闪熄20次,就会感觉出闪光。若1s钟闪熄10次会感到闪光非常烦人。这种感觉取决于视网膜映像的映现与消失的反复速度和光的闪熄速度之间的关系。如果后者的速度快,就感觉不到闪光,如果前者速度快,就会感觉到或多或少的闪光现象。

恰好能开始感觉到闪光时的光的闪熄频率称为临界融合频率。临界融合频率以下的闪光,无论是闪光源或是被照亮物体,都能直接地感觉到闪光,这就是直接闪光效果。而对不能感觉到的快速闪光,如100或120Hz的萤光灯,可以用频闪观测器测得。

临界融合频率因亮度和视网膜的部位不同而变化。一般情况下,光越高,其闪烁越明显。偏离视网膜中心越远则会感觉大一些,如侧视光源或被照物。

闪烁现象对于室内设计,主要是选择光源和光源照射方向的设计。要注意不要选用闪熄频率次数低的萤光灯。光的方向或被照物不要使人只有侧视才能观察。如在窗口上边布置日光灯,特别要注意避免闪烁现象的发生。

6. 眩光

眼睛遇到过强的光,整个视野会感到刺激,使眼睛不能完全发挥机能,这种现象称为眩光。在眩光下,瞳孔会缩小,以提高视野的适应亮度,也就降低了眼睛的视敏度。或使眼球内流动的液体形成散射,就像帷幕遮住眼界,这就妨碍了视觉,这种眩光称为视力降低眩光。如白天眼睛正视阳光,夜间眼睛正视迎面而来的汽车灯光,都会出现这种情况。

另一种情况,一个很大的高亮度光源,悬吊在接近视线的高度上,会感到很刺眼,这就是不舒适眩光。它虽然不会降低视力,但感觉很不舒适。如看阳光下的积雪,或透过窗户看室外明亮的积雪,都会出现这种现象。

对不舒适眩光的感觉程度,黄种人与白种人是不同的。就光源的辉度来说,黄种人是白种人的两倍,故日本人,中国人更加讨厌眩光,这是由于黄种人眼睛里的黑色素较多,它吸收到眼球内的散射光。

不恰当的阳光采光口,不合理的光亮度,不恰当强光方向,均会在室内形成眩光现象。特别是展厅的展面设计,尤其要避免眩光现象。对室内光环境应保证一定的均匀度,不要出现强光的直射刺激。

7. 立体视觉

人的视网膜呈球面状,所获得的外界信息也只能是二维的映象。然而,人能够知觉客观物体的第三维的深度,这就是立体视觉。

产生立体视觉的原因,有客观环境的图像关联因素,也有人体的生理性关联因素。

人体生理性的关联因素有:两眼视差、肌体调节、两眼辐合和运动视差。

(1)两眼视差 当观看某一物体时,在左右眼球视网膜里的投影,呈现出稍微不同的映象,这种现象称为两眼视差。见图2-21。这是观看角锥形物体时,在左右眼里映现的不同图像的描绘。由于大脑的机能,而将这两个不同的图像重合成一个立体图像再现出来。

(2)肌体调节 眼球的毛状肌使水晶体的曲率改变叫调节。而调节时的肌肉紧张感觉能判断物像的距离。故能识别物体的立体图像。

(3)两眼辐合 观看近物时,两眼的视线趋于向内聚合的现象,称为辐合,此时两视线夹角,叫辐合角。辐合使两眼向内旋转的眼肌产生紧张感觉,为判断物体的深度提供了相关因素,因而通过大脑的作用,而映现出立体的物像。

(4)运动视差 单眼视觉时,观察者在运动,视点也在变化,于是出现了连续性视差。这种单眼运动的视差,经过一段时间,就使大脑对运动景象作出立体性判断,从而感知物体的立体图像。

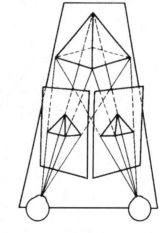

图2-21 两眼视差

立体视觉为物体的立体感知提供了理论依据。在室内景观设计和造型设计时,既要考虑视觉图形的客观规律,又要考虑立体视觉的特点,使设计更符合视觉要求。

(三)视度

看得见、看得清、看得好,这是光觉的基本概念。看得见,必需有光,无论是天然光还是人工照明，这是光觉的基本条件。怎样才能看得清楚，这是光觉的基础，它涉及到影响"视度"的基本因素。怎样才能看得好，这是光觉的质量，它涉及到日照、采光和人工照明的质量。

视度就是指观看物体清楚的程度。这个问题是天然采光及人工照明的共同基础，也是建筑光学所要解决的主要问题之一。

物体的视度与以下五个因素有关：

(1)物体的视角(物体在眼前所张的角)；

(2)物体和其背景间的亮度对比；

(3)物体的亮度；

(4)观察者与物体的距离；

(5)观察时间的长短。

下面就这些因素及其在室内设计的意义加以说明：

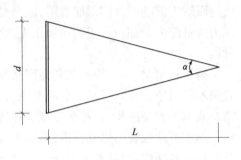

图 2-22 物体视角的确定

(1)物体的视角　物体在观察者前面所张的角 α，用图 2-22 表示。此值近似以物体实际大小 d 和物体与眼睛距离 L 之比值求得。即

$$\alpha = \frac{d}{L}(\text{rad})$$

如果视角采用[°]来计算，则

$$\alpha = \frac{180°}{\pi} \times 60 \frac{d}{L} = 3440 \frac{d}{L}$$

识别物体的最小角，应因人而异，但都近似某一确定的值，约为 1°。这就是标准最小视角。最小视角的倒数 $\frac{1}{\alpha_{mt}}$ 叫视觉敏度，即前面介绍的视敏度，其标准值为 1。通常最小视角是小于看清物体所需的视角。在白天的光线下，看清物体的视角约为 4°～5°。如果照度小，则视角要增加。见图 2-23 视角与照度。

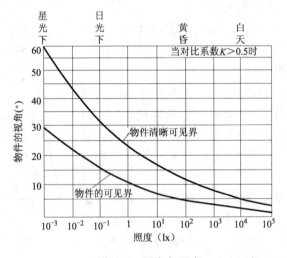

图 2-23 视角与照度

根据看清物体的视角，即可确定所设计的建筑物体在垂直于视线方向的必要尺度 d_{mP}

$$d_{mP} = \frac{L\alpha}{3440}$$

上式是观察者的眼睛和物体处于同一水平面的情况,对处于比观察者高的物体,在垂直方向的必要尺度 d_{mP} 应按下式确定:

$$d_{mP} = \frac{L\alpha}{3440\cos\beta}$$

式中　β——观察者在观察物体时的仰角。

这说明高处物体应比低处时大一些,以保证看清物体的细部。在室内设计中,我们经常会遇到高处,如天花等细部处理,此时应考虑视角的因素,通过计算确定部件的大小,以便看清细部设计的效果。

(2)物件和背景间的亮度对比　物体和背景之间的亮度对比采用对比系数 K 来表明的。K 值大小按下式确定:

$$K = \frac{B_\varphi - B_\theta}{B_\varphi}$$

式中　B_φ——背景的亮度;
　　　B_θ——物体的亮度。

眼睛能识别物体的最小对比系数 K_{min} 叫最小视别度,它的倒数 $\frac{1}{K_{min}}$ 叫对比敏度,表明看清物体的灵敏度。对比敏度与亮度的关系见图 2-24。当亮度小时,对比敏度增加很快,亮度在 3~300 毫熙提时,对比敏度达到最大值。亮度再大,会产生眩光,对比敏度开始下降。

对比敏度和观察物件的尺度也有关系,并随视角减小而减少。在白天照明条件下,对比系数 K 等于 0.5 时,建筑装饰处理就达到了良好的状态,可清晰看到物体的细部。

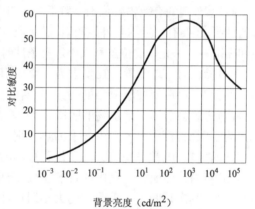

图 2-24　对比敏度与亮度的关系

(3)物体的亮度　物体上的亮度,与表面材料的反光性质和表面上的照度有关。其关系如下式:

$$B = \frac{\rho}{\pi}E$$

式中　B——物体的亮度(cd/m^2);
　　　E——物体上的照度(1x);
　　　ρ——物体表面的反光系数。

所以物体表面的亮度是可以控制的。天然采光时,设计时可改变物体表面的反光系数来控制表面亮度;人工照明时,可控制入射到物体表面的照度。

(4)观察距离对视度的影响

在视角和对比系数相同的情况下,观察者与物件距离不同,眼睛对物件的分辨能力也不同。这是因空气的不透明性引起的。一般称为"雾气作用"。物体与观察者距离越大和空气透明性愈小时,雾气作用越强。故在建筑细部处理时,在大气透明度小的地区,物体尺度宜适当放大。

(5)观察时间对视度的影响　当观察物体时间长时,一方面能对物体的细部去细致推敲而加强了分辨力。另一方有足够的时间达到视觉适应,能很好看清物体。

以上概念都是说明在室内光环境设计时,要能看清建筑细部处理的装饰效果,就要有良好的视度。这对室内景观设计,物品的陈列和展出都有参考价值。

(四)光觉质量

光觉质量包括日照、采光和人工照明三方面的质量问题。

1. 日照

日光具有很强的杀菌作用,它是人体健康和人类生活的重要条件。如果长期得不到日照,人体健康就会受到影响,尤其对幼儿,会造成发育不良。日照对人的情绪也有很大影响。在阳光下,不会感到心情舒畅。因此,许多国家都将日照列为住宅设计的条件。但过多的日照对健康也不利,也会使人烦恼。如何保证正确的日照?这就涉及到建筑物的日照时间、方位和间距;紫外线有效辐射范围;绿化合理配置;建筑物的阴影;室内日照面积等问题。

(1)建筑物的日照时间、方位及间距 建筑物的日照时由于建筑物的性质不同而有长短。如我国规定,对于住宅必须保证在冬至有1小时的满窗口的有效日照。为此,也确定了建筑的朝向,最好朝南或适当的偏东或偏西。建筑物的间距与高度的比值在1:1.1以上,以保证室内有良好的日照。当然各地区的纬度和经度的不同,对日照的规定也不一样。

(2)紫外线的有效辐射范围 对于幼儿园、托儿所、疗养院之类的建筑物,不仅要有良好的日照,还要有一定的紫外线辐射,以保证室内环境的健康。这主要是选择好建筑物地点和确定室内采光口的位置和大小。有条件时,可设阳光室,获得紫外线照射。

(3)绿化的合理配置 在夏季为了减少阳光对室内辐射的影响,经常在室外配置树木。种植时,尽可能在辐射强的一方,如西侧,又不要影响正常的采光。

(4)建筑物阴影 建筑物的阴影,对视觉而言,可增强室内或室外的建筑视觉形象。就人的健康而言,阴影可减少夏季的热辐射。但又会影响日照和紫外线辐射。为满足多方面的要求,经常采用的方法是设置移动的窗帘或活动遮阳板。

(5)室内日照面积 室内的日照主要是通过向阳面采光口获得的。最有效的采光口是天窗,其次是侧窗。采光口的大小通过计算确定,其有效面积是阳光射到地板上的面积,对侧墙的阳光与日照意义不大。

2. 天然采光

室内的天然采光,无论对生产或生活都有很大意义。长期处在不良的采光条件下工作和生活,会使视觉器官感到紧张和疲劳,结果会引起头痛、近视等视机能衰退和其他眼疾。采光对人们的工作效率也有很大影响。随着采光条件的改善,人们对物体的辨别能力、识别速度、远近物像的调节机能也随之提高。从而提高工作效率。另外,良好的采光条件,对大脑皮质能起到适当兴奋的作用,可改善人体的生理机能和心理机能。

室内采光的质量,除了有充足的光线外,还必须考虑光线是否均匀、稳定,光线的方向以及是否会产生暗影和眩光等现象。

室内光线是否充足,表现为室内照度的强弱,这取决于天空亮度的大小。天空亮度是阳光的作用,太阳光经大气层的吸收与散射,到达地面时,不仅有直射光,而且有扩散光,形成各地区的光气候。对光气候的观察分析与统计,制定了各地区的室外照度曲线。制定各地区的总照度和散射照度,并作为确定室内照度标准的依据。

采光的质量主要取决于采光上的大小(宽度和高度)和形状,采光口离地高低,采光口分布和间距。

在确定采光系统时,对有特殊要求的室内环境,须进行一些特殊处理,防止眩光对视觉的影响。处理的办法有两种,一是提高背景的相对平均亮度,二是提高窗口高度,使窗下的墙体对眼睛产生一个保护角。见图2-25。

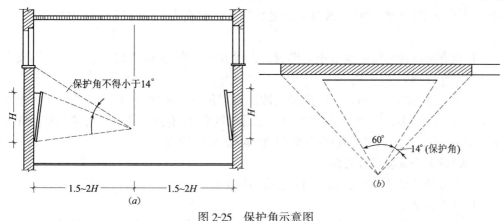

图 2-25 保护角示意图
(a)竖向保护角;(b)水平保护角

3. 人工照明

人工照明是室内光环境的重要组成部分。是保证人们看得清,看得快,看得舒适的必要条件。是渲染室内环境气氛的重要手段,在现代室内设计中,艺术照明越来越重要。

人工照明有三种方法:均匀的、局部的和重点的照明。

均匀式照明或环境照明是以一种均匀的方式去照亮空间。这种照明的分散性可有效地降低工作面上的照明与室内环境表面照明之间的对比度。均匀照明还可以用来减弱阴影,使墙的转角变得更柔和舒展。多数室内都采用这类照明形式。其特点是灯具悬挂较高。

局部照明或工作照明是为满足某种视力要求而照亮空间的一块特定区域。其特点是光源是按放在工作面附近,效率较高。通常都是用直射式的发光体,在亮度上和方位上都是可调节的(带调光器或变阻器)。

重点照明是局部照明的一种形式,它产生各种聚焦点以及明与暗的有节奏的图形。它可以缓解普通照明的单调性,突出房间特色或强调某种艺术品。

人工照明质量是指光照技术方面有无眩光和眩目现象,照度均匀性,光谱成分及阴影问题。

视野中发光表面亮度很大时,会降低视度,这种现象就是眩光。使眼睛不舒服,降低了视度,这就是眩目。眩光是发光表面的特性,而眩目是眼睛生理的反应。眩光取决于光源在视线方向的亮度,其眩目程度取决于背景的亮度。并与光源在视野中的位置有关。见图2-26。

工作面上的照度应满足一定的均匀性。如果视场中各点照度相差悬殊,瞳孔就经常改变大小以适应各种条件,这就容易引起视觉疲劳。因此光源布置应力求工作面上的均匀性。同时整个室内也要求一定

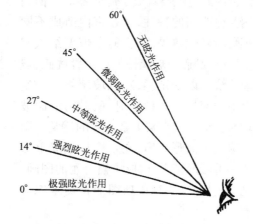

图 2-26 发光体角度与眩光关系

的均匀度,环境照度应不低于工作面应有照度的10%,同时不底于10lx。

光源的光谱成分,对识别物体的颜色真实性影响很大。白炽灯光谱与日光和白光相差很大。在白炽灯下,不能正确的区分颜色的色调。因此,对于严格要求区分颜色的房间,不宜选用白炽灯照明。改进方法是加滤光器或直接采用改进后相应的光源来照明。

光线方向对视觉质量也有很大影响。光线方向不当,会使工作面上产生暗影或产生反射眩光,这都是有害的。

综上所述,良好的光觉质量,应保证被照面有足够的照度,并且均匀稳定。被照面上没有强烈的阴影,并与室内的亮度没有显著的区别,没有眩光产生。对某些有特殊要求的室内,还要满足一定的日照时间和日照面积,保障健康。

(五)室内光环境设计概念

室内光环境设计,分天然采光和人工照明两种。

1. 天然采光

天然光线,不仅因为它的照度和光谱性质,对人的视觉和健康有利,而且由于它和室外自然景色联系在一起,它还可以提供人们所关心的气候状态,提供三维形体的空间定时、定向和其他动态变化的信息,因此,它对创造室内环境气氛十分重要。

天然光的采光设计,就是利用日光的直射、反射和透射等性质,通光各种采光口设计,给人以良好的视觉和舒适的光环境。

不同窗形有不同的作用,给人以不同的感受。水平窗可以使人舒展、开阔、垂直窗可以取得条屏挂幅式构图景观和大面积实墙。落地窗可取得同室外环境紧密联系感。高窗台可以减少眩光,取得良好的安定感和私密性。透过天窗可以看到天光的云影,并提供时光信息,使人有置身于大自然的感觉。而各种漏窗、花格窗,由于光影的交织,似透非透,虚实对比,使自然光投射到粉墙上,而产生变化多端、生动活泼的景色。

各种洞口、柱廊、隔断、矮墙以及建筑构部件,同窗子一样,也可以使天然光在室内产生各种形式多样、变幻莫测的阴影,丰富多彩的视觉形象。

大多数室内环境都是利用光的透射特性,使天然光透过窗玻璃照亮室内空间。因此窗玻璃就成了滤光器。人们利用各种玻璃的特性,又在室内造成不同感受的采光效果,无色的白玻璃给人以真实感,磨砂白玻璃使人产生朦胧感,玻璃砖给人以安定感,彩色玻璃给人产生变幻神秘感。各种折射、反射的镜面玻璃又会给人们带来丰富多彩的感觉。阳光透过半圆形天窗,在走廊尽端墙上形成一道弧形光影,构成一幅美丽的图画。见文前图2-27 德国斯图加特美术馆天窗。

高大的玻璃顶,给室内带来宽敞明亮的光环境。见图2-28。

图2-28 德国斯图加特建筑展览馆天窗

大小不等梯形窗口上的侧窗和彩色玻璃,给室内以强烈的神秘变幻感觉。见文前图 2-29 法国朗香教堂侧窗光影。

高大柱廊产生的阴影,使跨大的空间尺度,增加了神秘感。见文前图 2-30 梵帝冈圣·彼得教堂柱廊光影。

大片折扇形玻璃墙面,使大厅产生动感。见文前图 2-31。

太阳光谱具有固定的光色。而人工照明却具有冷光、暖光、弱光、强光、各种混合光,可根据环境意境而选用。如果说色彩具有性格的倾向和感情的联想,那么人工照明却可以使色彩产生变化和运动。人工照明对室内光环境创造,环境氛围的渲染起到非常重要的作用。

2. 人工照明

人工照明设计就是利用各种人造光源的特性,通过灯具造型设计和分布设计,造成特定的人工光环境。由于光源的革新、装饰材料的发展,人工照明已不只是满足室内一般照明,工作照明的需要,而进一步向环境照明、艺术照明发展。它在商业、居住、以及大型公共建筑室内环境中,已成为不可缺少的环境设计要素。利用灯光指示方向,利用灯光造景,利用灯光扩大室内空间等。如德国柏林某商场的大厅,利用闪动的三角形灯光,指引顾客向商场纵深走去。见文前图 2-32 法国巴黎某商场大厅灯光。

又如德国斯图加特美术馆走廊脚灯的灯光,在暗廊里形成一束地面光影,构成一幅生动的画面。见文前图 2-33。

再如德国慕尼黑某餐馆门厅利用灯光照射在门厅墙面的镜子上,扩大了室内进深。见文前图 2-34。

三、色彩与视觉

(一)色彩及其特性

1. 光与色

色彩的本质最早是由牛顿发现的。它是由可见光谱中不同波长的电磁波所组成。人的眼睛对不同电磁波十分敏感。当光照射到物体上,一部分被吸收,一部分被反射,反射的光被眼睛感知为各种色彩。见图 2-35 和表 2-3。

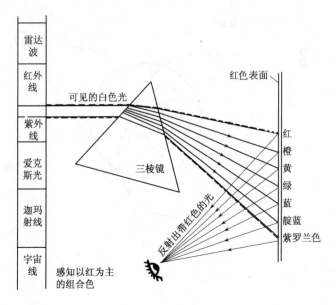

图 2-35 光和色彩

光的波长、频率对人眼所产生的色觉　　表 2-3

色　彩	波　长（nm）	频率（Hz×10⁴）
紫	400～450	7.5～6.7
蓝	480	6.2
蓝绿	500	6.0
绿	540	5.6
黄绿	570	5.3
黄	600	5.0
橙	630	4.8
红	750	4.0

2. 光色与物体色

光色是不同波长和频率的电磁波的色彩。物体色是物体表面反射出来的光波色彩。

色彩的三原色，分为光色的三原色和物色的三原色。两种色混合后所显示的色性则有所不同。光色的混合色是叠加性的。见图 2-36 光色的混合。物体色是材料的本色用油漆、着色剂、染料等有色颜料着色后的色彩，这种颜料混合的色性是减除性的。颜料混合后，它们吸收性组合在一起，减除掉光谱中的不同颜色，剩下的色彩就决定了混合在一起的色彩属性。见图 2-37 物色的混合。

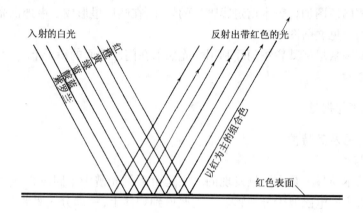

图 2-36　光色的混合

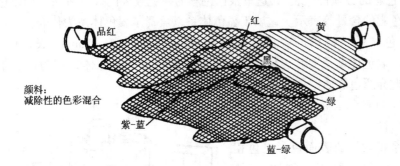

图 2-37 物色的混合

3. 色彩三属性

人们通过视觉辨别色彩时,每一种色彩都是由色相、彩度及明度三个属性组合而成。

色相亦称色别。是色彩三属性中最重要的属性,即色的特质。它对人的心理活动具有决定作用。各种不同的颜色是由有色体系,如红、黄、蓝等,无色体系,如黑、白、灰等组成,从而达到数量无限的各种颜色。每种颜色又对个体心理有其相应的心理效应。

彩度亦称饱和度、色度及纯度,是色彩鲜艳的程度。它通过物体表面的粗糙度使投射光线性质发生变化,以及色彩内所含黑、白、灰的量的多少而使色彩强度发生变化,形成色度不同的各种色。从而反映个体心理需求的各种形态。如在红色内增加白,冲淡成粉红,此时原红色的热烈情感效应则被减弱,变为爽朗、轻浮的情感。因此在不同的场合可以用不同彩度的颜色。

明度就是色彩明暗的程度。它是指非发光物体的颜色,其含白、灰、黑的成分多少,以及受不同光线照射所产生的明暗程度。明度受物体表面色反射系数的制约。反射系数大,明度就大,反之则小。明度也是形成或改变心理效应的重要因素。通常明度大,易产生光明、通达、开朗、兴奋之感的情绪或联想。明度小,易产生阴暗、阻塞、沉闷、悲观的情绪或联想。随着文化心理环境的变化,明度的心理效应也在不断地变化。

4. 色彩的表示方法

色和色彩这两个术语,在实际使用中容易混淆,但严格的说,色多指光色。是从心理物理特性考虑,如色感觉属混色体系。色彩多指物体表面色,是从心理特性考虑的,如色知觉属显色体系。

色彩的表示方法很多。

(1) 文字表示

a. 以动物、植物、矿物等的色彩或以色彩的质料,产地来形容色彩的。如鸡冠紫、鹤顶红、孔雀蓝、乌贼棕、桃红、桔红、玫瑰红、苍绿、草绿、葱心绿、土黄、石青、锌钡白、钴蓝、铜绿、象牙黑、天蓝、雪白、普蓝、印度红、西洋红……等。

b. 以色彩的明暗、深浅、强弱等形容色彩的,如暗红、深红、粉红、鲜红、明黄、中黄、淡黄、嫩绿、浅绿、浓绿……等。

(2) 数字符号表示

a. 以色彩的心理物理特性表示,这是依靠光学测色定量表示色彩,如以主波长、反射率(或透射率)及刺激纯度三个定量表示,或以光色的三色刺激值表示。这属于混色体系,以国际照明委员会(CIE)表色体系为代表。

b. 以色彩的心理特性表示,这里根据色彩的视觉效果的表示方法。如以色彩的三属性或以色彩的含量等表示。这属于显色体系以孟赛尔表色体系为代表。

(3)表色体系　常用的表色体系很多,有孟赛尔(A.H.Munsell)表色体系,奥氏(W.Ostwalt)表色体系及 CIE 表色体系。在建筑上使用的表色体系宜为孟赛尔表色体系。故以此介绍色彩的三属性和表示方法。

以空间的三个坐标方向来表示色彩的三个属性。

该体系将物体的表面色彩以色相(H),明度(V),彩度(C)三属性表示。并按一定规律构成园柱坐标体,此为孟赛尔色立体(图 2-38)。

色相:沿水面等分布置五种主要色相,即红(R)、黄(Y)、绿(G)、青(B)、紫(P)和五种中间色相,即橙(YR)、黄绿(GV)、青绿(BG)、青紫(BP)、紫红(RR),并将这 10 种基本色相各分 10 个等级,共 100 个色相。例如红(R)即由 1R 到 10R,其中 5R 为该色相的中心色,这样配置色相的水平面称为孟赛尔色相环,见图 2-39。为了便于辨认一般采用每 2.5 分格。

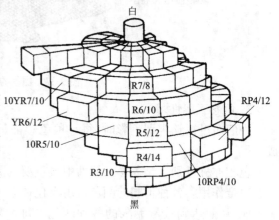

图 2-38　孟赛尔色立体

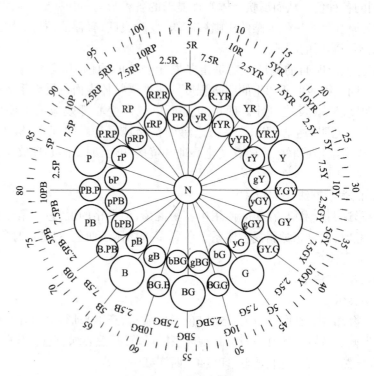

图 2-39　孟赛尔色相环

明度:将垂直轴的底部定为理想的黑色 0、顶部定为理想的白色 10。中间依次各有灰色(N)。此称为无彩色轴,见图 2-40。

彩度:以离开无彩色轴的程度来衡量。在轴上的彩度定为 0,离轴越远彩度越强,且在不同色相与各明度处的最强彩度也各不相同。见图 2-41。

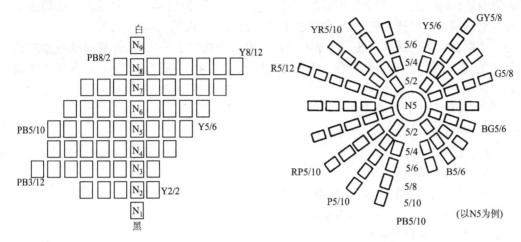

图 2-40　孟赛尔色立体垂直剖面　　图 2-41　孟赛尔色立体水平剖面

表示方法：色相明度/彩度。如 5R4/13（这是用于消防的红色标志）。

(二) 色彩的视觉现象

1. 色觉

色觉器官在色彩刺激作用下由大脑引起的心理反应，即不同波长的光线对视觉器官的物理刺激的同时，大脑将其接受的色刺激信息不断地转译成色彩概念，并与储存在大脑里的视觉经验结合起来，并加以解释，形成了颜色知觉。

色觉的生理基础是光对视网膜的颜色区的刺激作用。如图 2-19，右眼视野中视网膜颜色区。

在正常视觉中，视网膜边缘是全色盲。这是由于视网膜的中央窝部位和边缘部位的结构不同所造成的。中央视觉主要由锥体细胞起作用，锥体细胞是颜色视觉的器官。边缘视觉主要由棒体细胞起作用，棒体细胞只能分辨明度。因此视网膜不同区域的颜色感受性有所不同。视网膜中央区能分辨各种颜色。由中央区向外围部分过渡，颜色分辨能力减弱，眼睛感觉到颜色的饱和度降低。直到色觉消失。

2. 色彩对比

在视野中一块颜色的感觉由于受到它邻近的其他颜色的影响而发生变化的现象称为色彩对比。色彩对比是不同颜色区域间的相互影响，可以分为诱导区和注视区。在一块红色背景上放一小块灰纸，注视灰纸几分钟，这块灰纸就会表现出略带绿色。如果背景是黄色，灰纸就呈现蓝色。这是常见的色彩同时性对比现象。每种颜色在其邻近区都会诱导出它的补色。或者，由于两种相邻颜色的互相影响而使每种颜色都向另一种颜色的补色方向变化。

色彩对比现象不仅表现在色相方面，也表现在明度方面。在白色背景上的灰纸片看起来发暗，而在黑色背景上看起来发亮，这就是颜色的明度对比现象。

另一种色彩对比现象是继时性颜色对比。在灰色背景上注视一块颜色纸片几分钟，然后拿走纸片，就会看到在背景上有原来颜色和补色，这种颜色后效现象称作负后象。同样，在灰色背景上注视白纸片以后，在白色纸片原来位置会出现较暗的负后象。如果注视黑纸片，会出现较亮的负后象。这是明度继时对比。

3. 色彩常性

视网膜象是光刺激在视网膜上的直接成象，它随照度大小及照明的光谱特性而变化。但在日常生活中，人们一般可以正确地反映事物本身固有的颜色，而不受照明条件的影响,物体的颜色看起来是相对恒定的。这种现象称为色彩知觉的常性。如黑色的煤在烈日照射下仍被看成黑色,白纸在阴影中仍被看成白色。

色彩常性是被照物体的一个重要特性。但由于物体表面状况、光环境及观察方式的变化,色彩常性则会受到影响。因此在光环境设计时应注意以下几点,以保证物体的色彩常性。

(1)避免强烈的影子或高光;
(2)要有足够的照度;
(3)光源显色性要好;
(4)尽可能减少眩光;
(5)在照明较差的表面上,应采用高彩度或高明度的颜色;
(6)光源位置应能清楚地被察觉;
(7)减小有光泽的面积;
(8)白色表面应分散在视野的周围;
(9)物体表面质地应能看出。

4. 色彩知觉效应

由于感情效果和对客观事物的联想,色彩对视觉的刺激,产生了一系列的色彩知觉心理效应。这种效应随着具体的时间、地点、条件(如外观形象、自然条件、个人爱好、生活习惯,形状大小及环境位置等)的不同而有所不同。

(1)温度感　不同的色彩会产生不同的温度感。如看到了红色和黄色联系到太阳与火焰而感觉温暖,看到青色和青绿色易联想到海水、青空与绿荫而感觉寒冷。故将红、橙、黄等有温暖感的色彩称为温色系,青绿、青、青紫等有寒冷感的色彩称为冷色系。但色彩的冷暖有时又是相对的,而不是孤立的,如紫与橙并列时,紫就倾向于冷色,青与紫并列时,紫又倾向于暖色;绿、紫在明度高时近于冷色,而黄绿、紫红在明度、彩度高时近于暖色等。

室内设计利用色彩的温度感,来渲染环境气氛会收到很好的效果。

(2)距离感　色彩的距离感觉,以色相和明度影响最大。一般高明度的暖色系色彩感觉凸出、扩大,称为凸出色或近感色;低明度冷色系色彩感觉后退、缩小,称为后退色或远感色。如白和黄的明度最高,凸出感也最强。青和紫的明度最低,后退感最显著。但色彩的距离感也是相对的,且与背景色彩有关,如绿色在较暗处也有凸出的倾向。在室内设计时,常利用色彩和距离感来调整室内空间的尺度、距离等的感觉影响。

(3)重量感　色彩的重量感以明度的影响最大,一般是暗色感觉重而明色感觉轻,同时彩度强的暖色感觉重,彩度弱的冷色感觉轻。

在室内设计中,为了达到安定,稳重的效果,宜采用重感色,如将设备的基座及各种装修台座涂上重颜色。为了达到灵活、轻快的效果,宜采用轻感色,如悬挂在顶棚上的灯具、风扇、车间上部的吊车,涂上轻颜色,通常室内的色彩处理多是自上而上,由轻到重。

(4)疲劳感　色彩的彩度愈强,对人的刺激愈大,就愈使人疲劳。一般暖色系的色彩比冷色系的色彩疲劳感强,绿色则不显著。许多色相在一起,明度差或彩度差较大时,容易感到疲劳。故在室内色彩设计中,色相数不宜过多,彩度不宜过高。

色彩的疲劳感又会引起彩度减弱、明度升高,逐渐呈灰色(略带黄)的视觉现象,此为色觉的褪色现象。

(5)注目感　注目感即色彩的诱目性,就是在无意观看情况下,容易引起注意的色彩性质。具有诱目性的色彩,从远处能明显地识别出来,建筑色彩的诱目性主要受其色相的影响。

光色的诱目性的顺序是红＞青＞黄＞绿＞白；物体色的诱目性是红色＞橙色及黄色。如殿堂、牌楼等的红色柱子，走廊及楼梯间辅设的红色地毯就特别注目。

建筑色彩的诱目性还取决于它本身与其背景色彩的关系。如在黑色或中灰色的背景下，诱目的顺序是黄＞橙＞红＞绿＞青，在白色的背景下的顺序是青＞绿＞红＞橙＞黄。各种安全及指向性的标志，其色彩的设计均考虑诱目性的特点。

(6)空间感 有色系的色刺激，特别是色彩的对比作用，使感受者产生立体的空间知觉，如远近感，进退感，其原因有二方面：一是视色觉本身具有进退效应，即色彩的距离感，如在一纸上贴上红、橙、黄、绿、青、紫的六个实心圆，可以发现红、橙、黄三圆有跳出来之感。二是空气对远近色彩刺激的影响，远处的色彩光波因受空气尘埃的干扰，有一部分光被吸收而未全部进入视感官，色的纯度和知觉度受到影响，使视觉获得色彩相对减弱，从而形成了色彩的空间感，如远处的树偏蓝，近处的树偏绿。实验还表明，室内空间环境不变情况下，如改变空间色彩，结果发现冷色系、高明度、低彩度的室内空间显得开敞，反之显得封闭。

(7)尺度感 因受色彩冷暖感、距离感、色相、明度、彩度，对空气穿透能力及背景色的制约，并产生色彩膨胀与收缩的色觉心理效应，即尺度感。

通常暖色、近色、兴奋色、明度高、彩度大和以暖色为背景、暗色背景、黑色背景的色彩，易产生色觉膨感。反之会使色觉产生收缩感。色彩的膨胀到收缩的顺序是：红、黄、灰、绿、青、紫。

形成或改变色觉膨胀感以平衡其色觉心理的主要方法是变换色彩宽度。如法国国旗由白、红、蓝三色带组成，为达到色觉宽度相等，则改变色带宽度，使其宽度比例为白、红、蓝为30∶33∶37。在室内设计中，同样大小的构件，若为黑色就显得小。

(8)混合感 将不同色彩交错均匀布置时，从远处看去，呈现此二色的混合感觉。

在建筑色彩设计时，要考虑远近相宜的色彩组合，如黑白石子掺和的水刷石呈现灰色，青砖勾红缝的清水墙呈现紫褐色。

(9)明暗感 色彩在照度高的地方，明度升高，彩度增强，在照度低的地方，则明度感觉随着色相不同而改变。一般绿、青绿、及青色系的色彩显得明亮，而红、橙及黄色系的色彩发暗。

室内配色的明度对室内的照度及照度分布影响很大，故可应用色彩(主要是明度)来调节室内照度及照度分布，由于照度不同，色彩效果也不同。

如中国古建筑的配色，墙、柱、门窗多为红色，而檐下额枋、雀替、斗拱都是青绿色，晴天时明暗对比很强，青绿色使檐下不致漆黑，阴天时青绿色有深远的效果，能增强立体感。

(10)性格感 色彩有着使人兴奋或沉静的作用，称为色彩的情感效果。这是色相的影响，一般来说，红、黄、橙、紫红为兴奋色，青、青绿、青紫为沉静色，黄绿、绿、紫为中性色。

人看到某种色彩，常常联想到过去的经验和知识，这是由于性别、年龄、生理状态、环境、个人嗜好等因素而不同，色相在联想中起主要作用，但明度和彩度的影响也很大。同一色相由于明度的高低或彩度的强弱会给人以不同的感情效果。表2-4为色相的心理效应。

色彩的情感效果在室内环境设计中起着重要的作用，它不仅可以美化生活，唤发人的激情，促进健康，还可以治疗疾病。这在住宅、教室、医院等室内设计中已得到广泛的应用。

色相的心理效应　　　　　　　表 2-4

色　相	心　理　效　应
红	激情、热烈、热情、积极、喜悦、吉庆、革命、愤怒、焦灼
橙	活泼、欢喜、爽朗、温和、浪漫、成熟、丰收
黄	愉快、健康、明朗、轻快、希望、明快、光明
黄绿	安慰、休息、青春、鲜嫩
绿	安静、新鲜、安全、和平、年轻
青绿	深远、平静、永远、凉爽、忧郁
青	沉静、冷静、冷漠、孤独、空旷
青紫	深奥、神秘、崇高、孤独
紫	庄严、不安、神秘、严肃、高贵
白	纯洁、朴素、纯粹、清爽、冷酷
灰	平凡、中性、沉着、抑郁
黑	黑暗、肃穆、阴森、忧郁、严峻、不安、压迫

5. 色错觉

这是个体视觉由生理和心理共同形成的一种本能而又敏感的视觉逆反功能。

通常，当视觉在长时间地受到某种光线直射或反射后，会使色觉产生与其原色相补色的色知觉，这是由于生理上的视觉机能和心理的逆返效应受生理的视觉机能制约的结果。色彩心理学认为，当某色的感色锥体细胞疲劳时，其补色的感色锥体细胞就兴奋，反应敏捷，一触即发，并将捕捉到微弱的光刺激反映给大脑。色平衡心理，使这个微弱的信号在知觉中能得到明显的反映，从而形成了不同于原色的色彩知觉。

如前面介绍的"胀缩感"的色知觉效应，就是色错觉的一种现象。同样宽的白、红、蓝三色带，在色知觉中会感到白色带较宽。

(三) 室内色彩设计概念

1. 色彩与室内环境气氛

在人体的各种知觉，视觉是最主要的感觉，据说人依靠眼睛可获得约 87% 的外来信息。而眼睛只有通过光的作用在物体上造成色彩才能获得印象。故色彩有唤起人的第一视觉的作用。色彩能改变室内环境气氛，色彩会影响其它视知觉的印象。故有经验的建筑师和室内设计师都十分重视色彩对人的物理的、生理的和心理的作用。十分重视色彩能唤起人的联想和情感的效果，以期在室内设计中创造富有性格、层次和美感的色彩环境。

室内环境气氛主要是利用色彩的知觉效应，如利用色彩的温度感、距离感、重量感、尺度感和性格感等，来调节和创造室内环境气氛。

如在室内缺少阳光或阴暗的房间里采用暖色，可增添亲切温暖的感觉。在阳光充足的房间或炎热地区，则往往采用冷色，降低室温感。在旅馆门厅、大堂、电梯厅和其他一些逗留时间短暂的公共场所，适当使用高明度、高彩度色彩，可以获得光彩夺目、热烈兴奋的气氛。在住宅居室、旅馆客房、医院病房、办公室等房间里，采用各种调和灰色可以获得安定柔和、宁静的气氛。在空间低矮的房间，常采用轻远感的色彩来减少室内空间的压抑感，相反，对于室内空间较大的房间，则采用具有收缩感的色彩避免使人感到室内空旷。即使在同一房间里，从天花板、墙面到地面，色彩往往是从上到下由明亮到暗重，以获得丰富色彩层次，扩大视觉空间，加强空间稳定的感觉。

在具体的色彩环境中,各种颜色是相互作用而存在的。在协调中得到表现,在对比中得到衬托。离开具体环境讨论色彩,会显得毫无实际意义,有时候会正好相反。比如,习惯上常用奶白色或淡青色作天花色彩,使人感到像晴空一样敞亮、开阔。但近年来国外流行用黑色铝合金板吊顶,也不显得像想像中那样沉重压抑。我们在工程中也曾有过深色顶的尝试。在一个不大的餐厅里,由于层高只有 3m,梁底净高只有 2.4m,于是就做局部吊顶,顶棚全部用墨绿色,开始业主担心,但施工后却显得并不压抑,效果很好。

2. 室内色调

室内色彩设计的根本目的是创造适合人们需要的室内环境气氛。而室内色环境又因人、因事、因时、因地等不同而不同。

(1)因人 这是室内环境的主体。不同民族、不同性别、年龄、文化、职业、爱好、气质的人对色环境也有不同的要求。即使是同一个体,因受环境影响和自身情感的变化,对色彩的认识和爱好也会改变。因此,室内色彩配置不是一劳永逸的,室内装修变了,色彩随之而变。即使是同一家庭,因家庭员对色彩认识的差异,也会有不同的要求,因此就出现如何协调色彩配置的关系问题。

(2)因事 室内功能、室内环境性质的不同,对色彩的要求也不同。生产用房要考虑生产性质的特点。既要考虑生产工艺的要求,还要考虑工人在劳动中的心理需求,如何有利安全生产,减轻工人疲劳,提高劳动效率,色彩设计影响很大,故工业建筑的色彩设计是一个重要课题。生活建筑更是千差万别。各类建筑都有各自的要求,商场、餐厅、展厅、观演厅、客房、卧室、起居室、厨房、卫生间、门厅、走廊等等。都有各自的色彩标准和要求,配色也各不相同。

(3)因时 不同时代,不同季节,不同时间,对色彩的要求也各不相同。这一方面是客观光环境的变化,如冬季人们希望室内温暖些,采用暖色调,而夏季又希望阴凉些,采用冷色调。不同时代又出现所谓不同的"流行色",特别是家具和陈设的色彩变化很大,也会影响室内色彩环境。

(4)因地 因地,即客观环境,房间位置,室内空间大小、比例和形态,建筑朝向,室外景观和自然环境等不同,室内色环境也不一样。就是一幢房子,朝北和朝南的房间,其色彩要求也不一样,空间大的房间,不希望色彩造成空旷感,空间小的房间不希望造成压抑感。以及室内物品的多少,各个界面和材料等等,均会影响室内色彩。

此外,各地的民俗、民情,甚至政策法规也会对色彩有影响,或是限制,如在封建社会里,对金色、朱色均有一定的等级限制。

如此众多的因素都直接影响室内色彩设计,造成室内设计师手足无措,众说纷云,很难确定。因此室内色彩设计,既无统一的标准,也无统一的规定:就需要设计师,遵循色彩规律和特性,综合各种影响配色的因素,经过系统分析,切不可凭借设计师的个人喜爱,确定一个合理的色彩基本调子,这就是室内色调。

色调是色彩设计的意境、配色是色彩设计的方法,调色是色彩设计的技巧。

色调也有一定的规律,在实际运用中也有各种含义,供色彩设计参考。

按色相分,各种色彩有各种性格,也就构成各种基调。

按明度分,或按亮度分,有明调、暗调、高调、低调等。

按彩度分,有鲜艳调、灰调等。

按色性分,有冷调、暖调等。

各种色调的心理效应见表 2-5。

色 彩 基 调　　　　　　表 2-5

属 性	调 别	形 成 条 件	心 理 效 应
色 相	各色调	各种颜色	参见表2-4
明 度 亮 度	明 调	含白成分	透明、鲜艳、悦目、爽朗
	中间调	平均明度及面积	呆板、无情感、机械
	暗 调	含黑成分	阴沉、寂寞、悲伤、刺激
	极高调	白—淡灰	纯洁、优美、细腻、微妙
	高 调	白—中灰	愉快、喜剧、清高
	低 调	中—灰黑	忧郁、肃穆、安全、黄昏
	极低调	黑加少量白	夜晚、神秘、阴险、超越
彩 度	鲜艳调	含白成分纯净	鲜艳、饱满、充实、理想
	灰 调	含黑及它色成分	沉闷、混浊、烦恼、抽象
色 性	冷 调	青、蓝、绿、紫	冷静、孤僻、理智、高雅
	暖 调	红、橙、黄	温暖、热烈、兴奋、感情

3. 室内配色

室内色彩设计就是在确定色彩基调,即色调后,就要利用色彩的物理性能及其对生理和心理的影响,进行配色,以充分发挥色彩的调节作用。

室内环境受墙面、顶棚与地面的影响较大,故其色彩可以作为室内色彩环境的基调。墙面通常是家具。设备及生产操作台的直接背景,故家具、设备和操作台的色彩又会影响墙面,故又产生色彩的协调和对比问题。这是室内色彩环境气氛创造中的一个核心课题。

室内配色一般多采用同色调和与类色调和,前者给人以亲切感,后者易于给人以融和感。在采用对比调和时,即以色相、明度、彩度三者相差较大和变化统一,易于给人以强烈的刺激感,但要掌握分寸。

为了突出室内重点部位,强调其功能作用,使人显而易见,故需要重点配色。此时的色彩在色相、明度和彩度方面应和背景有适当的差别。使其起到装饰、注目、美化、或警示的效果。

4. 色彩调和

色彩调和就是研究配色时色彩之间的协调关系,它包括色相调和、明度调和、彩度调和及其面积调和"等。它们之间相互关连又相互制约,并且因人种、地域及个人素养等因素而有所差异,需要综合考虑。

(1) 调和感觉　不同色彩的调和,产生不同的感觉。见表2-6。

调和感觉分类　　　　　　表 2-6

类 别	色 彩 调 和 方 法	心 理 效 应
同一调和	同一色相的色进行变化统一	亲和感
类似调和	色相环上相邻色的变化统一	融和感
中间调和	色相环上接近色的变化统一	暧昧感
弱对比调和	补色关系的色彩,不强烈对比	明快感
对比调和	补色及接近补色的对比配合	强刺激感

(2) 色相调和　色相调和有二色相调和、三色相调和多色相调和。见图2-42色相调和区分图。

三色相调和按其差距分有：

同一调和，在色相环上，同一色范围，只有明度变化的调和。

类似调和，色相环上 1～12 或 -1～-12 之间的色彩调和。

中间调和，色相环上 12～26 或 -12～-26 之间的色彩调和。

弱对比调和，色相环上 26～38 或 -26～-38 之间的色彩调和。

对比调和，色相环上 38～-38 之间的色彩调和。

三色调和及多色调和关键是色彩的均衡，不同色相调和可取得不同的效果。

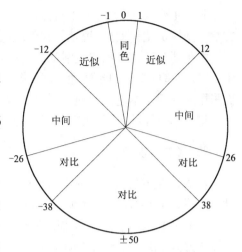

图 2-42　色相调和区分图

(3) 明度调节　同一或近似色调和依靠明度调节，虽然统一，但缺少变化，需调节彩度及色相。

中间调和，室内设计用得较多，加上明度调节作用，可取得统一中有变化的效果。

对比调和，在明度的作用下，可取得更强烈的刺激效果。

(4) 彩度调节　同一或近似色调和，比较和谐，但感觉较弱，需适当改变色相和明度。

中间调和，灰调子使人暧昧，需适当改变色相，加强明度。

对比调和，色彩鲜艳，但过于热闹，适当改变色相或加大面积以致调节。

(5) 配色面积　无论是色相、明度、彩度，由于其面积大小的不同，给人感觉也会不同，在配色和调和时，需掌握一些原则：

1) 大面积色彩宜降低彩度，如墙面，天花板和地面；
2) 小面积色彩应适当提高彩度，如建筑构配件、家具、设备、陈设；
3) 对于明亮色彩或弱色彩，宜适当扩大面积；
4) 对于暗色、强烈的色彩宜缩小面积，形成重点配色。

5. 室内色彩设计举例

室内色彩设计成功的例子很多。如德国慕尼黑某歌剧院观众厅（见文前图 2-43），该大厅采用同一调和的配色方法，采用暖色体系，给人以热烈、沸腾的感觉。又如，德国柏林音乐厅观众厅采用暖色体系，对比调和的配色方法。红色椅面朝向舞台，还考虑观众的色彩，满座后统一中有变化。黑色椅背朝向观众，不给观众以色彩刺激，而将视线投向舞台，增强了舒适感（见文前图 2-44）。

下面举一个关于室内色彩设计的例子，如上海城市合作银行浦江支行的营业厅，见文前图 2-45。

该营业厅原是一座七层办公楼的底层大办公室，进深大，层高低，设中央空调。

设计前首先注意到银行营业厅的性质、功能要求和环境特点，决定采用温暖、明亮的色调，中间调和的配色方案，局部重点配色。采用荧光灯和筒灯的照明方案。建成后给人一种温馨、明亮、祥和、庄重、典雅的舒适感。

由于室内净高只有 3.2m，故采用藻井式顶棚，四周配置荧光灯槽，顶棚用米白色"迪诺瓦"内墙涂料喷涂，造成漫反射光，户主活动区的柱子和墙面采用"西班牙米黄"花岗石，地面采用进口"爵士白"花岗石，适当点缀"幻彩虹"花岗石条，划分出 1 米的安全带，四周嵌"黑金"花岗石，与营业柜台的"黑金"花岗石台面相呼应。台面下设槽灯、照亮安全带。大厅中柱下设黑色真皮沙发圈椅，适当配置室内绿化。

职员工作区的色彩,采用与营业厅户主活动区相协调的中灰色调、中间调和的配色方案。使职员工作安静,视觉柔和而舒适。

由于职员工作区和户主活动区的视觉通透性(中间只有玻璃隔断),故其顶棚做法不变,保证室内空间的整体性。墙面除了亚光柚木壁橱外,均喷涂米黄色内墙涂料,地面采用亚光桦木本色木地板,浅灰色组合办公家具,朴素而雅致。

整个营业厅的色彩,表现了银行的典雅、庄重、华贵的艺术形象。

四、形态与视觉

对事物的直接认识,是依靠人的感官。而知觉的领域是很复杂的,有些客观事物的特性,可依靠其物理量的变化而知觉,如光的亮度是依赖于光的强度的变化而被知觉,色彩则依赖于光的波长和频率的变化而被知觉。而某些事物的特性,如形状、空间、时间和运动等特性,它们与物理量之间没有明显的关系。对这些事物的特性,只依靠感官的活动加以解释是不够的。如图2-46形状知觉的变换,图(a)的图形,有时看起来和最右边的图形一样,有时和中间的图形一样,而此时视网膜的呈象并没有变化,这就需要探讨形态是如何被认知的。

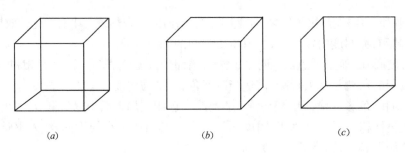

图2-46 形状知觉的变换

(一)形态知觉

任何物体,任何环境所呈现的图形,简单的自然形也好,复杂的几何图形也好,它是怎样被人们认识的呢?德国格式塔心理学派(gestalt,德文:意即形状、形态)对此做了大量研究,并积累了丰富的成果。

格式塔又叫完形,是指伴随知觉活动所形成的主观认识。格式塔具有两个基本特征:一、它是一个完全独立的新整体,其特征和性质都无法从原构成中找到。二、"变调性",格式塔即使在它的大小、方向、位置等构成改变的情况下,也仍然存在或不变。此外,格式塔的含义还包括视觉意象之外的一切被视为整体的东西,以及一个整体中被单独视为整体的某一部分。

笔者认为,格式塔的生理基础是客观环境的形态作用于人的视感官,通过内在分析器在头脑中形成的视觉效应。它的心理基础是人的"推理、联想和完成化的倾向"。格式塔心理美学,是把审美知觉看成诸感官对整体结构的感知,故提出艺术的魅力来自作品的整体结构,图形的艺术特征要通过物质材料造成这种结构完形,唤醒观赏者身心结构上的类似反应。当不太完美,甚至有缺陷的图形出现在人们的视觉区域时,人们的视知觉活动中表现出简化对象形态的倾向,即格式塔需要,会以积极的知觉活动去改造它,或以想象去补充,变形,或将其视为一个"标准形",使之达到简洁完美。

根据格式塔心理学,关于为什么垂直线和水平线比斜线更适合作为视野界线的边框;什么样的局部容易统一成为一个整体;什么样的图形会产生恒常视觉和错视觉;符合什么样的秩序,形态会更美,如此等等的视觉图形问题,均会找到一定的答案。

(二)等质视野

未形成稳定图形的知觉范围称为未分化的视野,用格式塔心理学语言又称作等质视野,也就是仅用一种光满照同样的视野。它表现了人们对形态知觉的原始状态。

这种状态的形成很简单,我们将被试的双眼各用半个乒乓球罩上,光线照亮乒乓球,被试眼前就呈现了朦胧的等质视野,如果用有色彩的光线照射,待眼睛适应以后,就呈现了灰色视野。长时间的等质视野会使人产生不安定的感觉。

在日常生活中人们也会遇到近似等质视野的现象。如大雾笼罩的时候,我们看到室外的情景,此时分不清物体的表面,也无法知觉物体的形状、大小和方向等。又如在漆黑一片的田野里,人们的视觉也呈现近似的等质视野。如能看到点点的星光,人们就会有安定感;如果只注视星光,就会感到星星在移动,视觉又产生不安定感,此时在天空与大地交接处,会看到一条水平线,这就是最初出现的视觉边框,这是最简单的图形知觉。

(三)图形与背景

格式塔心理学认为,人们感知客观对象时,并不能全部接受其刺激可得的印象,总是有选择地感知其中的一部分。当我们注视某一个形态时,就会感觉到它是从其他形态中浮现出来的形态,即使这两种形态差异不明显,人们也会感知到其中某一部分形态在前,另一部分形态在后。浮现在上面的形态叫作图形,退在后面的形态叫作背景。这种图—底关系的现象,早在1915年就以卢宾(Rnbin)的名字来命名,称为卢宾反转图形。见图2-47。

多数情况下,当你注视杯子的时候,这就是图形,黑色的部分就成了背景;当你注视两个头影的时候,这就是图形,白色部分就成了背景。对初视者,同时知觉杯子和头影两种图形的情况是比较少的。往往只注视一种图形时,则作为背景的图形就比较模糊。至于哪个是图,哪个是底,主要取决于某些图形的突出程度,而突出程度又可以通过加强某些图形的色彩或轮廓线的清晰度、新颖度、内在质地的细密度等方法来决定。一般情况下,图底差别越大,图形就愈容易被感知;如果图底关系差别不大,则容易产生反转现象,如上面的图2-47这会给人们造成不稳定感,容易失去图形的意义。如何使图形比较清楚、呈像比较稳定,根据心理学中注意的特性,有以下几种图形建立的条件,供设计时参考。

(1)面积小的部分比大的部分容易形成图形。如图2-47卢宾反转图形。

(2)同周围环境的亮度差,差别大的部分比差别小的部分容易形成图形。如图2-47杯子图形。

(3)亮的部分比暗的部分容易形成图形。如图2-47杯子图形。

(4)含有暖色色相的部分比冷色色相部分容易形成图形。见文前图2-48。

(5)向垂直、水平方向扩展的部分比向斜向扩展的部分容易形成图形。见图2-49,垂直或水平方向易形成图形。

图2-47 卢宾反转图形

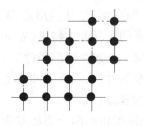
图2-49 垂直或水平方向易形成图形

(6) 对称的部分比带有非对称的部分容易形成图形,如图 2-50,对称易形成图形。

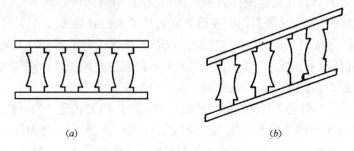

图 2-50 对称易形成图形

(7) 具有幅宽相等的部分比幅宽不等的部分容易形成图形。如图 2-51,幅宽相等易形成图形。

(8) 与下边相联系的部分比上边垂落下来的部分容易形成图形。如图 2-52 下部联系易形成图形。

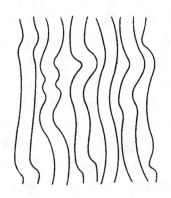

图 2-51 幅宽相等易成图形

图 2-52 下联部分易形成图形

(9) 运动着的部分比静止的部分容易形成图形。如喷泉,跌水以及各种动态装饰物。

(四) 图形的建立

在建筑环境中,对于一幢建筑物来说,它的外部整体形状和窗户之间,在观看时,往往将窗子作为图形,而将建筑整个立面视为背景来认识。在室内环境中,往往将顶棚、墙面、地面视为背景,而将室内家具和陈设的形态甚至室内中人的形象均作为图形来认识,这同物体陈列的前后位置有着密切的关系。正确运用图形与背景的关系,对室内外空间形态设计极为重要。如何使某些形态显现为可见部分,即图形,使某些形态隐退为背景?格式塔心理学派的先驱者韦特墨(Wertheimer)做了大量的研究。除了上述在图形和背景关系中,稳定图形建立的一些条件外,以下一些形态聚合因素,也是图形建立的规律:

(1) 位置接近的形态容易聚合成图形,即接近因素,见图 2-53。

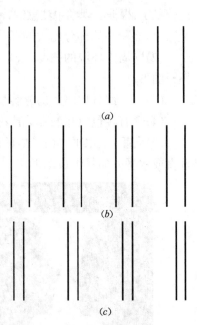

图 2-53 接近因素易形图形
图(a)是等距直线群分不出图底关系
图(b)呈两条直线接近的倾向
图(c)呈明显的两条直线聚合

(2)大小渐变的部分容易形成图形,即渐变因素,见图 2-54。
(3)朝同一方向的部分容易聚合成图形,即方向因素。如图 2-55。

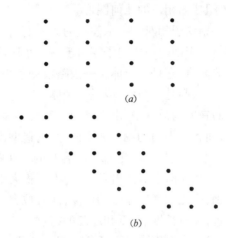

图 2-54　渐变因素易形成图形　　　图 2-55　方向因素易形成图形

图(a)呈 4 组纵线;图(b)呈 4 组斜线

(4)相似的部分容易聚合成图形,即类似因素。如图 2-56 图中三组平行线和二组曲线很自然地作为图形显现出来。

(5)对称形容易聚合成图形,即对称因素,见图 2-57。图中(a)和图(b)的二组对称曲线则作为图形显现出来。

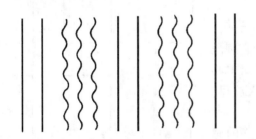
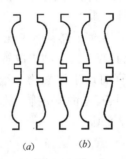

图 2-56　类似因素易形成图形　　　图 2-57　对称因素易形成图形

(6)封闭形态容易聚合成图形,即封闭因素,见图 2-58。

图(a)呈完全封闭的图形,图(b)不完全封闭,但由于接近因素,也成了明显的图形。

(五)图形的视觉特征

图形的视觉特征是室内和室外各个界面装修设计和建筑造型及空间组合的理论基础。它集中表现在以下几个方面:

(1)任何一种几何图形其形态大小都是相对的视觉概念。

图 2-58　封闭因素易形成图形

(2)稳定的图形,一般都具有客观几何图形的特征。
(3)环境中的任何一种几何形体又都具备主观视觉特征。
(4)客观几何图形具有恒常性。
(5)形态视觉中会出现错觉。

1. 几何图形的相对概念

任何一种从背景中分化出的形态,或是符合聚合条件而形成的图形,都是由点、线、面、体组成的相对的几何图形。

一扇窗子相对于一幢建筑的立面而言,它是一个点,而相对于小空间的室内而言,它却是一个面。一座房子相对于一个小区或一座城市而言,它是一个点,而相对于一组建筑群而言,它是一个体。一条路或一条街相对于城市而言,它是一条线,相对于一个小区而言,则是一个面,或是一个体。

而在室内设计中,由于空间相对较小,家具设备多,视为一个体,小的陈设可视为一个点,而各个界面均视为一个面,室内造型设计时室内整个空间可视为一个体。

2. 稳定的图形一般都具有客观的几何图形特征。

(1)从几何学概念出发,点是无面积大小之分,只表示图形的位置,线有长短和位置的区别,而无宽度和厚度的尺度;面有位置、长度和宽度的特点,而无厚度的概念;体既有位置,又有长度、宽度和厚度的特点。

(2)点是平面图形中两条线相交位置,在空间图形中,点是线与面的相交位置。在平面图形中,线是点的运动轨迹,在空间图形中,线是两个面的相交位置。在空间图形中,体是面的运动轨迹。

(3)在不同几何图形相对度量中,两点间的距离,直线最短,相同长度的线所构成的平面,圆形面积最大。相同面积所构成的体,球体的体积最大。

3. 几何形体具有主观的视觉图形特征:

(1)点 在空间中放置一点,由于它刺激视感官而产生注意力。当点位于空间中心时,则具有平静安定感,既单纯又引人注目。见图 2-59(a)。

当点的位置在上方则有重心上移的感觉,见图 2-59(b)。当点的位置不居中且在上方一角,则产生不稳定感,见图 2-59(b)。相反,点在下方居中或偏一角,则产生稳定感,并使空间有变化,见图 2-59(c)。

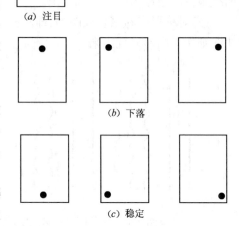

图 2-59 点的位置视觉特征

点的排列和组合,由于联想或错觉,其图形具有线或体的感觉,见图 2-60。

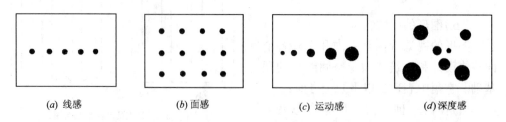

图 2-60 点的组合视觉特征

点的举例

由于窗的位置、大小和形的变化,该立面具有静中有动的变化,见图 2-61。

(2)线 线在空间中具有方向感。直线具有紧张、锐利、简洁、明快、刚直的感觉,从心理或生理感觉来看直线具有男性特点。

细线,在纤细、敏锐、微弱当中具备直线的紧张感。

粗线,在豪爽、厚重、严密中,具有强烈的紧张感。

长线,具有时间性、持续性、速度快的运动感。

短线,具有刺激性、断续性、较迟缓的运动感,直线的视觉特征见图 2-62。

曲线　一般曲线给人的印象是柔软、丰满、优雅、轻快、跳跃、节奏感强等特点。从心理和生理角度来看,曲线具有女性特点。

曲线分为圆和圆弧的几何曲线,见图 2-63。

"线"在建筑中运用的举例,见图 2-64。

(3)面　形状是面的主要视觉特征,此外由于构成面的材质表面的颜色,质地和肌理不同,面还具有以下一些视觉特征。

色彩和质地的轻重和坚实程度;

大小、比例和空间中的位置;

反射光影的程度;

象征和围合空间的作用。

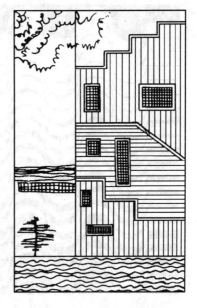

图 2-61　"点"在建筑中的应用

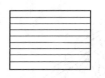
安定、稳重、平静

直接、明确、上升

不定、运动、轻松

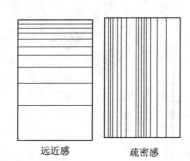
远近感　　疏密感

浓淡感

凹凸感

图 2-62　直线的视觉特征

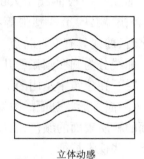

凹凸感　　　立体动感

图 2-63　曲线的视觉特征

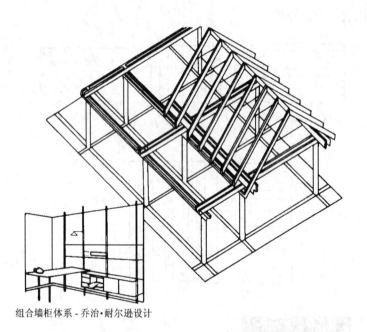

组合墙柜体系 - 乔治·耐尔逊设计

图 2-64　"线"组成建筑结构体系

面的视觉特征见图 2-65。

面是建筑设计和室内设计的基本要素。地面、墙面、顶棚、屋面以及由此围合而成的空间、家具、设备、陈设等各种物体，均是由面组成，并由于它的视觉特征而确定了空间的大小、形态、界面的色彩、光影、质地、以及空间的开放性与封闭性，见图 2-66。

（4）体　体形是用来描述一个物体的外貌和总体结构的基本要素。它除了具有面的视觉特征外，还具有给空间以尺寸、大小、尺度关系、颜色和质地等的视觉特征，见图 2-67。

第三节 视觉与环境

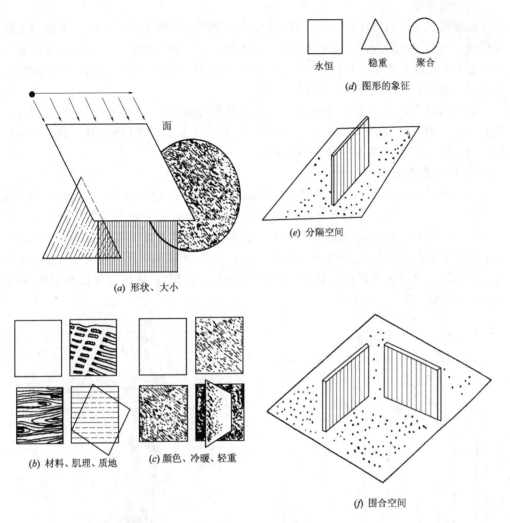

图 2-65 面的视觉特征

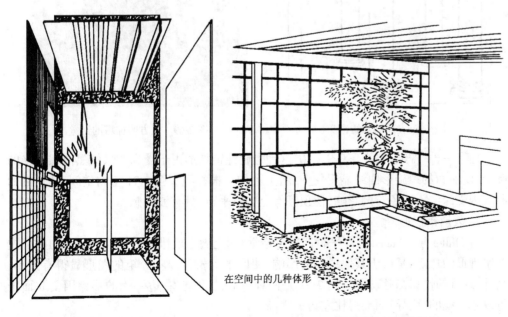

图 2-66 面在室内空间中的作用　　图 2-67 体在室内的视觉特征

(六)错视形

错视形是视觉图形中的一种特殊现象,是客观图形在特殊视觉环境中引起的视错觉反映。它既不是客观图形的错误,也不是观察者视觉的生理缺陷。一种错视形对任何观察者的反映几乎是一样的。错视形的成因在前面已作了介绍,下面就常见的错视形及其在建筑设计中的应用作简要的介绍。

错视形是多种多样的,但根据它们所引起错误的倾向性,基本上可分为两大类:一类是数量上的错觉,它包括在大小、长短、远近、高低方面引起的错觉,另一类是方向的错觉,包括平形、倾斜、扭曲方面引起的错觉。

1. 方向错视形

有 Zoller、Poggendorf、Delboeuf、Hering、Wundt 错视形(参见图 1-14)。图形名称均为发明者的名字。这些图的共同点都有斜线"干扰"平行线,形成锐角,使原有平行线看上去不平行。如尖顶的拱廊的错觉(图 2-68),后面的尖顶拱其尖顶因受前面尖拱斜线的影响,看上去后面尖顶拱的右侧要比左侧的斜线低一些,相同的尖顶拱显得不平衡。上海东方明珠电视塔基座的斜杆因受其他斜杆的影响,隔江相望,该塔显得没有站稳,好象总是有一条腿"斜了"(图 2-69)。

图 2-68 尖顶拱廊的错觉

图 2-69 东方明珠塔的错觉

还有一种"拧绳"错视形(图 2-70)这种螺旋性错视形由于受到背景的黑白螺旋格的影响,使前面的螺旋形曲线显得扭曲,看上去像一根拧绳。图 2-71 室内空间,其顶棚的曲线因受深浅不同色彩的影响,使顶棚看上去不平行,具有波浪感。

2. 数量错视形

有 Muller-lyer、Sancher(即平行四边形错觉)和充满空虚错觉图(见前面图 1-14)。这些错视形的特点,是由于其他线形的影响,使原来等长、等高、等矩的图形显得有大小、高低、远近的错误知觉现象。图 2-72 是两幢等高的建筑,右边一幢的形象因受立面中重复水平线的"引导"而显得比左边一幢高。

图 2-73 是三个等面积的室内空间,由于顶棚的设计处理不同,室内空间的高度感

也完全不同,图(a)是顶棚和墙面交接线的实际情况,图(b)是将墙面"延伸"至顶棚,图(c)墙面"延伸"较大则显得室内空间较高大。这是室内设计中常用的扩大空间的方法。

图 2-70　螺旋形"拧绳"错视形

图 2-71　顶棚的错觉

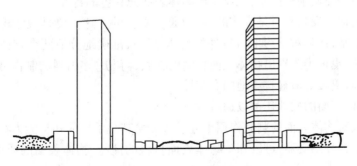

图 2-72　高低错视形

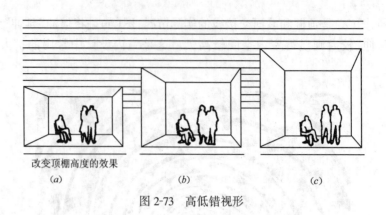

图 2-73 高低错视形

五、质地与视觉

质地是指室内空间各个界面及家具、设备、陈设等表面材料的特性在视觉和触觉中的印象。

(一)质地的知觉

质地是由于物体的三维结构产生的一种特殊品质。人们经常用质地来形容物体表面相对粗糙和平滑的程度,或用来形容物体表面材料的品质。如石材的粗糙或坚实、木材的纹理或轻重,纺织品编织的纹路或柔软等。

材料质地的知觉是依靠人的视觉和触觉来实现的。见图2-74。

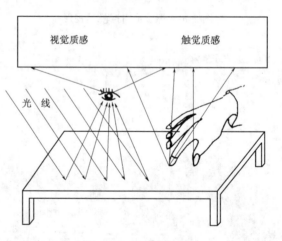

图 2-74 质地的知觉

光作用于物体的表面,不仅反映出物体表面的色彩特性,而且同时反映物体表面材料质地的特性。根据经验,物体表面的特点和性能在视知觉中产生了一个综合的印象,并反映出物体表面质地的品质,也反映出物体表面光和色的特性。

视觉对质地的反映有时是真实的,有时是不真实的。这主要是视觉机能和环境因素的影响。通常,视觉对于约13m以外的物体已很难准确地分清两个物体的距离的前后关系。当然,也很难辨别出物体表面材料的真假,何况许多材料的制作可以达到以假乱真的程度,就更难分清材料质地的真实性。

此外,物体表面的质地还可以通过触觉来感知。

人的皮肤对物体表面的刺激作用十分敏锐。尤其是手指的知觉能力特别强。依靠手指皮肤中的各种感受器,可以知觉物体表面材料的性能、物体表面的质地、物体的形状和大小。

触觉对物体表现的知觉,结合视觉的综合作用及已往的经验,将获得的信息反应到大脑,从而知觉出物体表面的质地。

通常,触觉的反映是比较真实的。但由于材料制造技术的进步,有时也很难区分是天然的材料还是人工的材料。

(二)质地的视觉特性

物体表面材料的物理力学性能,材料的肌理,在不同光线和背景作用下,产生了不同的质地视觉特性。

1. 重量感

由于经验和联想,材料的不同质地,给视觉造成了轻重的感觉。当你见到石头或金属时,就会感到这是很重的物体,看到棉麻草类物品,就会感到这是轻的物体。

2. 温度感

由于色彩的影响和触感的经验,不同材料给视觉形成温度的感觉。如见到磁砖就产生阴凉的感觉,见到木材,特别是毛纺织品就会产生温暖的感觉。

3. 空间感

在光线的作用下,物体表面和肌理不同,对光的反射、散射、吸收造成不同的视觉效果。表面粗糙的物体,如毛面石材或粉刷容易形成光的散射,给人的感觉就比较近。相反,表面光滑的物体,如玻璃、金属、磁砖,磨光石材等,容易形成光的反射,甚至镜像现象,给人的感觉就比较远。因此,物体表面材料的肌理对光线的影响,造成室内视觉空间大小的感觉。

4. 尺度感

由于视觉的对比特性,物体表面和背景表面材料的肌理不同,会造成物体空间尺度有大小的视感觉。如背景光滑前的物体,如其表面也很光滑,由于背景的影响,会显得更突出,如果物体表面很粗糙,与背景相比,会显得物体表面更细腻,在尺度上会有缩小的感觉。

5. 方向感

由于物体表面材料的纹理不同,会产生不同的指向性。如木材的肌理,其纹理有明显的方向性,不同方向布置会造成不同的方向感。水平布置会显得物体表面向水平向延伸,垂直布置则向高度方向延伸。物体表面质地的方向特性,也会影响空间的视觉特性。如果材料纹理方向呈水平设置,室内空间会显得低,相反会显得高,不仅木材的纹理,石材的纹理,就是粉刷或面砖铺砌方向,均会造成质地的方向感。

6. 力度感

物体表面材料的硬度给触觉会产生明显的感觉。如石材就很坚硬,棉麻编织品就很柔软,木材就显得硬度较适中。由于经验、触觉的这些特性,在视觉上也会造成同样的效果。当你见到室内墙面是"软包装",就会感到室内空间很轻巧、很舒适,如采用植物织品或木材贴面。相反,室内墙面是采用面砖、花岗石材等,即"硬包装",视觉上就会感到很坚实、很有力。

质地的视觉特性并不是单一地表现在一个环境中,而是综合作用。并随室内各个界面不同材质的组合,加上其他视觉因素,如形、光、色、空间等的综合作用,从而使室内环境产生各种各样的视觉效果。

室内界面的线型划分、花饰大小、色调深浅等不同处理,可给人们在视觉上有不同感受,见图 2-75。

(三)室内空间界面设计概念

室内空间界面设计,就是利用物体表面质地的视觉和触觉特性,根据面材的物理力

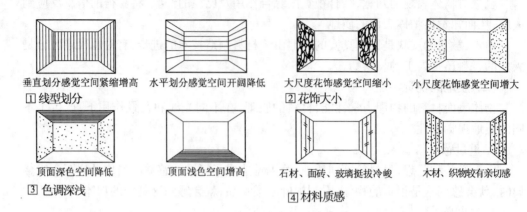

图 2-75 室内界面处理与视觉感受

学性能和材料表面的肌理特性,对空间各个界面进行选材、配材和纹理设计。

室内空间界面,主要包括围护空间的各个界面,如天花板、墙面和地面,以及柱子和其他构配件的表面,其次还包括室内家具、设备、陈设、隔断等物体的表面。

1. 立意

室内空间各个界面设计,必须服从室内环境总的构思,即立意,或称意境,基调。室内空间界面只是室内环境的一个重要因素,对室内环境氛围有重大影响。好的材料,贵重材料,如果应用不当,也不一定会产生好的意境,好的视觉效果。按照设计概念,材料没有贵贱之分,只有利用好坏之别,一个有经验的室内设计师,应该根据室内环境的立意,因地制宜地选用材料,科学、合理地进行材料的配置,利用光影等其他视觉因素,进行物体表面的纹理设计。

2. 室内空间界面质地设计

质地是材料的一种固有本性。空间界面设计时,应结合室内空间的性格和用途,根据室内环境总的意境来选用合适的材料,利用材料固有本性,结合光照和色彩设计,点缀、装修有关界面。

空间界面的质地设计的基本原则,同色彩设计基本相同,即统一与变化,协调与对比。以统一中求变化,或在变化中求统一,协调中有重点,对比中有呼应。

界面质地的表达是通过界面材料的选择、配置和细部处理来实现的。

为了创造一个祥和、温馨的居室环境,除了采用暖色调、漫射光照以外,首先要选择柔和、舒适的界面材料,如采用木地板或地毯,墙面和顶棚采用木材、墙布、亚光的油漆或粉刷,尽可能不用或少用光滑的石材或反光的金属。接近人体的家具,设备的表面应该是光滑或手感好的材料,如木材或植物编织品。

为了创造一个明亮、庄重、典雅的银行营业厅,则尽可能选用质地光滑、沉重的石材装饰地面、墙面、柱子和柜台,而采用粉刷装饰顶棚,或对顶棚作特殊设计,造成粗犷的散射光视觉效果,见文前图2-76德国慕尼黑某银行营业厅质地设计。

为了突出商品,空间界面的质地纹理则采用对比的方法选配界面的材料。如某商店的顶棚,采用蜂窝状的木盒子作吊顶,见文前图2-77。采用卵石墙面衬托商品,见文前图2-78某陶瓷商店的墙面设计。

某餐馆为了显示其古老朴实的乡村格调,餐厅的墙面作凹凸粉刷,顶棚挂满草编织品,见文前图2-79某餐厅的质地设计。

空间界面的质地设计,不只是室内空间的几个大面,而且多数情况,室内家具、设备、陈设等物体表面材料的选配对室内环境气氛的影响会超过几个大的界面,如顶棚、墙面等。如某餐馆的餐厅,餐桌上的台布、餐巾纸、墙上的猎具,农具等摆设,均烘托了该餐馆的乡村气息。见文前图 2-80 德国慕尼黑郊区某餐馆质地设计。

由此可见,质地的材料选配,面积的大小,图案的尺度应该和空间尺度以及其中主要块面的尺度相联系,也要和空间里面的中等体量相关联。因为质感在视觉上总是趋向于充满空间,所以在小房间里使用任何一种肌理时,必须很仔细,在大房间里,肌理的运用会减小空间尺度。

由此也可看出,没有质地变化的房间也许是乏味的。坚硬与柔软的组合;平滑与粗糙,光亮和灰涩等各类质地的组合都可用来创造各种变化,纹理的选择与分布必须适度,应着眼于它们的秩序性和序列性上。如果它们有着某种共同性,如反光程度或相似的视觉重量感,那么对比质地之间的和谐性也是可以接受的。

图 2-81 利用结构、材料质地的组合

图案的设计应注意它的尺度大小,太小了图案就不显著而变成材料的纹理。

此外,界面的质感应尽可能的利用结构材料的组合方式来产生不同视觉效果,见图 2-81。

六、空间与视觉

人们花费巨大的人力、物力、财力和时间建造了各种形式的建筑实体,而使用的则是这些实体的内部和外部的空间。结构和材料构成空间,采光和照明展示空间,色彩和装饰渲染了空间环境的气氛。因此,空间是建筑的目的和内容,而结构、材料、照明、色彩和装饰等则是建筑的手段。以空间容纳人、满足人的行为需要,以空间的特性来影响环境气氛,满足人的生理和心理的需求。

(一)空间知觉

空间知觉是指人脑对空间特性的反映。

人眼的视网膜是一个二维空间的表面,但在这个两维空间的视网膜上却能够看出一个三维的视觉空间,也就是说,人眼能够在只有高和宽的两维空间视象的基础上看出深度。空间视觉是视觉的基本机能之一,而这种视觉机能的认知过程及其影响因素十分复杂。图 2-82 是深度知觉的简图。它清楚地显示了不同方向(A、B)来的光线,同一方向的各点都落在视网膜同一位置上,按图示,视网膜上的点只能表明客体的方向,而不能表明它的距离。但实际情况并非如此,人们

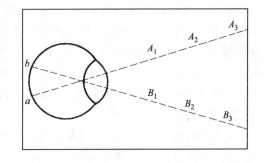

图 2-82 深度知觉

不仅能分清 A、B 方向的各点方向,还在多数情况能分清各点的距离,这是什么原因呢?这是空间知觉问题。

人在空间视觉中依靠很多客观条件和机体内部条件来判断物体的空间位置。这些条件都称为深度线索。如一些外界的物理条件、单眼和双眼视觉的生理机制以及个体的经验因素,在空间知觉中都起着重要作用。由于大脑的综合作用才能感知物体的空间关系。

空间知觉的主要因素有以下几点。

1. 眼睛的调节

人们在观察物体时,眼睛的水晶体有调节变化,以保证视网膜获得清晰的视象。在观看远处物体时,水晶体比较扁平,看近物时,水晶体较凸起。眼睛调节活动传给大脑的信号则是估计物象距离的依据之一。但这种调节机能也只能在 10m 之内起作用,对于远的物体,这种作用就不大。

眼睛调节作用主要是依靠视网膜上视象的清晰度来知觉距离的,当眼睛注视空间某一点,如同照相机对焦,这一点就清晰,而其他点就模糊,这类清晰和模糊的视象分化,则称距离的线索。

2. 双眼视轴的辐合

在观看一个物体的时候,两眼的中央窝对准对象,以保证物象的映象落在视网膜感受性最高的区域,获得清晰的视觉。在两眼对准物象的时候,视轴必须完成一定的辐合运动。看近物,视轴趋于集中,看远物,视轴趋于分散。见图 2-83,双眼视轴的辐合。

控制两眼视轴辐合的眼肌运动就提供了关于距离的信号给大脑,也就感知了物体的距离,视轴的辐合只在几十米的距离起作用,对于太远的物体,视轴接近平行,对估计距离就不起作用。

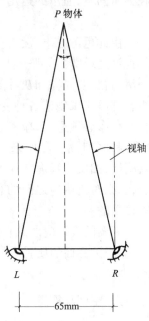

图 2-83 双眼视轴的辐合

3. 双眼视差

当注视一个平面物体的时候,这个物象基本落在两眼的视野单象区上面,如果将两眼视网膜重叠,则这两个视象就吻合,这就引起平面物体的知觉。

由于人的双眼相距大约 65mm,在观看一个立体对象时,两只眼睛可以从不同角度来看这个对象的。左眼看到物体左边多些,右眼看到物体右边多些。这就在两个视网膜上分别感受到不同的视象。这种立体物体在空间上造成两眼视觉上的差异,称为双眼视差。见图 2-84。双眼视差。两眼不相应部位的视觉刺激,以神经兴奋的形式传给大脑皮层,便产生了立体知觉。

在深度知觉中,两眼视象的差别可以是横向象差或纵向象差。在正常姿态下,一个视网膜上的视象与另一个视网膜上的视象差别,一般都是

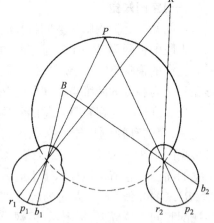

图 2-84 双眼视差

在水平方向上向边侧位移,故叫横向象差,这是双眼空间视觉的重要因素。两个视网膜的上下方向的象差,叫做纵向象差,这种情况比较少见。

4. 空间视觉的物理因素

两维的视网膜平面能感知三维的立体空间,除了以上的生理因素外,客观环境的物理因素对空间知觉也有一定的影响,根据经验而知觉物体的空间距离。这些条件是:

倘若我们知道一个客体的实际大小,通过视觉就可推知它的距离。视网膜视象的大小成为距离的线索。视象小的物体显得远一些,反之则近一些。

物体的相互遮挡也是距离的线索,被遮挡的物体在后面,没有被遮挡的物体则在前面,因而显示了物体的相对距离。

光亮的物体显得近,灰暗或阴影中的物体显得远,显示了物体的空间距离。

远处的物体一般呈蓝色,近的物体呈黄色或红色,这就使人产生联想,认为红色的物体是在较近的地方,蓝色的物体在较远的地方,从而显示了空间的距离。

空气中的灰尘使视觉看不清楚,于是空气透明度小,看到物体显得远,反之显得近。

此外还有物体线条由于透视等因素,也使视觉能感知物体的空间距离。

综上所述,尽管人的视网膜是二维平面,由于多种因素的综合作用而能知觉三维空间的存在。了解空间知觉的原理,对于空间设计,了解空间的视觉特性是极其有利的。便于人们有意识地去创造合适的空间大小,以及室内物体的空间关系。

(二)视觉界面

界面是指物质空间的空间范围。视觉界面是指被人看到的空间范围,物质空间界面是无限的,视觉界面是有限的。

视觉界面分客观视觉界面和主观视觉界面

客观视觉界面是指组成物质空间所有物体的表面,在建筑空间中,指建筑物的顶棚、屋面、楼面、地面、墙面,门窗、家具和设备的表面,花草、树木的表面以及水面等等,甚至人群围合的界限也是客观界面。

主观视觉界面是指由客观视觉界面围合而成的界面,它同样具有形状、大小、方向的视觉特性。那么主观视觉界面是如何形成的呢?

图 2-85 是 Kaniza 于 1955 年提出的错视形。这是由三个扇形圆盘和不连续的三个黑色三角组成了一个白色三角形平面,由于圆盘和黑色三角的作用,白色三角形平面与黑色三角形构成图底关系,明显地看出白色三角形盖在黑色三角形的上面,并且有一定的"距离",这就是深度线索,又称内隐梯度或内隐深度。这个白色三角形平面称为主观图形或错误轮廓。

图 2-85 Kaniza 错视形

实验表明,白色三角形平面的存在,是由于客观图形的圆盘和黑三角的存在而存在。如果改变圆盘的明度,如由黑变灰,或是改变圆盘和黑三角的距离,如由小变大,那么这种主观图形就不明显,内隐深度也会逐渐消失。见图 2-86。从图中可以看出,由于图形的明度变化,图(a)成了二维平面,图(b)呈现出"三维空间"。

这种主观轮廓的现象和原理在图象的场景分析和"机器人视觉"中已得到广泛地应用。这也是构成室内空间的重要因素。比如在一面墙上开一个洞,甚至取消一面墙,由

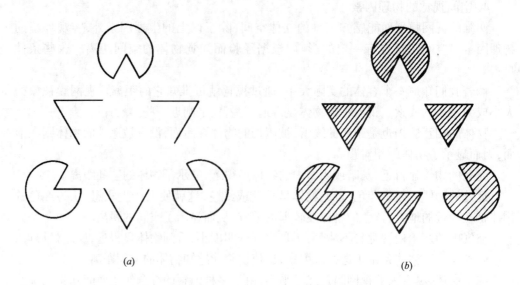

图 2-86 明度对错视形的影响

于其他客观界面的存在,这个洞仍呈现出一个圆形,它的边界只要在视野内,人们均会觉察到它的存在,这个图形就是主观视觉界面,如果这个洞装上了玻璃或水幕,那么这个洞所形成的界面虽然是由玻璃或水组成的客观界面,但它却具有虚的界面的视觉特征。因此透明的玻璃和水幕在室内设计中扮演着重要的角色。

(三)空间形成

任何一个客观存在的三维几何空间,都是由不同虚实视觉界面围合而成的,并且实的界面的数量必须等于或大于两个。空间形成的主观因素是视知觉中的推理。联想和完成化的倾向,客观因素是物质材料构成的图形。由于主观界面由客观界面的特殊空间位置形成的,故空间的本质乃是物质。宇宙空间是无限的,在空间中,一旦放置了一个物体,则物体与物体的多种关系,在视觉上也就建立了联系,就形成了空间(见图2-87)。故形成空间的基本原因是主客观视觉界面,见图2-88。

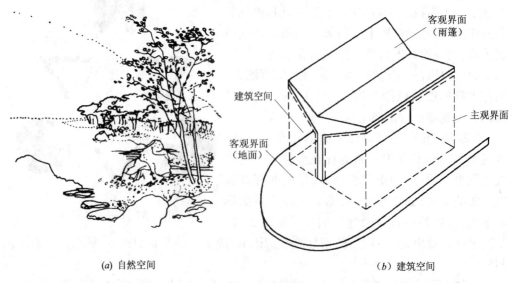

(a) 自然空间　　　　　　　　　　　　(b) 建筑空间

图 2-87 空间形成

在空间知觉中,顶界面是关键的一个面,无顶界面的空间是外空间,有顶界面的空间是内空间。建筑空间是满足人们生产、生活需要的人造空间,那么室内空间又是如何建立起来的呢?是通过各种建筑部件组成了建筑形式,并界定出室内空间的边缘,也就形成了室内空间。见图2-89。

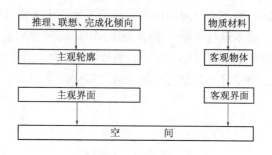

图 2-88　空间成因

(四)空间构成

关于空间构成,不同学者的理解就有不同的分类法。

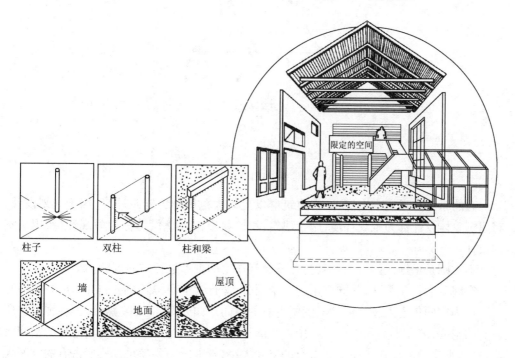

图 2-89　室内空间形成

根据空间的形态,空间构成分为三个分支:

一是形态空间构成,包括室内两种不同而又联系的空间,即总体空间("母空间");构成室内总体空间的各个虚空间("子空间")。

二是明暗空间构成,即在天然采光与人工照明的不同条件下,明亮空间与暗淡空间的组合关系。即明空间、灰空间和暗空间。

三是色彩空间构成,即"母空间"与"子空间"或"明亮空间"与"暗淡空间"的色彩组合关系。

形体空间构成、明暗空间构成与色彩空间构成三位一体,相互制约,对处于室内环境中的人,产生强烈的生理和心理反应。见图2-90。

根据社会空间领域范围的大小或环

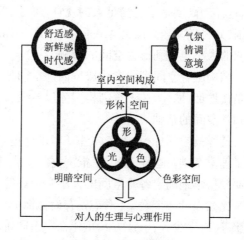

图 2-90　室内空间构成

境范围的大小,空间分为区域空间、城市空间、小区空间、建筑群体、建筑单体、室内空间。每一个空间均包含构成世界的三大要素,即"自然—人—社会",并由此相应地建立了基本设计体系。见图2-91。也可将区域和城市空间设计称为规划设计,将小区和建筑群空间设计称为城市设计,将建筑单体空间设计称为建筑设计,将室内空间设计称为室内设计。这里的空间设计均包含环境设计。

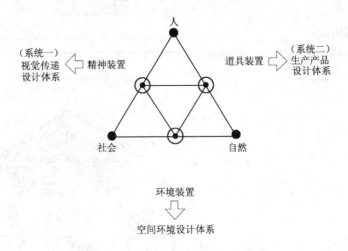

图 2-91　设计空间构成

有的学者从环境观出发,则将建筑群以上的大范围称为宏观环境,用于规划设计,将建筑单体设计称为中观环境,用于建筑设计,将室内环境设计称为微观环境,用于室内设计。

本文则是根据人的行为及其与环境交互作用的观点进行空间划分的。

空间分为相互关联、共同作用的三个部分,即行为空间、知觉空间和围合结构空间。

行为空间包含人及其活动范围所占有的空间。如人站、立、坐、跪、卧等各种姿势所占有的空间,人在生活和生产过程中占有的活动空间,如行走则要满足其通道的空间大小,打球则要满足球在运动中所占有的空间大小,看电影则要满足视线所占有的空间大小,劳动时则要满足工作场所占有的空间大小,如此等等。

知觉空间即人及人群的生理和心理需要所占有的空间。如在教室里上课,要满足人活动的行为要求,一般有 2.1m 的空间高度就可以了,但我们不能将教室的净高设计成 2.1m,否则人会感到很压抑、声音传递困难,空气不新鲜等。人际间感到太挤,一句话,这样的高度是不能满足人的视觉、听觉、嗅觉对上课的要求,就要扩大活动行为空间范围,如将教室净高改为 4.2m。那么这 2.1m 以上的空间,称之为知觉空间,当然知觉空间的大小也受到行为空间的影响。

结构围合空间则包含构成室内外空间的实体,如院子则是围墙等占有的空间,室内则是楼地面,墙体、柱子等结构实体以及设备、家具、陈设等所占有空间。这是构成行为和知觉空间的基础。

这样的空间分类,为室内外环境设计提供了科学的设计方法,也为环境质量评价提供了理论基础。这样,就可以根据空间组成的各部分特点,分别进行计算、比较和推理,从而较科学地确定各个空间的大小和形态等。

比如设计一个教室,不是先有设计标准和定额指标,而是先要了解该教室为哪个专业服务,有多少人,上课方式是什么? 由此确定教室的行为空间的形状,并计算出其空间大小。再根据知觉特点和要求,进行计算和比较,确定知觉空间的大小和形态,再根据经济和物质条件,行为和知觉空间的特点,确定围合空间结构方式,设备标准等,从而计算出围合空间的形状和大小,然后综合考虑这三个部分的关系,再进行调整。这样分类考虑空间的各个组成部分,定会使教室的空间更符合教学要求。应该指出的是,所谓行为空间和知觉空间,并不是截然分开的,行为和知觉是共同描述人的生理和心理活动的两个方面,因此这两部分也是相互关联、共同作用的,它们与围合空间共同确定了室内空间的形态和大小。

(五)空间视觉特性

根据图形的视觉特征,物质空间则具有大小、形状、方向、深度、质地、明暗、冷暖、稳定、立体感和旷奥度等视觉特性。

空间的这些特性是如何被人们知觉的呢?前面我们已经介绍过,这主要是依靠人的感觉系统,尤其是视觉系统,它几乎能感知空间的所有特性。然而人的听觉、肤觉、运动觉、平衡觉和嗅觉,对空间知觉也有一定的作用。依靠这些感官的分析器,也能知觉空间的某些特性。如利用听觉和嗅觉也能辨别空间的大小,利用肤觉能知觉空间的质地,利用运动觉和平衡觉能知觉空间的方向。这些概念为残疾人的室内无障碍设计提供了理论依据。

1. 空间大小

空间的大小包括几何空间尺度的大小和视觉空间尺度的大小。前者不受环境因素的影响,几何尺寸大的空间显得大,相反则显得小。而视觉空间尺度,无论在室外还是室内,都是由比较而产生的视觉概念。

视觉空间大小包含两种观念:

一是围合空间的界面的实际距离的比较,距离大的空间大,距离小的空间小。实的界面多的空间显得"小",虚的界面多的空间显得"大"。此外,还受其他环境因素,如光线、颜色、界面质地等因素影响,这将在下面空间旷奥度中予以介绍。

二是人和空间的比较,尤其在室内,人多了,空间显得小;人少了,空间显得大。小孩活动的空间给大人使用,空间显得小,相反,大人活动的空间给小孩使用就显得大。

空间大小的确定,即空间尺度控制,是建筑设计和室内设计的关键。

室内空间尺度的大小取决于两个主要因素:一是行为空间尺度,如体育馆的室内空间大小主要取决于体育活动范围和观众占有的空间大小;二是知觉空间的大小,如视觉、听觉、嗅觉等对室内空间的要求。

多数情况下,为了节省投资,降低造价,室内空间设计都不很大,尤其是室内净高往往较低,如何利用视觉特性,使室内空间小中见大,有许多做法可供参考。

(1)以小比大 当室内空间较小时,可采用矮小的家具、设备和装饰构配件,造成视觉的对比,这在住宅、办公室、旅馆、商场等室内设计中,经常采用的方法。

(2)以低衬高 当室内净高较小时,常采取局部吊顶,造成高低对比,以低衬高。

(3)划大为小 室内空间不大时,常将顶棚或墙面,甚至地面的铺砌,均采用小尺度的空间或界面的分格。造成视觉的小尺度感,与室内整个空间相比而显示其空间尺度较大。

(4)界面的延伸 当室内空间较小时,有时将顶棚(或楼板)与墙面交接处,设计成圆弧形,将墙面延伸至顶棚(相对缩小了顶棚面积),使空间显得较高,或将相邻两墙的交接处(即墙角)设计成圆弧或设计成角窗,使空间显得大。

此外,还可以通过光线、色彩、界面质地的艺术处理,使室内空间显得宽敞。

2. 空间形状

任何一个空间都有一定的形状,它是由基本的几何形(如立方体、球体、锤体等)的组合、变异而构成的。结合室内装修、灯光和色彩设计,形成室内空间丰富多彩的形状和艺术效果。常见的室内空间形态有：

(1) 结构空间　通过空间结构的艺术处理，显示空间的力度和艺术感染力。如意大利结构艺术大师奈尔威设计的体育馆，见图2-92。他将柱子按照力学特性设计成变截面，成为很好的装饰构件。

(2) 封闭空间　采用坚实的围护结构，很少的虚的界面，无论在视觉、听觉、肤觉等方面，均造成与外部空间隔离的状态，使空间具有很强的内向性、封闭性、私密性和神秘感。如朗香教堂，见文前图2-93。

(3) 开敞空间　室内空间界面，尽可能采用通透的、或开敞的、虚的界面。使室内空间与外部空间贯通、渗透，使空间具有很强的开放感。如某住宅的客厅，见文前图2-94，空间的三个墙面均为落地玻璃窗，这样，室外的景色和室内景色则融为一体，空间呈现很强的开放性。

(4) 共享空间　共享空间是为了适应各种交往活动的需要，在同一大的空间内，组织各种公共活动。空间大小结合、小中有大，大中有小；室内、室外景色结合，各种活动穿插进行；山水、绿化结合，楼梯和自动扶梯或电梯结合，使空间充满动态，如马来西亚，吉隆坡某宾馆的商场，见文前图2-95。

图2-92　结构空间

(5) 流动空间　流动空间就是通过各种楼电梯使人流在同一空间里流动，通过各种变化的灯光或色彩使人看到在同一空间里的变化，或是通过流动的人工"瀑布"、"选水"等使人看到在同一空间里景观的流动，共同形成室内空间状态的流动。

北京某宾馆中庭，见文前图2-96，就是利用楼梯、多部自动扶梯、电梯使七层的室内空间中的人流不断流动，室内动态的商标和灯光、喷泉等使室内景观不断变化，造成室内空间的流动。

(6) 迷幻空间　迷幻空间就是通过各种奇特的空间造型，界面处理和室内装饰，造成室内空间的神秘。新奇的艺术效果，使人对空间产生迷幻的感觉。如维也纳的某储蓄所，将空间界面的形态设计成人体的内脏，各种管道设计成人的动脉和静脉的状态，将门洞变异，使人感到进入了一个人体的内部，产生了迷幻的感觉，也喻意该储蓄所有金融流动性。见文前图2-97。

(7) 子母空间　子母空间是大空间中的小空间，是对空间的二次限定。既满足使用要求又丰富了空间层次。如某展览馆中的"屋中屋"的展厅（见图2-98）和某办公厅中的"办公室"（见图2-99）。

3. 空间方向

通过室内空间各个界面的处理、构配件的设置和空间形态的变化，使室内空间产生很强的方向性。如某书店的楼梯，结合休息平台的设计，使室内空间有向上的感觉。见文前图2-100。

4. 空间深度

这是与出入口相应的空间距离，即空间深度，它的大小会直接影响室内景观的景深

图 2-98 "屋中屋"的子母空间

图 2-99 "厅中室"的子母空间

和层次。如巴黎某超级市场,空间深度达 60m,通过顶棚和侧墙的处理,使室内景深很强,起到引导顾客的艺术效果。见文前图 2-101。

5. 空间质地

空间的质地主要取决于室内空间各个界面的质地,其特性参见"质地与视觉"所不同的地方,就在于空间质地是各个界面共同作用,互相影响的艺术结果。它对室内环境气氛有很大的影响。

6. 空间明暗

空间的明暗主要取决于室内的光环境和色环境的艺术处理,以及各个界面的质地。具体参见"光线与视觉"。

7. 空间冷暖

室内空间的冷暖,在设备上取决于采暖和空气调节,而在视觉上则取决于室内各个界面,室内家具和设备各个表面的色彩。采用冷色调即有冷的感觉,采用暖色调则有暖的感觉。具体参见"色彩与视觉"。

8. 空间旷奥度

空间的旷奥度,即空间的开放性与封闭性,这是空间视觉的重要特性。它是空间各种视觉特性的综合表现,涉及范围很广,故在下面作详细的介绍。

应该指出的空间的各种视觉特性都是相互关联、相互影响的,同时受到时间、空间及使用者等各种因素的作用,其变化是丰富多彩的。

（六）空间旷奥度

空间旷奥度即空间的开放性与封闭性。

在室内空间的周围存在着外部空间，外部空间的周围存在着更广阔的地球空间，在地球空间的周围又存在着无限的宇宙空间。故室内空间与室外空间是相对独立而又关联的两个空间。两者的区别就在于室内空间一般指有顶面的空间，而室外空间是指无顶面的空间。两者的联系就在相互贯通的程度如何，即视觉空间的开放性与封闭性问题，有的学者称之为"广阔感"或"封闭感"。本文称其为旷奥度。

1. 旷奥度的意义

室内空间旷奥度，归根结底是空间围合表面的洞口大小，多数情况下是指房间门窗、洞口的位置、大小和方向，这里包含侧窗、天窗和地面的洞口。

最初，人们是将窗户作为通风、采光来考虑的。随着建筑物向多层和高层发展，室内空间的扩大，开间和深度的加大，设顶窗的可能性很小，侧窗的作用也在减小。于是就采用人工照明和空气调节来补偿。出现了"无窗厂房"、"大厅式"办公空间等。

实践证明，长期在这"封闭性"很强的空间里生活和工作，对人的生理和心理都是有害的，这就出现了所谓"建筑病综合症"，有的称之为"闭所恐怖症"这里的人，精神疲惫、体力下降、扩病能力降低。这就告诉我们，人是不能长期脱离室外环境的。

相反，如果室内空间非常通透，几乎同室外环境"融为一体"，如"玻璃建筑"。这不仅在实际生活中有一定困难，而对某些房间也没有必要，如卧室，办公室等，均需要一定的私密性。过多的人群干扰，也会患"广场恐怖症"。

如何掌握室内空间开放或封闭程度，这就是室内空间旷奥度问题。

2. 旷奥度的视觉特性

室内空间旷奥度，不仅指室内和室外空间的关联程度，即门窗、洞口的大小，位置和方向，它还包含室内空间的相对尺度，各个围合界面的相对距离和相对面积比例的大小。故本文用"旷奥度"一词，以免误解其他学者关于"广阔感"或"封闭感"的函义。

前面我们已经介绍过，室内空间是由不同虚实视觉界面围合而成的。如果这个空间是为人们所使用，那么这个空间不仅是三维的几何空间，而且是四维的视觉空间，这就反映在旷奥度的视觉特性方面。

（1）旷奥度随着虚实视觉界面的数量而变化。实的视觉界面（即物质材料构成的客观界面，如顶棚、墙面、地面等）的数量愈多，则室内空间奥的程度愈强（即封闭性愈强），相反，则旷的程度愈强（即开放性愈强）。见图2-102室内空间旷奥度与视觉界面。图中的4根柱子在视觉图形中，视为4个体，而不是4条线，因为线的概念是只有长短而没有宽度和厚度，故不是一条线。在室外空间中，如果在地面上（实的面）立一根柱子，这就构成了三维空间，只是它的空间围合感不如立一片墙更明显。

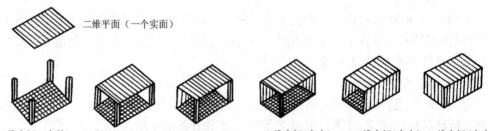

图2-102　室内空间旷奥度与视觉界面

(2)长方体(或方向性强的形体)的室内空间旷奥度,其虚的界面(门窗洞口)设在短边方向(或形体指向性强的一面),或在墙角(二个墙面交界处,即转角窗,或在顶墙交接处设高窗),其室内空间开放性,要比虚的界面设在长边更强。这是形体指向诱导的结果。如法国朗香教堂的屋顶和墙体交接处设计了虚的界面(统长条窗),则教堂的屋顶有"飞来"的感觉,尽管该窗很小,但室内空间开放性仍旧较强,室内同天空相接。见图2-103,朗香教堂的屋顶处理。

图 2-103　朗香教堂的屋顶处理

(3)室内容积不变情况下,减小顶面的面积(相对则增加墙的高度),室内空间显得宽敞,即层高高时显得宽敞,反之则显得压抑。

(4)室内空间尺度不变情况下,若改变顶棚的分格大小,旷奥度也随之变化,分格比不分格,其室内空间显得宽敞,如将顶棚分成各种形状的网格,如藻井的做法,则比不设藻井的空间显得高些。

(5)室内空间尺度不变时,如果在顶棚或地面挖一孔洞、形成上下空间的贯通,则室内显得宽敞。见文前图2-104,某小商店的顶棚开一圆洞,就显得室内较高。也有在地面开洞与下面空间相贯,均显得空间不会压抑。

(6)如果改变室内的家具、设备和陈设的数量或尺度,空间旷奥度也会发生变化。如果减少家具、设备和陈设的数量或缩小其尺度,结果发现,室内显得宽敞。反之,则显得压抑。

(7)室内空间尺度不变,空间旷奥度还随着室内光线的照度大小,色彩的冷暖,界面质地的粗糙或光洁,室内温度高低等变化而变化。当室内光线照度高,色彩为冷色调、界面质地光洁、温度偏冷,此时,室内空间显得宽敞,反之,则显得压抑。

(8)空间旷奥度与空间相对尺度有关。当室内净高小于人在该空间里的最大视野的垂直高度时,则空间显得压抑。当室内净宽小于最大视野的水平宽度时,则空间显得狭小。此时的视点应是室内最远的一点。视野分布见图2-105。

由此可见,室内空间旷奥度同围合室内空间的各个实的界面数量有关,同虚的界面的位置、大小和形状有关,同室内家具、设备、陈设的数量和尺度有关,同室内各界面的分格、比例、相对尺度有关,同室内光线和色彩有关。

室内环境设计,正是利用室内空间旷奥度的特性,创造出丰富多彩的、宽敞的视觉环境。

(七)空间形象思维

建筑空间是通过其形象给人以感受的,就是说,人对建筑的认识,主要是通过形象思维来实现的。

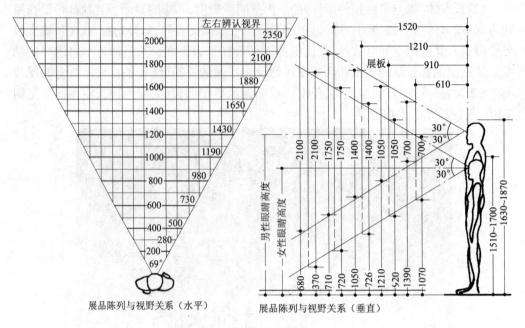

图 2-105 视野分布

1. 形象思维过程

形象思维是一种联系着事物的直观性、形象性的思维形式。它的生理基础是大脑的思维活动,它们心理基础是刺激与效应。因此它具有两个显著的特点:

一是思维活动与事物的具体形象密切相联,在思维中,它调动选择、集中、想象、虚构等手段,亦即推理、联想、完成化的倾向,使意识中或现实中事物的原始形象凝聚加工成生动鲜明的艺术形象。

二是思维过程总是贯注着强烈的感情,这种感情诱导和推动着艺术家创作审美对象,并有助于欣赏者真切地理解和体验艺术之美。

2. 形象思维表达

建筑环境中的许多因素,如温湿度、噪声、空气品质等都可以通过物理或化学的技术手段来表达环境的品质。而空间形象思维则是根据构成要素,采用物理和心理的方式来描述其显著性和有关物理参数。

构成空间形象思维的因素有五个方面:即空间的形态、光影、色彩、界面的质感和空间旷奥度(即空间的开放性或封闭性)来计量和描述。

形态,空间的形状、大小和方向,可以用测量仪来丈量。

光影,空间的照度标准和明暗情况,可以用照度计和亮度计来测量。

色彩,空间环境的色彩可以用光谱仪和色谱仪来测量。

界面的质感,材料的硬度可用硬度计来检测,而其光洁程度只能用显著性来描述,如粗糙、光滑;平整、凹凸等等。

空间旷奥度,只能用显著性来描述,如开敞、封闭;压抑、空旷等等。

形象思维的五种因素都是相互关联和相互制约的,并共同与客观事物的主体(即人)发生交互作用。每个因素的物理量和心理量都离不开人的行为和知觉要求,又不能脱离物质环境和经济、技术的可能性。这也是建筑形象和室内空间形象的"双重性"。即技术和艺术的统一。

笔者曾一度探讨建筑美感的量化,结果发现这种构想是片面的。因为建筑形象既有客观因素,又有主观因素,两者都是自变量。环境是人的环境,是随着科学技术的进步,新材料、新技术发展而变化。人是环境的人,随着环境的变化和社会的进步,也在不断的改变自己的行为和要求。因此,作为因变量的建筑形象是不可能固定不变的,"美感"也不可能"量化"。只能比较而言,从中找出其规律的东西,以便设计师创造适合人们需要和技术可能的建筑形象。

将建筑形象思维分为五个因素来考虑,其目的有两个:

一是为建筑创作,尤其是建筑形象的塑造,提供较科学的方法。

如根据环境行为确定了建筑空间的基本形态,俗称建筑造型,然而通过其他形象思维因素的变化,如改变"光、色、质"等因素,则建筑形象会立即发生变化。这通过电脑是很容易做到的。我们在设计上海城市合作银行浦江支行营业厅(见文前图2-106)就是这样做的,以前几天才能办成的事,如今几个小时就实现了。这样,我们就可以将精力集中在环境行为和建筑造型的关系上。环境行为是自变量,建筑造型是因变量。这又告诉我们在设计前,首先要了解环境行为的特点及其对环境的要求,继而确定建筑造型的可能性,即可行性方案,这就将建筑创作这一复杂的问题,简化了许多。这种形象因子分析法,对建筑形象的塑造就容易多了。它避免了建筑创作中的硬搬抄袭的现象,使成果更好地符合人和环境的要求。

二是为建筑评价提供了理论依据。

以往的建筑评价,主观臆断的现象比较突出,个人爱好、长官意志的现象比较重,往往以一两个因素就确定这个方案是好还是不好,尤其是关于建筑形象问题,常常以"效果图"画得好不好而决定方案的好坏,这是不全面的。采用因子分析法,就能比较准确评定方案的好坏及其问题的所在。

3. 空间形象塑造

空间形象塑造包括两部分内容:室外空间形象塑造,习惯上称为建筑造型;室内空间形象的塑造,习惯上称为室内环境设计。

两者有很大的区别:

建筑造型是指建筑的整体形象,它是受内部空间构成制约的。其中包括建筑机能(俗称功能)所规定的空间量,即建筑体量,以及不同的空间形式,即美学形式。

一种内容有多种形式。建筑造型则有多种形式,基本上分为两种类型:一是形式的象征,即比喻(包括隐喻和显喻),多数用在纪念性或公共性建筑设计中。另一类就是一般的建筑造型,它是通过形象的各种要素的处理,构成某种心理感觉的形象,如庄重、肃穆、朴实、大方、轻快、明朗、高雅、华贵等。

比如我们设计的唐山抗震纪念馆,见文前图2-107。就是结合环境,采用隐喻的手法,方圆结合,隐喻"天圆地方"大地震造成"地倾东南",但"唐山永恒"、"人定胜天"。

室内空间形象塑造,则是着重室内环境氛围的创造,通过对围合空间的各个界面的处理、室内家具、设备、陈设等设计,创造出某种特定的环境气氛。

比如珠海市拱北饭店的几个小餐厅,其空间形状和大小是完全一样的,但通过室内装修而显示出各种不同的文化艺术氛围,见文前图2-108和文前图2-109。设计中吸收了各个民族文化艺术的典型特性。在顶棚、墙面、家具、灯饰等进行艺术加工,从而显示各个民族的建筑文化。

第四节 听觉与环境

本节主要介绍声音与听觉关系,听觉特征,室内噪声控制和隔声,以及室内音质设计概念。

一、声音与听觉

(一)声源

物体的振动产生了声音,故任何一个发声体,都可称为"声源"。但声学工程所指的"声辐射体",主要有以下四种类型:

1. 点声源或单声源

点声源产生最简单的声场。如人的嘴、各种动物发声器官、扬声器、家用电器、汽车嗽叭和排气口、施工机械、大型风扇等。

这一类声源的线度要比辐射的声波波长小得多。

2. 线声源

在实际生活中,火车、成行的摩托车、车间是成排的机器等所产生的声音。

这种声源是指沿轴线两端延伸至很远的声源。

3. 面声源或声辐射面

一种真正可以称为巨大的平面辐射体的是波涛翻滚的大海。但在实际生活中,如室内运动场中,成千上万观众的呼喊声、车间里机器声的反射墙面,剧场观众厅的反射墙面等所产生的声源。

4. "立体"辐射声源或发声体

在生活中,一群蜜蜂发出的声音,室内排列的立体方位的"声柱"等所形成的声源。

室内环境中,声源主要是人群、家具、电器、电梯、送排风管、抽水马桶水箱、下水管、风扇、空调器、荧光灯镇流器等等,大多数情况下都视为点声源。

(二)可听声

物体振动带动周围媒体(主要是空气)的波动,再由空气传给耳朵而引起感觉。这种声波的刺激作用对于耳的生理机能来说,不是都能感觉到或是都能接受的。太弱的声波不能引起听觉,太强的声波耳朵受不了,容易引起耳朵的损伤,严重的甚至造成耳聋。因此人耳能听到的声音有一个频率范围。见图 2-110,声音频率的划分。由此可见,可听声的频率范围是从 20~20000Hz。其声压级从 0~120dB。

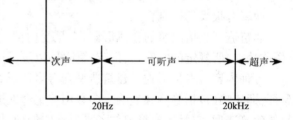

图 2-110 声音频率三个主要部分的划分

小于 20Hz 的声波称为次声,如一般钟表弹簧的摆动,它不易引起人的听觉。20~20kHz 的声波,如开动着的机器脚踏车的振动,由冲击波或地震波而引起的地球振动,心脏的规律跳动(心脏声)以及显现在我们面前的交响乐队的节奏动作,其频率均属这个范围,都能引起我们的听觉。

从 20kHz 一直延伸到"无穷大"的范围,这种声波称为超声。对于这个范围内的声音,人们不能用听觉器官直接去感受它。但是,同次声一样,我们可以用非常敏感的仪器来测量它。

在室内环境中,绝大多数声源发出来的声音均在可听声范围内,只有少数声源会产生次声,如电冰箱等。超声一般都来自室外,它对室内环境的干扰程度,取决于建筑维护结构的隔声性能。

(三)声的物理量与感觉量

为叙述方便,现将声的物理量和感觉量列表 2-7,有关感觉量的概念将在下面进一步介绍。

声的物理量和感觉量 表 2-7

分类	名称	代号	说明	单位名称	单位符号
声的物理量	声速	C	声波在媒质中传播的速度	米/秒	m/s
	频率	f	周期性振动在单位时间内的周期数	赫/(周/秒)	Hz(c/s)
	波长	λ	相位相差一周的两个波阵面间的垂直距离	米	m
	声强	I	一个与指定方向相垂直的单位面积上平均每单位时间内传过的声能	瓦/平方米	W/m²
	声压	P	有声波时压力超过静压强的部分	牛顿/平方米	N/m²
	有效声压	p	声压的有效值(平方平均项的根)	牛顿/平方米	N/m²
	声能密度	E	无穷小体积中,平均每单位体积中的声能	焦耳/立方米	J/m³
	媒质密度	ρ	媒质在单位体积中的质量	千克/立方米	kg/m³
	声源功能	W	声源在一单位时间内发射出的声能值	瓦	W
	声功率级	L_w	声功率与基准声功率之比的常用对数乘以 10 $L_w=10\lg W/W_0(W_0=10^{-2}W)$	分贝	dB
	声强级	L_I	声强与基准声强之比的常用对数乘以 10 $L_I=10\lg I/I_0(I_0=10^{-2}W/m^2)$	分贝	dB
	声压级	L_p	声压与基准声压之比的常用对数乘以 20 $L_p=20\lg P/P_a(P_0=2\times10^6 N/m^2)$	分贝	dB
	噪声级	L	在频谱中引入一修正值,使其更接近于人对噪声的感受,通常采用修正曲线 A、B 及 C,记为 dB-A,dB-B 及 dB-C	分贝	dB
	语言干扰级	L_s	频率等于 600~1200;1200~2400;2400~4800Hz 三段频带的声压级算术平均值	分贝	dB
声的感觉量	响度	L	正常听者判断一个声音比 40dB 的 1000Hz 纯音强的倍数	宋	sone
	响度级	Λ	等响的 1000Hz 纯音的声压级	方	phon
	音调	—	音调是听觉分辨声音高低的一种属性,根据它可以把声源按高低排列,如音阶	美	mel
	音色	—	所有发音体,包含有一个基音和许多泛音,基音和许多泛音组成一定音色,即使基音相同,仍可以通过不同的泛音来区别不同声源。泛音愈多,声音愈丰满		

将声压级和频率相同的感觉量绘成曲线,称为等响曲线。由此,可更清楚地看出人耳对可听声的声压和频率的感觉程度。见图 2-111。

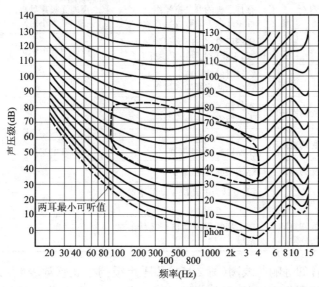

图 2-111 耳的可听声音的频率和声压级的范围以及大小的等响曲线
图的中央虚线所围范围是人类声音所使用的范围

图中最下边的虚线表示可听界限的最小可听值,即可闻阈。并不是所有人在这个界限都能听到声音,一般是从 10 方左右开始听到声音。从等响曲线可以看出,人的听力对于 3~5kHz 声音的听觉最敏感,不论在此限以上或以下其敏感性都将逐渐下降,但降低幅度则因人而异。所以在对每个人的听力进行测定时,需要检测每种频率的最小可听值。

(四)噪声级大小与主观感觉

广义地说,除了能传播信息或有价值的声音外的一切声音,均称为噪声。

声音的强弱,即声强的大小,对人耳的刺激会产生不同的感觉。太弱的声音听不见,过强的声音使人耳痛,太强的声则会造成人耳的损伤,以至耳聋。不同噪声级所产生的主观感觉见表 2-8。

噪声级大小与主观感觉　　　　表 2-8

噪声级 (dB)	主观感觉	实际情况与应用	说明或要求	测量距离 (m)
0dB(A)	听 不 见	正常的听阈	声压级测量的国际参考值为 $2\times10^{-5}(N/m^2)$	—
10 15	勉强能听见	手表滴嗒声、平稳的呼吸声		1
20	极 其 寂 静	录音棚与播音室	理想的本底噪声级	—
25	寂 静	音乐厅、夜间的医院病房	理想的本底噪声级	
30	非 常 安 静	夜间医院病房的实际噪声		
35	非 常 安 静	夜间的最大允许噪声级	纯粹的住宅区	
40	安 静	学校的教室、安静区及其他特殊区域中的起居室	白天、开窗时	
45	比 较 安 静 轻度干扰	纯粹住宅区中的起居室 要求精力高度集中的临界范围	白天、开窗时 如小电冰箱、撕碎一张纸条	—
55	较 大 干 扰	在许多情况下会影响睡眠	如水龙头漏水的噪声	1
60dB(B)65	干扰(响)	中等大小声级的谈话声 摩托车驶过声		1 10
70	较 响	普通打字机打字声 会堂中的演讲声		1 1
80	响	盥洗室冲水的噪声 有打字机的办公室噪声 音量开大了的收音机音乐	标准型的 顶棚无吸声处理的 在中等大小房间里	
90	很 响	印刷厂噪声。听力保护最大值; 国家《工业企业噪声卫生标准》	可能引起声损伤	1 10
100	很 响	铆钉时的铆枪声 管弦乐队演奏的最强音	脉冲音	3
110	难以忍受的噪声	木材加工机械 大型纺织厂	在加工硬木材时 在厂房中间	1
120dB(C)	难以忍受的响声	喷气式飞机起飞 压缩机房、大型机器	痛阈 在岩石中挖掘	100 3
125	难以忍受的响声	螺旋桨驱动的飞机		6
130	有 痛 感	用 10 马力电动机驱动的空袭报警器		1
140	有不能恢复的 神经损伤危险	在小型喷气发动机试运转的试验室里		2

从以上的声音的等响曲线图(图 2-111)和噪声级的主观感觉表(表 2-8)可以看出,尽管人耳的听声范围很广,但能引起听觉又不损伤人耳机体的声音,即人耳常用声音范围,其声压级是 40~80dB,频率从 100~4000Hz,而其中频率为 3000~4000Hz 的听觉最

敏感。超过这个范围的声音,将会给人们带来烦恼或造成耳的损伤。

(五)噪声对人的影响

考虑对人体素质的活动的影响,声音可分为两大类:有用声或有意义的声音;干扰声或无意义的声音。

所谓有意义的声音,就是指使听者能按其智力和需要可接受的一种声音。如正常的讲话声、音乐声、鸟鸣声等声音。无意义的干扰声,指的是使听者能勉强听到,使人厌烦、使人痛苦的声音。广义地说,这种声音就是噪声。

人是在正常环境噪声中,即本底噪声中发育成长的,对环境噪声有一定的适应性。如在安静环境中居住多年的居民,一旦搬到一个新的吵闹的环境中,就会对这种嘈杂感到非常难以忍受。相反,在城市环境中住久的人,一旦搬到市郊居住,也会感到寂静。

过分寂静或突然寂静的环境会使人产生凄惨或紧张的感觉。如果一个人的生活环境极其寂静,时间长了会产生孤独、冷淡的心理状态,因而影响身心健康。如果日常生活中的声音突然中断,这种意外的寂静会使人特别紧张。当情况紧急的时候,暴风雨前的寂静,预示着天灾已经压顶,此时会使人受到呆若木鸡的惊吓。因此,过分寂静,即环境本底噪声太低,也并不是一种好的现象。

在当代,对人们影响最大的,是声级在较短时间(几分钟或几秒钟)内起伏的噪声。如飞机航行、机动车行驶、铁路交通、机动船行驶的噪声;建筑机械、车间的机器、活动场所、孩子们呼喊和嬉笑所产生的噪声等等。

这些噪声对人类活动影响表现在以下几个方面:

(1)噪声会影响听者的注意力,使人烦恼;

(2)噪声会降低人们的工作效率,尤其对脑力劳动的干扰;

(3)噪声会使需要高度集中精力的工作造成错误,影响工作成绩,加速疲劳;

(4)噪声影响睡眠。时间长了,则会影响人体的新陈代谢,消化衰退与血压升高。

(5)大于150dB的噪声,会立即破坏人的听觉器官,或局部损失听觉,轻者则造成听力衰退。

因此需要对噪声进行防治。

二、听觉特征

根据声音的物理性能,人耳的生理机能、听觉的主观心理特性,与室内环境声学设计关系密切的听觉特征,主要表现在以下几个方面:

(一)听觉适应

前面已介绍人耳的听觉范围很广,具有正常听力的健康青年(年龄在12~25岁之间),能够觉察16~20000Hz的声音;25岁左右,对于15000Hz以上频率的声音灵敏度则显著下降,随着年龄的增长,频率感受的上限逐年连续下降,这叫老年性听力衰减。见图2-112,听力的年龄变化。听力的衰减,除了年龄变化之外,个人的生活习惯;营养及生活紧张程度,特别是环境噪声等积累的影响也很大。如我国的纺织业的女工,特别是在织机旁操作的女工,其平均听力都比较差。

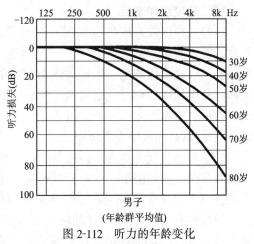

图 2-112 听力的年龄变化
(年龄群平均值)

人对环境噪声的适应能力很强。对于健康人讲,即使在安静环境中住惯了,搬到喧闹环境中居住,开始不适应,睡不着,然而住久了,也就习惯了,反过来再搬回原住处,开始也会不习惯,感到静寞。但是人对噪声积累的适应,对健康是不利的,特别是噪声很大的适应,会造成职业性耳聋。如前面讲的织布车间女工。

因此,室内设计师在从事室内声环境设计时,首先要控制噪声,然后再进一步考虑室内音质。

(二)听觉方向

物体的振动产生了声音,声音的传播具有一定的方向性,这是声源的重要特性,声源在自由空间中辐射出声音的分布有很多的变化,但大多数均有下列特性:

(1)当辐射声音的波长比声源尺度大得多时,辐射的声能是从各个方向均匀辐射的。

(2)当辐射声音的波长小于声源尺度很多,辐射声能大部分被限制在一相当狭窄的射束中,频率愈高,声音愈尖锐。

因此,礼堂中的声音放大系统的扬声器发射低频声音时,所有听众几乎都能听到。但若频率较高,则在扬声器轴线旁的听众便不能接受到一足够的声能。人说话的声场分布也有类似的情况。

声源的方向性,这就使听觉空间设计受到一定的限制。如果观众厅的座位面积过宽,则在靠近边坐一带的听众,将得不到足够的声级,至少对高频率情况是这样。尤其对前面几排,它们对声源所张的角度大,对边坐的影响更大。因此,大的观众厅一般都不采用正方形排坐,主要是这个原因。

(三)音调与音色

音调是由主观听觉来辨别的。除了个体差异外,它与声音的频率有关。频率愈高,音调愈高;频率低,音调低。单纯的音调只包含一个频率,即所谓纯音。

在音乐上,两个基频音,其高音调的频率与低音调的频率之比称为音程。如果两个音的音程为2,即一个音的频率比另一个音的频率高一倍,则两个音构成倍频程,音乐上叫八度,或八度音阶。主观感觉的音调称为"美"(mel)。

物体振动所发出的声音是很复杂的,它包含一个基音和许多泛音,基音和许多泛音组成了一定的音色。泛音愈多,声音愈感到丰满动听,它衬托了基音或渲染了基音。

音调和音色对室内音质设计影响很大。如何使室内音场音质丰满悦耳,它将涉及到室内吸声材料的布置和声响系统的配置。

(四)响度级和响度

声音的声级或声压是一客观的物理量,它与发生在主观心理上的感觉并不一致。强度相等而频率不同的两个纯音,听觉所感觉到的可能不一样响,强度加倍的声音听起来也不一定是加倍的响。用来描述主观感觉上的量,称为响度级。它是根据一个纯音的频率和声压级的相互关系来制定的,这些曲线称为等响曲线,参见图2-111。这是在良好条件下根据许多听觉正常听音,对于不同频率的纯音与1kHz的音调比较得出的,其单位是方(Phon),即响度级单位。

一般训练有素的听者不但能判断两个声音中哪个较响,并且还能相当肯定的辨别出相差多少。例如说第一个声音只有第二个声音一半响,或几分之几响。量度一个声音比另一个声音响多少的量,称为响度,它的单位是"宋"(Sone)。

根据有关测试统计,声音的响度和响度级的关系如图2-113所示。如有一声音的响度级为40方,它的响度为1000毫宋或1宋,从图中可以看出,在40方以上,响度和响度级的曲线近似一直线,每改变30方,相应的响度将改变10倍,响度级改变9方,响度改变 2 倍。

这种响度和响度级的关系,对室内隔声很有意义,如在一室内将噪声响度级自 60 方减到 51 方,听起来噪声的响度已减低一半了。

需要说明的是,等响曲线仅适用于纯音,响度级和响度的关系曲线可适用于纯音,也可适用于含几个频率的声音。

(五)听觉与时差

经验证明,人耳感觉到声音的响度,除了同声压及频率有关外,还有声音的延续时间有关。例如有两个性质一样的声音,它们的声压级一样,而一个是短促的重复的 10ms 宽的窄脉冲声,间隔时间为

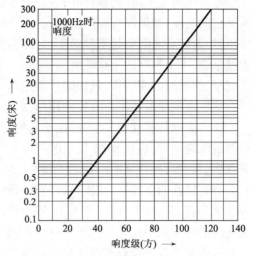

图 2-113 响度和响度级关系

100ms;另一个是 200ms 的宽脉冲声,每隔 20ms 重复一次,见图 2-114。这两个声音对于人耳的听觉来讲,它们的响度是不一样的。前一种声音听起来是间断的一个一个的脉冲声,而后一种听起来几乎是连续的。这是耳朵对声音的暂留作用,即声觉暂留。从听觉试验得出,如果两个声音的间隔时间(即时差)小于 50ms,那就无法区别它们,而是重迭在一起了。当室内声多次反射连续到人耳无法区别,这时称为混响。为了避免听到一先一后两个重复的声音(如回声等),必须使每两个声音到达耳朵的时差小于 50ms。

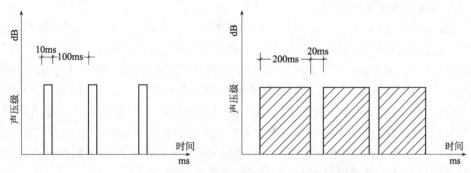

图 2-114 间隔时间不同的脉冲声对听觉的影响

在室内,由于有天花、地面及墙面的存在,可能使声音传播形成多次反射。如果这些反射声能在直接声到达以后 50ms 之内到达,那么这些反射声是有益的,它可以增强响度。如果是 50ms 以后的反射声,对加强直接声没有帮助,只产生混响的感觉,个别突出的反射声,还会形成回声。

(六)双耳听闻效应

传声器所拾的音和我们用一只耳朵的听音很相似,称为单耳听闻。而平时我们习惯以双耳听闻,声音到达两耳的响度、音品和时间是各不相同的。由于这些差别使得我们能辨别不同地点的各种声音的每一声源位置,并将注意力集中于这些声源,而对于来自其他方面的声音则不大注意。由于双耳听闻有这样的效果,反射声就无意识地被掩蔽或被压低了,从而保证正常的听闻。如果是单耳听闻,这种效果将立即消失。

(七)掩蔽效应

掩蔽效应是耳朵的一种特有的特征。

掩蔽作用是一声音的听阈因另一个掩蔽声音的存在而上升的现象。例如人们在观看演出的时候，如果没有噪声的干扰，便可听得很清楚。一旦从休息厅或其他房间传来噪声时，人们对演唱听起来就很吃力，除非将演员的发声响度提高到超过噪声的声级。也就是说，由于噪声的干扰使听阈提高了。这种现象在繁华街道中的电话亭里，在织布车间里，在噪杂的商店里，就很难听清楚别人的讲话声。

这些现象均说明噪声有掩蔽作用，就是纯音对纯音，同样也具有掩蔽作用。

噪声的掩蔽量大小，不仅决定于它们的总声压，并且与它们的频率组成情况有关。强烈的低频声音(具有 80dB 以上的声压级)对于所有高频率范围内的声音有显著的掩蔽作用。相反，高音调的声音对于频率比它低的声音掩蔽则较弱。例如一交响乐队中，具有高频特性的小提琴，就比较容易被其他具有低频特性的管弦乐器掩蔽。相反地在强烈地高音调啸声下，可以毫无困难地听到较弱的低音调声音，如语言等。当掩蔽声与被掩蔽的频率几乎相等时，这时一个声音对另一个声音的掩蔽最大。

噪声对语言的掩蔽不仅使"听阈"提高，也对语言的清晰度有影响。当噪声的声压级超过语言级 10～15dB 时，人们必须要全神贯注地倾听才能听清，这样很容易疲劳。随着噪声级的提高，清晰度逐渐降低。当超过语言级 20～25dB 时，则完全听不清。这种影响还因频率不同而异。一般语言的可懂度最为重要的频率是在 800～2500Hz 之间，如果噪声的频率也在此范围内；则影响最大。

人耳的掩蔽效应，进一步说明控制噪声的重要性。室内设计时，要尽可能地降低环境的本底噪声。另一方面，在室内声学设计时，如背景音乐的音响系统设置，大型乐队的演出，则要避免有用信号的声音相互的掩蔽。另外，人们也可以利用掩蔽效应，如在噪声的商场里，用音响系统的声音来掩蔽场内顾客的喧闹噪杂声。

(八)声音的记忆和联想

巡逻警车或救护车驶过发出的警笛声和警铃声，在雾色茫茫中行驶的船舶发出的汽笛声，雷雨交加的雷鸣声，建筑施工的爆破声，当人们见到、听到后，再从电声系统中听到这些声音，就会使人记忆起实际的情景而产生震惊或恐惧。这种干扰也不决定于重放系统的声强，而是声音的记忆所产生的作用。如果受影响的人是从睡眠中被这些声音惊醒，其干扰程度会急剧增加。然而，能引起刺激和令人厌烦的，不只是各种噪声。如果某些"声记忆"可以使人联想到一些可怕的事件，那么，美妙的音乐也会引起人们强烈的反应。尽管如此，那些为人们所不熟悉的声音，或者是人们不习惯的声音，所产生的刺激性往往比声级相同，但却为人们可熟悉的声音要强得多。

人对声音的记忆和联想的特征，对室内景观和环境声学设计同样有实际意义。例如在室内某处设计了一个山水的灯光景点，如果配上潺潺流水的背景声，则景点会更加动人。如果将室内背景音乐设计成树叶飒飒、虫叫鸟鸣的声音，则会使人仿佛置身于大自然的环境中。利用声音来治病，用熟悉的声音唤醒沉睡的病人，这也是声音的记忆作用。

三、室内噪声控制与隔声

噪声控制主要从三个方面着手，即声源、声音的传递过程和声音的接收(即个人防护)。

(一)控制声源

控制噪声源是减低室内噪声最有效的方法。首先要在建筑规划时就要考虑室外环境噪声对室内的影响。设计前要做好调查工作，将环境噪声的强度和分布情况，制定出"噪声地图"。力求使室内对音质要求高的房间远离噪声源。对于室内噪声源的控制，也可采用以下三种方法：

1. 降低声源的发声强度

主要是改善设备性能。如车间里的机器设备,要尽可能采用振动小,发声低的机器。对于民用建筑的空调设备、特别是冷水机组的压缩机,要尽可能选用噪声小的机器。对于车库的机动车,要限制喇叭声。

2. 改变声源的频率特性及其方向性

对于机器设备的声源,主要由制造厂家改进设计,而对使用单位主要是合理的安装,尽可能将设备的发声方向不要同声音的传递方向一致。

3. 避免声源与其相邻传递媒质的耦合

这主要是改进设备的机座,减少固体声的传播。其有效的方法是设置减振装置等。

此外,在有多种声源同时存在的情况下,根据噪声级的叠加原理,即总噪声级不是它们各个声压级的代数和,而是等于各声源声压的方均根值。故噪声控制时,首先要控制最强的噪声源。

(二)控制声音的传递过程

声音的传递主要是空气传递和固体传递。

1. 增加传递途径

声音的传递随着传递时间的增加或传递距离的增加,其声强而逐渐减弱,故尽可能将噪声源远离使用者停留的地方。如民用建筑中采用分体式空调,就将噪声大的声源作为室外机组置于室外,将电冰箱远离卧式置于厨房里,将车库或空调设备置于地下室,将冷却设备置于屋顶,等等。

2. 吸收或限制传递途径上的声能

主要是采用吸声处理、或作隔断、绿化等防噪措施。在有声源的房间里,将其顶棚和墙面布置吸声材料,减少声音对有人停留的地方的传播,布置室内绿化或隔断,用来阻挡、吸收声音的传播。

3. 利用不连续媒质表面的反射和阻挡,主要是采用隔声处理。

(三)隔声

隔声的方法主要有三种形式:

(1)对声源的隔声,可采用隔声罩。隔声罩的形式见图2-115,隔声效果见表2-9。

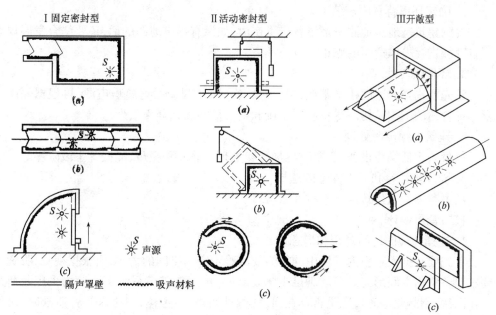

图 2-115 隔声罩与半隔声罩常用形式

隔声罩的降噪量　　　表2-9

隔声罩结构形式	A声级降噪量
固定密封型	30~40dB
活动密封型	15~30dB
局部开敞型	10~20dB
带有通风散热器的隔声罩	15~25dB

(2)对接收者的隔声,可采用隔声间(室)的结构形式。如空调机房、锅炉房等噪声源强的地方,可为工作人员设置独立的控制室,使其与噪声源隔开,并装有消声通风措施,降噪量在20~50dB。

(3)对噪声传播途径,可采用隔声墙与隔声屏的结构形式。如在织布机旁设置隔声屏,对防止噪声的传播和迭加会收到很好的效果。隔声屏的位置应靠近噪声源或接收者,并作有效的吸声处理。

四、室内音质设计概念

室内音质设计的根本目的就是根据声音的物理性能、听觉特征、环境特点,创造一个符合使用者听音(拾音)要求的良好的室内声环境。这些建筑环境一般指音乐厅、剧场、会堂、礼堂、电影院、体育馆、多功能厅堂等公共建筑,以及录音室、播音室、演播室、试验室等具有声音要求的专业用房。

关于住宅等一般民间建筑和工业建筑,其室内的声环境,主要是噪声控制,其次是隔振问题。

室内音质设计是要保证这些室内场所没有音质缺陷和噪声干扰,同时要根据室内环境的使用要求,保证具有合适的响度、声能分布均匀,一定的清晰度和丰满度。

因此,在设计前应根据使用要求,制定出合适的声学指标,在设计时应与规划、工艺、建筑、结构、设备等各工种密切配合,以便经济合理地满足声学要求。在正式使用前还须对室内音质参数进行测定和主观评价,以便修改与调整。

室内音质设计的内容和步骤是:

(一)噪声控制

1. 确定厅堂内允许噪声值

在通风、空调设备和放映设备正常运行的情况下,根据使用性质选择合适的噪声值。

2. 确定环境背景噪声值

要到建筑基地实地测量环境背景噪声值,如果有噪声地图的话,还要结合发展规划(包括民航航线)作适当的修正。

3. 环境噪声处理

首先要选择合适的建筑基地,结合总图布置,使观众厅远离噪声源,再根据隔声要求选择合适的围护结构。尽量利用走廊和辅助房间加强隔声效果。

4. 建筑内噪声源处理

尽量采用低噪声设备,必要时再加防噪处理,如隔声、吸声、隔振等手段降噪。

5. 隔声量计算和隔声构造的选择

请另参阅有关建筑声学教材和专著。

(二)音质设计

1. 选择合理的房间容积和形态

首先要根据人在室内环境中的行为要求确定室内空间的大小,再根据视觉、听觉等要求调整室内空间形态。不能满足声学要求时,再配以扩声系统。一般均采用几何声学作图法,判断此空间形态是否存在回声、颤动回声、声聚焦、声影区等音质缺陷,对可能产生缺陷的界面再作几何调整或采用吸声、扩散等方法加以处理。

2. 反射面及舞台反射罩的设计

利用舞台反射罩,台口附近的顶棚、侧墙、跳台栏板、包厢等反射面,向池座前区提供早期反射声(参见下面的实例)。

3. 选择合适的混响时间

根据房间的用途和容积,选择合适的混响时间及其频率特性,对有特殊要求的房间采取可变混响的方式。

4. 混响时间计算

按初步设计所选材料分别计算 125、250、500、1000、2000 和 4000Hz 的混响时间,检查是否符合选定值。必须时对吸声材料、构造方式等进行调整再重新计标。具体计标请另参阅有关书籍。

5. 吸声材料的布置

结合室内视觉要求,从有利声扩散和避免音质缺陷等因素综合考虑。

听觉与听觉环境的交互作用,只是室内设计的一个问题,故室内音质设计还须同其他知觉要求结合起来,综合处理。

德国柏林音乐厅和慕尼黑音乐厅的声学处理,分别见文前图 2-116 和文前图 2-117。

第五节 肤 觉 与 环 境

本节主要介绍肤觉的产生、分界和特征,以及皮肤的触觉、振动觉、温度觉和痛觉与室内环境、设备隔振、室内热微气候和室内家具和空间界面的关系。

一、皮肤感觉

皮肤是人体面积最大的结构之一,具有调节体温的机制和分泌、排泄等功能,还可以产生触、温、冷、痛等感觉,是人体最大的一个感官。它对情绪的发展也起着重要的作用。

(一)肤觉的产生

人的皮肤是由表皮、真皮、皮下组织等三个主要的层和皮肤衍生物组成。皮肤中心感受器主要位于真皮。皮肤广泛分布的感觉神经末梢是自由神经末梢,构成真皮神经网络,从而产生触、温、冷、痛等感觉。

关于皮肤产生各种感觉的理论,至今还没有统一的说法,但一般认为,真皮中的克劳斯(Krause)末梢球是冷感受器,但也有人否认。真皮中的罗佛尼(Ruffini)小体是热感受器,但也有人将它看作是机械感受器。有毛皮肤中的毛发感受器为压力感受器。巴西尼(Pacini)环层小体是振动信号最重要的感受器。

人的皮肤,除面部和额部受三叉神经的支配外,其余都受 31 对脊神经的支配。皮肤感受器的细胞体位于对侧脊髓的后根,构成肤觉的神经通络。其中脊髓丘脑通络,传递轻微触觉、痛觉和温度觉的信息,后索通络传递精细触觉与本体觉(肌、腱、关节等感觉)的信息。从而对外界环境刺激,产生各种肤觉的特性。

(二)肤觉的分界

人的感觉最初被分作视觉、听觉、嗅觉、味觉和"触觉"。"触觉"后来扩大到包括肌肉,关节,甚至内脏的感觉,称为总觉又称躯体觉。肤觉的基本性质经过科学家的长期研究,特别是瑞典的 Blix,德国的 Goldscheider 和美国的 Donaldson 的研究,他们指出皮肤的不同小点感受不同的刺激,在皮肤的同一个小点上不能引起不同性质的感受,从而确定了皮肤的不同感受点和基本的肤觉性质。他们确定了皮肤上的冷、热点和触点。德国生理专家 Von Frey (1894)又区分出痛点。由此而确定了肤觉的触、温、冷、痛四种基本性质。后经 Von Skramlik

(1937)的整理,得出身体有关部位每平方厘米的皮肤感觉点。见表2-10。

每平方厘米皮肤感觉点　　　　　表2-10

感觉 部位	痛	触	冷	温
额	184	50	8	0.6
鼻尖	44	100	13	1.0
胸	196	29	9	0.3
前臂的掌面	203	15	6	0.4
手臂	188	14	7	0.5
拇指球	60	200	—	—

由此可知：触点、温点、冷点和痛点的数目在同一皮肤部位是不同的,其中以痛点、触点较多,冷点、温点较少；同一种感觉点的数目在皮肤不同部位也是不同的。实验证明,刺激强度的增加可导致相应的感觉点的增加,说明感觉点有一定的稳定性,并且是独立的。

皮肤感觉的特征及其有关理论,虽不完全统一,但对建筑师和室内设计师来说,这些概念为我们从事环境设计、产品设计,特别是为盲人的无障碍设计提供了理论依据。

二、触觉与环境

(一)刺激与触觉

触觉是皮肤受到机械刺激而引起的感觉。根据刺激强度,触觉可分为接触觉和压觉。轻轻地刺激皮肤就会使人有接触觉,当刺激强度增加一定的时候,就产生压觉。实际上这两者是结合在一起的,统称为触压觉或触觉。除触压觉以外,还有触摸觉。这是皮肤感觉和肌肉运动觉的联合,故称皮肤——运动觉或触觉——运动觉。这种触摸觉主要是手指的运动觉与肤觉的结合。它又称为主动触觉。触压觉如果没有人手的主动参与则称为被动触觉。主动触觉在许多方面优于被动触觉。利用主动触觉来感知物体的大小、形状等属性。因而人手不仅是劳动器官,而且是认识器官,这对盲人来说尤为重要。

(二)触觉感受性

皮肤的感受性分绝对感受性和差别感受性。利用毛发触觉计可以测得皮肤不同部位的触压觉的刺激阈限。图2-118是Weinstein于1968年测得的触觉绝对感受性。

身体不同部位的触觉感受性由高到低的位次如下：鼻部、上唇、前额、腹部、肩部、小指、无名指、上臂、中指、前臂、拇指、胸部、食指、大腿、手掌、小腿、脚底、足趾。身体两侧的感受性没有明显的差别,但女性的触觉感受性略高于男性。

总的说来,头面部和手指的感受性较高,躯干和四肢的感受性较低,这是由于头面部和手在劳动和日常生活中较多受到环境刺激的影响。

触觉和视觉一样都是人们感知客观世界空间特性的重要感觉通道。人们可以通过触觉感知客体的长度、大小和形状等。但触觉对空间特性的感知主要表现在它能区分出刺激作用在身体的有关部位,故此特性称做触觉定位。通过主试的刺激和被试的定位反应的实验,发现头面部和手指的定位精确度比较高。同时发现,视觉表象在触觉定位中起着重要的作用,并随着视觉参与越多而越精确。

皮肤的触觉不仅能感知刺激的部位,而且能辨别出两个刺激点的距离。能够感觉到两个点的最小距离又叫做两点阈。两点阈同触觉定位一样,都是触觉的空间感受性。两点阈很像视觉锐敏度,可以也叫做触觉锐敏度。通过实验,发现手指和头面部的两点阈最小,肩背部和大腿小腿的两点阈最大。从肩部到手指尖、两点阈越来越小。离关节越远,两点阈减少得越多,身体部位的运动能力越高,两点阈也越低。这种身体部位的触觉的空间感受性随着其运动能力的增高而增高,这种现象被称为Vierordt运动律。

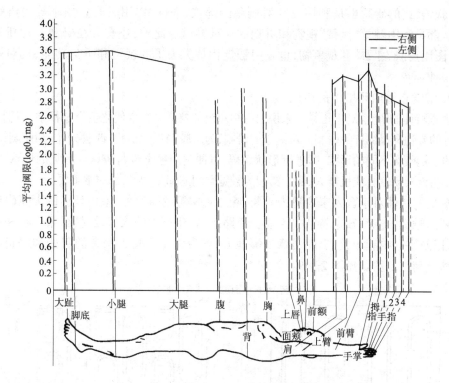

图 2-118 男性的触觉绝对感受性

触觉和其他感觉一样,在刺激的持续作用下,感受性将发生变化。戴上手套的手完全不动,最初的压觉会减弱,很快地几乎感觉不到手套、穿衣、戴帽、戴眼镜都有这种现象。当刺激保持恒定,而感觉强度减小或消失的现象,也叫做负适应。触觉经过一段时间后的减弱的现象叫不完全适应,完全消失的现象叫做完全适应,适应所需的时间叫做适应时间。刺激的重量越大,完全适应所需的时间也越长。

适应的时间不仅随重量不同而不同,而且随着刺激皮肤的部位不同而各异。

皮肤的触觉感受器对轻的刺激适应迅速,而对较重的刺激的适应时间则较长。手臂和前臂的适应时间较短,额和腮的适应时间较长。

触觉客观空间感受性的特点,对于工业产品设计,服装设计和建筑环境设计都具有一定的参考意义。

(三)触觉和室内环境设计的概念

1. 触觉的功能

触觉和视觉一样,是人们获得空间信息的主要感觉道。辨别客体的大小则是其重要的空间功能。依靠触觉能辨别客体的长度、面积和体积。其中长度辨别是一个基本因素。触觉的长度知觉依赖于时间知觉。利用触觉点的时间间隔而感知物体的长度。再由长度的感知,进而能知觉客体的面积和体积。

触觉的第二个功能是对客体的形状知觉。它和大小知觉一样,在很大程度上是依赖主动触觉来实现的。由于触觉的定位特性,而感知到客体的形状。在形状知觉过程中,同时也能感知客体的一些物理特性,如软硬、光滑与粗糙、冷热等。

触觉的形状、大小知觉同视觉的形状、大小知觉有着密切联系,最突出的是触觉信息经常会转换成视觉信息,这种现象称为"视觉化"。这同人的视觉表象极其丰富,视觉在人的感觉中的重要性是分不开的。故先天性的盲人就缺少触觉信息的视觉化。

触觉的第三个功能是触觉通信。对盲人来说,利用触觉代替视觉,而形成盲文。还有"皮肤语言"的研制也是利用皮肤对刺激的部位、强度、作用时间和频率等的辨别能力。这都是利用触觉"代替"视觉和听觉的一种尝试。此外,还有人在研制一种新的装置,企图用皮肤去"看"客观事物,也是用触觉代替失去了的视觉和听觉功能,这对残疾人是一种福音。

2. 触觉在室内环境中的应用

触觉特性的研究,对于正常人来说也有很重要的意义。在现代化生产过程中,特别是对操作台的旋钮和操纵杆的研制。对键盘的研制,为了减轻视觉负担,改善操作,则使旋钮、操纵杆的手柄带有不同的形状,即进行形状编码,以便利用触觉进行辨认。触觉的形状、大小的知觉特性对研制智能机器人,赋予精细的触觉空间的知觉功能,都非常重要。

触觉的特性对于盲人来说更为重要,除了盲文等的研究外,室内环境的无障碍设计就是利用触觉的空间知觉特性。人们在道路边缘,建筑物的入口处,楼梯第一步和最后一步,以及平台的起止处,道路转弯处等地方,均设置了为盲人服务的起始和停止的提示块和导向提示块。见图2-119。

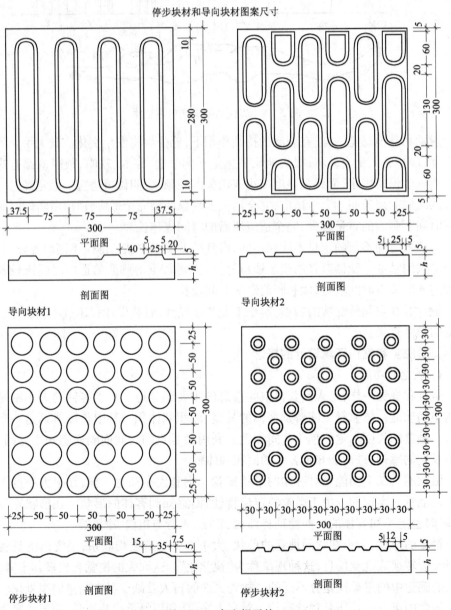

图2-119 盲人提示块

此外,在家具及室内装修设计中,也都考虑了触觉特性的要求。如对椅面、床垫等材料的选择,均注意了"手感"的要求,使面材有一的柔软性。对于经常接触人体的建筑构配件,以及建筑细部处理,也经常要考虑触觉的要求,如楼梯栏杆、扶手等材料的选择,护墙或护墙栏杆等材料的选择,以墙壁转弯处,家具和台口的细部处理,都要满足触觉的要求。

三、振动觉与隔振

(一)振动与振动觉

振动觉是当音叉或其他振动物体接触身体时所产生的一种感觉。一般认为这种感觉是触觉的一种,是触压觉反复受到激活的状态。从皮肤感觉点来看,触觉点也是振动敏感的皮肤点。但实验表明,振动觉又不同于触觉。触压觉是由于机械刺激引起皮肤变形或位移而产生的,振动觉则和皮肤组织出现反复的位移有关。通常认为巴西尼环层小体是振动感受器。

(二)振动感受性

振动刺激的一个主要参数是频率。振动感受性对于振动频率有一定的极限。振动刺激如果低于或高于一定的频率,将不产生振动觉。这个频率范围的下限约为10~80Hz,上限大约10000~20000Hz。

身体的不同部位有不同的振动感受性。Wilskq用200Hz的正弦振动测试身体34个部位的绝对阈限,其结果见图2-120。

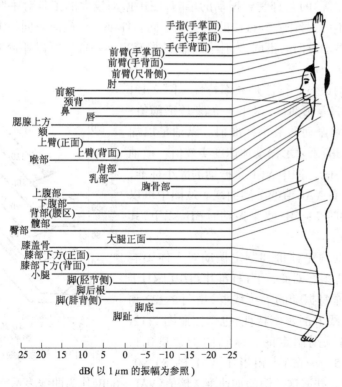

图 2-120 振动感受性的全身分布

从图中可以看出,手指、手部等处的振动感受性较高,这同触觉感受性较一致。但也有许多不一致的地方,如鼻部、唇部的振动感受性甚至低于胸部、大腿等处。与触觉感受性相比,身体较多部位的振动感受性偏高。

皮肤的温度对振动感受性的绝对阈限也有一定的影响。实验表明,当皮肤温度高于或低于正常温度时(36～37℃),阈限将发生变化。当皮肤温度低于正常温度时,振动感受性则降低,温度越低,感受性降低越多。当皮肤温度略微升高,振动感受性也升高,在高于正常体温约4℃时达到最高点,如果温度再升高则感受性将急剧下降。一般说来,正常体温时,振动感受性较高。

振动感受性还同皮肤受到刺激的面积有关。实验研究表明,振动感受性的阈限随着刺激的面积增大而降低,这也表现出空间的总合作用。

振动觉和视觉、听觉一样,也有刺激作用的时间效应。振动感受性随着刺激的作用时间的增加,阈限的刺激强度就降低,这也表现出振动感受性的时间总合。

振动感受性在振动刺激长期作用下表现出降低,但同时也出现适应。振动觉的适应比触觉适应慢得多。但在适应刺激停止作用后,大约在10分钟内就能完全恢复。身体不同部位对振动刺激的适应过程也有所不同。实验表明,皮薄的唇部比表皮厚的上臂的适应过程短。

振动觉还存在着抑制现象。实验表明,当皮肤某个点受到振动刺激,而别的地方却没有感受,这说明在这个点以外区域的神经活动的效应受到抑制。

(三)振动觉与隔振

以上我们分析了皮肤对振动的感觉,即皮肤振动觉。实际上,振动感觉,是根据身体多种感受器的信号所形成的综合感觉。不仅有视觉,还有运动觉,以及内脏感觉的综合参与。

振动的感觉条件也比较复杂,有全身性的振动感受和局部性的感受。如在交通工具里(汽车、火车等)的全身受到振动的影响,使用振动较大的工具对手和臂的振动影响。由于姿势不同,身体受到振动的感受也不同。如卧、立、坐时对同一振动会有不同的感受。另外振动方向的不同,人体各部位的振感也不一样。所以评价振动对人体的影响也十分复杂。

振动感觉的最显著特性是频率特性。图2-121是全身振动时的等感曲线,最下一条线是感阈值,就是能够感受到振动的最小标准值。纵轴是以加速度级(VAL)(dB)来表示振动加速度实效值。横轴是振动的频率(Hz)。图中VGL是振动的大小标准,是通过20Hz的各VAL值的等感曲线。从图中可以看出,垂直振动时2～5Hz水平振动时3Hz以下,其振动感最为敏感。

振动等感曲线是评价和制定振动对人体影响及安全保护的界限。对此,国际标准化组织(ISO)于1974年制定了全身振动的等感线群,见图2-122和图2-123。这些线群的频率特性,也是按照图2-121的等感曲线的原则制定的。纵轴的加速度0.1、0.315、1.0、3.15……m/m² 相当于VAL的80、90、

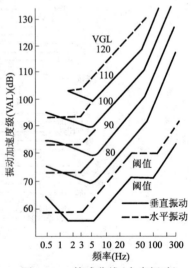

图2-121 等感曲线(全身振动)

100、110……dB。并取这个图的加速度2倍值(VAL+6dB)作为曲线表示疲劳、效率减退的界限,"难耐"级采取曲线的2倍(+6dB),"不愉快"级采取曲线的$\frac{1}{3}$(-10dB)。

图2-123的水平振动时亦同。工作现场的健康、安全保护的暴露界限,取加速度的$\frac{1}{3}$值(VAL-10dB)作为开始担心振动的界限。

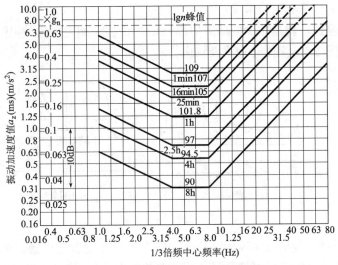

图 2-122　等感曲线（垂直全身振动）

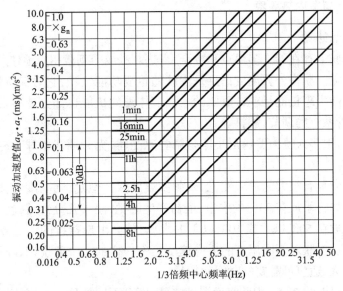

图 2-123　等感曲线（水平全身振动）

振动对人体的影响有两种情况。首先在全身振动时，直接性的影响就是呼吸数增加、氧消耗量增加、血压上升、脉搏增加、体温上升、内脏运动受到抑制。这些影响一般都受到 100dB 以上的强烈振动。而在此标准以下则是间接的影响，由于振动而产生不安情绪，时间长了也会造成身体的功能障碍。局部振动，如振动工具对手、臂等的影响，由于振动使血管持续收缩而产生疼痛，严重的会造成关节损伤或病变。因此，为了减少振动对人体的影响或伤害，则需要对振源进行隔振，或实施有效的劳动保护。

全身振动和局部振动的标准法在国际上已有规定，这就是 ISO 确定的全身振动的标准值（参见图 2-122、图 2-123）。根据这个规定，在现场对于垂直振动，8h 的耐久界限为 96dB，防止疲劳的界限为 90dB，防止发生不愉快感的界限为 80dB。关于局部振动，对手指的振动和速度级的容许值为，一天操作 4～8h，振动频率在 16Hz 以下时，其容许值为 $0.8m/s^2$ 以下。

建筑中的振动除了地震以外，主要是生产设备和民用建筑中的空调设备所产生的振动，以及室外振源（如施工机械、交通工具产生的振动）对建筑的影响。这些振动往往会带来振动噪声的辐射和固体声沿结构的传播。

隔绝振动的传播有两种情况：

一是积极隔振。就是减少振动向周围环境的传播。如对电机、冲床等设备基础采取的隔振。见图 2-124，图 (a) 为积极隔振。

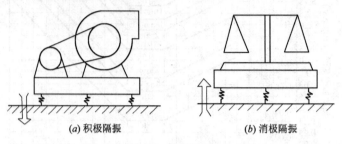

图 2-124　隔振类型

二是消极隔振，就是减少环境振动向建筑物或仪器设备的传播。例如对声学试验室、演播室等建筑物以及精密仪器设备所采取的隔振。见图 2-124 图 (b) 消极隔振。

四、温度觉与室内热环境

(一) 人的热感觉

在人的皮肤上存在着许多温点和冷点，当热刺激或冷刺激相应地作用于它们，就会产生温觉或冷觉。获得外界温度信息是皮肤的重要功能之一，它对保持体内温度的稳定和维持正常的生理机能是非常重要的。调节体温的机能也部分地存在于皮肤内，如出汗、皮肤血管系统的调节、颤抖等。

长期以来，很多人认为罗佛尼小体是温觉感受器，克劳期末梢球为冷感受器，但也有不同的看法。

人对温度觉具有很大的适应性，如果刺激温度保持恒定，则温度觉会逐渐减弱，甚至完全消失。如将手放在 35℃ 的水里，最初产生温觉，浸入几分钟后，就逐渐感觉不到它。如果将手放在 50℃ 以上或 10℃ 以下的水里，就会出现持续的温觉或冷觉，这就是温度觉的适应。皮肤对不同温度的适应速度是不一样的。一般说来，环境温度离正常的皮肤温度越远，适应可需要的时间就越长。

人的体内温度约 37℃，皮肤表面温度略低，而且不同部位有不同的温度：耳廓的温度约 28℃，前额的温度约 35℃，前臂接近 37℃。如果没有衣服遮盖，人体皮肤表面的温度约为 33℃，此时，这些部位的皮肤从来不感到冷或热，这些部位对它们自己的温度产生了适应，其主观感觉温度被称为"生理零度"。这是一个变化的值，表明在此温度变化范围里存在一个中性区。实验表明，皮肤的冷觉或温觉随着皮肤表面的刺激面积增加其温冷感觉而增强。当较高的温度作用于皮肤 (45℃ 时)，就可以产生烫觉。当室温在 20～25℃，烫觉阈限范围约为 40～46℃。

皮肤的温度觉的这些特性，对研究衣着和劳动保护及热环境设计等有一定的指导意义。

(二) 体温调节

皮肤温度觉的特性表现了人对环境温度有很强的适应性。尽管环境温度变化很大，然而人的体内温度基本上是稳定的，如果体温变化超过 1℃，就会发生异常的生理征兆。这说明人体对温度有一定的调节能力，这就是体温调节。

这里所说的体温，是指人体的中心部位的温度，就是脑、心脏、胃肠等内脏部分的温度，即核心温度。而包围这个核心的肌肉——皮肤温度，就是受环境温度影响的外壳温度。如果作一个形象的比喻,见图 2-125 体温在核心和外壳中的分布。当环境温度较高时,外壳就变薄,当环境温度较低时,外壳就变厚。

一日当中,体温最低的时间是在早晨临起床之前。所以将此时的体温叫做基础体温。起床以后,体温逐渐上升,从傍晚到夜间达到最高,就寝以后逐渐下降,到早晨达到最低点。饭后体温渐高,运动或劳动能使体温升高近 1℃,安静后又恢复正常。同环境温度相比,体温几乎是稳定的。

要维持生活,体内就要不断地消耗能量,这个量是以热量单位卡路里(cal)来表示的,故此消耗量叫做热消耗量或代谢量。这就是体内以产热量,要使体温达到稳定,这就出现了产热量和散热量的平衡问题,也是体温调节的根本问题。

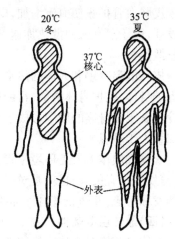

图 2-125 体温在核心和外壳的分布

代谢量因各种条件不同而有差异。空腹静卧的代谢量叫做基础代谢量。由于人体的姿势、运动、环境温度、饮食等条件不同,代谢量均不相同。此外,由于体格、年龄等差异,代谢量也不同。

人体吸入的能量只有一部分转化为体能,大部分则变成了热能,这就出现了散热的问题。

(三)人体与环境的热交换

在普通气温的条件下,人体的散热主要是通过大小便、呼气加温、肺蒸发、皮肤蒸发、皮肤传导辐射等途径进行散热。其中通过皮肤的传导、对流,辐射散热占一大半,约 70%,蒸发散热约 20%,其余 10% 是其他地方散热。从皮肤散热量占 90%,所以受环境影响最大的是皮肤。

由于环境温度的变化,人体散热也有明显的变化。图 2-126 表示环境温度与热交换的关系。人的体格、体温、肤温、姿势、动作、发汗状态,由于受环境的气温、湿度、气流、辐射的影响,加上衣着状态、衣服质地、式样、种类的不同,所以散热条件也不同。

在环境温度条件当中,影响最大的仍是气温,但并不是唯有气温会决定寒暖,首先

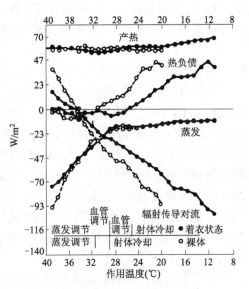

图 2-126 环境温度与热交换

是湿度的影响是很大的,低湿条件下汗易蒸发,而高湿时受到妨碍。气温在 30℃ 的条件下,湿度按 30%、50% 逐渐上升,据说在感觉上会提高 2 度。现在已有仪器能直接表明不舒适的指数。在美国不舒适指数达 75 时,有一半人感到不舒服,达到 79 时,全部人都感到不舒服。

身体为适应环境的冷热变化,维持体温稳定,必须增加产热量、散热量,以创造新的平衡。

当气温下降、湿度下降、气流增强、辐射降低时,散热量就增大,身体趋向冷却,体温下降。力求平衡,就要减少散热,增加代谢量。这种对寒冷的调整叫做对寒反应。冬天

比夏天皮肤温度降低更多,代谢量增加更大,也就是对寒反应更强烈。

对热的调整是对寒反应的逆向过程。为增强散热,抑制产热而发生的对热反应。由于皮肤血管扩张使血流增加,皮肤温度上升。其结果增加了辐射,对流散热,进而出现发汗,由于蒸发又使散热加速,当炎热的时候,穿着衬衣吸汗比裸露身体,更有利皮肤蒸发散热。

皮肤的温冷感和人体的热平衡与人体的衣着条件有着深刻的关系。穿衣的目的在于保护身体,维护身体清洁,帮助运动,以及装扮身体的需要。而最初的目的则是防御寒冷。衣服在身体的周围形成了一个温和的热环境,即衣服气候,加上室内气候,故叫做二重人工环境。

衣服气候作为人工环境来说,它是人体散热的必经途径,它对热的传导、对流、辐射、蒸发等都有关系,也就是对于寒冷来说抑制其传导、对流和辐射,对于热来说是促进其蒸发和对流,并防止来自外部的辐射。

(四)最佳温度条件

人体对环境温度的冷热调整与适应,其范围是有限的,所以自古以来,人们就利用房屋、衣着、采暖等办法,来减轻体温调节的负担。

人体的血液循环是抗重力循环,人体的生理活动是一个振荡过程。体能和环境能量的交换是一个动态的平衡。体温的稳定是保护脏器、大脑等肌体的需要。而这种体温的稳定是必须在利用皮肤、呼吸等功能与环境进行能量交换的前提下实现的。如果一个人较长时间停留或生活在一个恒定的环境温度里,则其生理功能就要衰退,心理就要发生障碍,严重的就要生病。长期在净化恒温的车间里工作的人,就会出现这种情况。因此,需要寻找一个最佳的温度条件,既要防止环境温度的过热或过冷对人体造成伤害或对情绪造成不安,又要避免环境温度过于稳定(冷热变化太小)而影响人体健康。

为探求合适的温度条件,许多人做了大量的研究。

1923年亚古洛氏的气温、湿度、气流三者的综合指标,制成了有效温度(实效温度、感觉温度ET)图。因为没有考虑辐射的影响,1972年美国加热、冷冻、空气调节工程师协会(ASHRAE)对此进行了修订,发表了新有效温度(ET^*),见图2-127。这样,温度条件的四个因素(气温、湿度、气流、辐射)综合地对体温调节或寒暑感觉产生影响。这个图表是在静坐、衣着热阻值为0.6clo、气流为0.15cm/s条件下制作的。并以湿度为50%的干球温度为起点绘制出的等ET^*线。中间网格部分显示出舒适范围,其ET^*约为23~27℃,夹在它的斜线部分是包含从"稍凉"到"稍热"的舒适界限,其ET^*约为21~29℃,比较而言,在13℃以下人会感到"不舒适的寒冷",36℃以上会感到"不舒适的炎热",41℃以上"难以忍受"。

由于亚古洛氏的有效温度是通过被试者在实验室的控制温度条件下的主观感受进行判断的,故其结果与实际情况有较大的差别。后来由美国暖气通风工程师学会(ASHVE)制定出舒适线图(图2-128),这是在气流为0.08~0.13m/s的有效温度图上,添进了夏季和冬季的舒适率(即被试回答舒适的百分比)而制成的。ASHRAE的新有效温度(ET^*)图和ASHRAE的新舒适线图,都是根据有效温度确定热感觉的图表。它被建筑界广泛地应用。

关于最佳温度条件,许多人都做过实验,但资料显示,看不出最佳温度的性别差和季节差。但从办公室的实际调查来看,夏天与冬天相比,女性比男性喜欢较高的温度。年轻人同老年人相比,老年人喜欢较高的温度。另外还有衣着和代谢量的差异,故最佳温度条件仅供确定环境温度标准时参考。

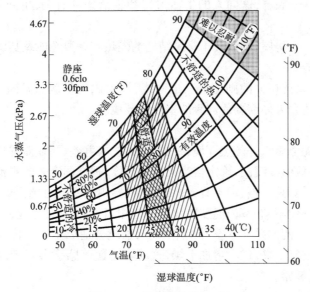

图 2-127　新有效温度(ET*)

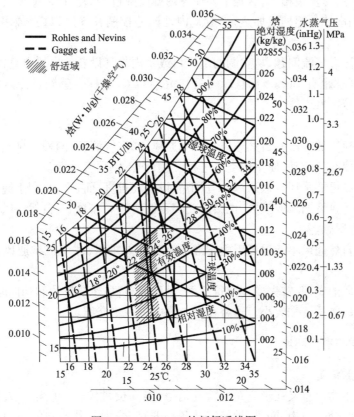

图 2-128　ASHRAE 的新舒适线图

(五) 人体与室内热环境

在人和环境交互作用过程中,皮肤是保护人体不受或减轻自然气候侵害或伤害的第一道防线,衣着是第二道防线,房屋则是第三道防线。

第一道防线——皮肤,因人而异,不同种族、不同地区、不同性别、不同职业、不同年龄的人,皮肤对气候冷热的适应和调节的功能是不同的,但差异是在一个较小的范围内。

第二道防线——衣着,这同人的生活习惯和生活条件有关,也同劳动保护措施有关。

第三道防线——房屋,则取决于房屋结构的隔热和保温性能及其供暖、送冷和通风设备的条件和性能。

因此,与室内设计相关的则是第三道防线,即室内的供暖、送冷、通风的标准和质量。也就是创造适合人体需要的健康的室内热环境。

1. 供暖

冬季供暖首先考虑室外的热环境,根据个人差、衣着差、职业差的特点,确定室内合适的温度,参照有效温度线图,确定恰当的舒适温度,根据国家采暖规范确定供暖标准。使室内供暖温度适当高一点,但不宜太高,否则从室内到室外会感到更加寒冷。

由于房间的部位不同,室内温度变化幅度是相当大的,房间和走廊不一样,厕所、浴室和居室不一样,有的温差在冬季会相差10℃,这就会造成生理负担,因此要进行局部采暖。由于冬季空气干燥,供暖再加干燥,这就容易使流感病毒繁衍,故供暖时要考虑一定的湿度,以利健康。

2. 送冷

夏季送冷,与供暖相反,就是不要使室内温度降过了头。过量的冷会使人感到不舒服,而且再到室外会感到更加热,一般室内外温差控制在5度以内,最多也不应超过7度。

其次要注意气流问题,从空调的出风口或室内冷气设备的出风口直接送出来的风,在2m处的风速也有1m/s。而且冷气只有16~17℃,这样会感到过冷,容易生病,故要避免风口直接对着人体。

3. 通风

通风与换气的方法有自然通风和机械通风(或空气调节)两种。自然通风是借助于热压或风压使空气流动,使室内空气进行交换,而不使用机械设备。

一般应尽可能采用自然通风,不仅节省设备和投资,而且更有利于健康。即使在冬季适当地进行自然通风或换气,也会防止病毒的传播。在夏季,自然通风也有利于人体发汗,增强舒适感。

只有当自然通风不能保证卫生标准或有特殊要求时,才用机械通风或空气调节来解决。

自然通风的实现,首先要在建筑规划、总平面布置、建筑形体和朝向时解决,其次是建筑门窗洞口的位置和大小。这将在第六节中进一步介绍。

五、痛觉与室内环境

(一)皮肤痛觉

痛觉的生物学意义在于它是危险的信号,能动员机体进行防卫。人和动物机体的各种组织,如皮肤、肌肉、筋膜、神经以及各种器官,受到各种不同的强烈刺激都会产生痛觉,而痛觉又受到人的情绪、动机等因素的影响,因此有关痛觉的研究就非常复杂。许多问题还很不清楚。

皮肤受到足够强的机械的、化学的、电的种种刺激,就会产生痛觉。与其他感觉相比,痛觉没有专一的适宜刺激。

皮肤痛觉长期以来被认为是触觉感受器受到过度刺激所产生的,而不是一个独立的肤觉。但某些实验又证明痛觉是独立存在的。近年来,对痛觉的认识是趋于痛觉是感觉的、情绪的和动机的因素的结合。

痛觉的反应是各式各样的、有语言的（呻吟、哭喊等）、面部表情、躯体的动作以及各种生理反应。

皮肤痛觉与深部痛觉、内脏痛觉紧密联系的。

按痛觉的性质来说，一般分为锐痛和纯痛两种痛觉。如果外界的伤害性的刺激作用皮肤是短暂的则感到锐痛，如果是较长时间则感到纯痛。

痛觉感受性与触觉感受性不同，如指尖有很高的触觉感受性，但却有较低的痛觉感受性。

通过实验，身体不同部位的痛觉阈是不同的。上肢、背和下腹的阈值较低。头颈和下肢的阈值较高。女性的痛觉低于男性，并且有随年龄的增加而增高的趋势。

影响痛阈的因素很多，如年龄、性别、情绪、分心、暗示、判断等精神因素以及植物神经系统功能状态、室温、测定时间等均有关。

实验发现一个痛觉可以影响另一个痛觉。这种影响常表现为痛阈升高或痛觉强度降低，以及痛觉消失和痛觉点位移等。同时发现一个痛觉能够降低另一个痛觉。而且一个痛觉对另一个痛觉的抑制效应可以出现在身体的不同部位。医学上的针刺疗法，就是这个原理。

（二）痛觉与室内界面

没有痛觉或痛觉过于迟钝的人是很危险的，因为他失去了对危险性刺激的反应信号。痛觉的特性对于医学研究有很大的指导意义，而与室内环境的关系，多数像皮肤的触压觉一样，皮肤的痛觉反映在与室内界面的关系。而身体内部的痛觉则与环境振动有关，与环境噪声有关，与局部过热环境有关。

痛觉与室内界面的关系，要求室内构配件和局部设计，凡是直接接触皮肤的部位能保持光滑，无刺伤的危险，如扶手、台口、墙角、设备拉手和开关等等。

痛觉与环境振动关系，要避免振源的持久振动引起皮肤或内脏的持久钝痛，轻者使人麻木，重者会损伤人的器官。

痛觉与环境噪声的关系，主要防止强噪声对人耳有刺痛和损伤，如果噪声源不能控制时则要做好个体防护。

痛觉与局部过热的关系，要防止蒸气等热源的烫伤。

由于痛觉不是单一的刺激引起的，因此，痛觉与室内环境的关系，是人体多种器官与环境的关系。人和环境交互作用过程中，环境的过强的刺激就会引起痛觉，如眼痛、耳痛、头痛等等，故痛觉并不是皮肤仅有的特性。

第六节 嗅觉与环境

本节主要介绍嗅知觉及其特性，空气品质与健康，以及嗅觉与室内通风的关系。

一、嗅知觉

嗅觉是一种较原始的感觉。许多动物借助嗅觉维持生命、繁衍后代。人类的文明使嗅觉的作用大为减弱，但日常生活和工作中则离不开嗅觉的功能。

缺少嗅觉，进食就没有味道。嗅觉功能有了障碍，就很难辨别环境的氛围，嗅觉是身体疾病的征兆。嗅觉是警报的信号，它能辨别煤气而防止中毒。所以嗅觉虽没有视觉和听觉那样重要，但它和人的生活息息相关。

环境气味刺激鼻腔里的嗅感受细胞而产生嗅觉。

能引起嗅觉的物质是千差万别的，但它们作为嗅觉刺激也有一些共同的特点。

第一就是物质的挥发性。嗅觉刺激物必须是某物质存在于空气中的很小微粒。如麝香、花粉等。

第二是物质的可溶性。有气味的物质在刺激嗅觉感受器之前，它必须是可溶的，才能被鼻腔里的黏膜所捕捉，依靠嗅毛和粘液的作用而产生嗅觉。

此外，某些物质受到光的照射（紫外线），可使有气味的溶液转化为悬胶体，而被嗅觉感知。

总之，嗅觉刺激主要属于有机物而不是无机物。嗅觉是通过下列阶段而产生的：

(1)有气味的物质不断向大气释放分子；
(2)这些分子被吸入鼻腔，达到嗅觉感受器；
(3)它们被吸附在嗅觉感受器的大小合适的位置上；
(4)吸附伴随以能量变化，吸附是一个升温过程；
(5)能量变化使电脉冲通过嗅神经达到大脑；
(6)脑的加工导致嗅觉产生。

二、嗅觉特性

影响嗅觉的因素很多，但主要的因素还是引起嗅觉的刺激物，不是所有有气味的物质都能引起嗅觉，这要看它的浓度如何，在给定的浓度下，有气味的气体的体积流速对嗅觉阈限也有影响。此外，人的嗅觉器官状态、激素的变化，各种气味的相互作用，均对嗅觉产生不同程度的影响。在嗅觉过程中，表现了嗅觉有以下一些特征：

（一）嗅觉阈限

嗅觉感受性的阈限同其他感觉阈限一样。也是以对外界刺激的度量为依据的。在多数情况下，嗅觉感受性也遵循韦伯定律，但嗅觉的差别阈限比其他感觉相对要高一些，这就是嗅觉系统的最基本的特征，即对刺激强度的信息加工的能力要差些，如见到鲜花，但不能立即闻到其香味。

（二）体积流速

通过实验证明，嗅觉同刺激物的刺激的浓度和体积流速都有一定的关系。并且随着刺激浓度的增加，嗅觉强度而增加，而刺激阈限随刺激的体积流速的增加而降低。即嗅觉速度加快了，相对地说，嗅觉能力提高了。但刺激物的体积对觉察气味的能力没有影响。

（三）嗅觉适应

嗅觉适应指的是在有气味的物质作用于嗅觉器官一定时间以后，嗅觉感受性就会降低。俗话说，"入芝兰之室，久而不闻其香"，就是一个典型的嗅觉适应的例子。许多实验表明，当嗅觉的刺激浓度增加时，气味消失所需要的时间也要增加，刺激浓度等量也增加，气味消失所需要的时间也等量的增加。

（四）嗅觉的相互作用

当两个或几个不同的气味呈现时，可能引起以下几种类型的嗅知觉：这个混合物所包含的成分可以清楚的被确认出来；可以产生一个完全新的气味；和原来的成分有相似的地方，但嗅起来不像其中任何一个；其中一个气味可能占优势，使混合物中的其他气味简直闻不出来，这种效应称为掩蔽现象；可以彼此抵消而闻不到气味，这种现象称为中和作用。

（五）失嗅和错嗅

失嗅就是嗅觉的缺损，它可以是部分的，也可能是全部；可以是先天的，也可以是后天的；可以是暂时的，也可以是永久的。

暂时的部分失嗅是常见的，如感冒后嗅觉失灵。先天的失嗅是永久的，后天永久失嗅多数是头部受伤引起的。

错嗅是一种错误的知觉，如将咖啡闻成鱼酱味，将杉木气味闻成油漆味。错嗅往往是向难闻的方面想，如恶臭、烧焦味等。

(六) 激素与嗅觉感受性

由于生理激素的影响，男女对嗅觉感受性都有变化。如青年男女对埃萨内酯的感受性都不如成年妇女，这说明嗅感受性与雌性激素有关。

嗅觉的这些特征对医疗保健和环境设计均有一定的指导意义。

在室内环境设计中，利用嗅觉阈限的特点，可增加对身体有益物质的挥发性或体积流速，唤醒人们的嗅觉，知道嗅觉适应的特点，就要适当变换房间的气味以引起人们新的感觉，懂得嗅觉的掩蔽效应，人们就可以用新的舒适气味去改变环境的不愉快气味，如在卫生间里搁置樟脑球等。总之，嗅觉的特征与室内空气的品质有着密切的关系。

三、空气品质与健康

大多数人的一生有80%的时间是在室内渡过的。所以室内微气候质量的好坏对人的健康以及工作效率均有很大的影响。

室内微气候的质量，除了前面介绍的热环境的舒适性外，还与室内空气品质有着密切的关系。

室内空气品质包含室内空气中的含氧量、二氧化碳和一氧化碳的浓度、粉尘和浮游微生物的含量、空气中的离子数以及吸烟雾对人体的影响等。这些品质，多数均与嗅觉有着密切联系。

(一) 氧

1个标准大气压的正常空气，氧约占1/5，氮约占4/5，氮对于身体是不能利用，而氧则是人类生存不可缺少的物质。在一般情况下氧的含量和分压力没有多大变化。但随着离地高度的增加氧的含量在减少，分压力也降低。气温也降低，紫外线在增强。如果氧的比率为1个气压时的10%就会出现危险，此时高度约为7000m。因此，将氧气为16%或氧的分压力为12016MPa，作为急剧暴露的容许界限，此时的换算高度约2400m。除高山缺氧以外，在矿山和建筑施工现场，工厂油罐里，在被其他气体置换时，都有可能出现缺氧情况。

缺氧是危险的，但氧气浓度过高对人体也是有害的。如深水作业至水深40m时，绝对气压到达5个大气压，氧气分压也达到5倍，如停留时间较长，则会出现水肿危险。因此，空气中适量的氧气是生命的保证。由于一般室内氧的浓度变化不大，可以不考虑其影响。

(二) 二氧化碳

新鲜空气中的二氧化碳的含量约为0.03%，在被污染的城市里，室外空气中的二氧化碳都超过这个指标，有的达0.05%。而在室内，由呼吸排出的二氧化碳，若换气不良，其含量可达0.1%。

二氧化碳含量过高，人的呼吸就要加快，对健康就带来影响，一般规定环境空气的二氧化碳含量为1%，上限为3%。但这个标准有点偏高，研究资料表明。如果空气中的二氧化碳含量达1.5%以上则会出现呼吸深度增加，听力稍微下降，达到2.5%以上则会出现头痛、目眩、恶心、抑郁。如果在3%以上，则会发生生理性和行为性的病变。

(三) 一氧化碳

一氧化碳对人体来说，是一种有害的气体。工厂和汽车排放的气体中，在香烟的烟雾中,在各种燃烧器具排出的气体里,均含有一定的CO。作为室内污染物来说,CO的有害性是很明显的。CO的毒性最突出的是同血红蛋白具有极强的结合力。血液中的血红蛋白Hb同氧相结合产生O_2—Hb,向机体组织输送氧气。而CO—Hb的形成,就会阻碍O_2—Hb的形成,大脑对氧气最敏感,因此CO中毒首先影响的是大脑,轻的也会使神经机能下降。如CO的暴露浓度为0.01%,尽管符合CO—Hb的标准数,但仍会出现视觉、手指灵巧度的变化,当CO—Hb为2%时,也会使识别机能下降。非吸烟者CO—Hb的标准为0.5%,而习惯吸烟者的CO—Hb的平均值约为5%。也有的则超过10%,为保证健康,对非吸烟者来说CO—Hb的标准,短时要控制在2%以下,并使CO的浓度控制在24小时为10ppm。8小时为20ppm,这是国家规定的环境标准。

(四)浮游粒子状物质

在空气中总会有自然的、人工的微粒子在浮游着。如果粒子的粒径达到$50\mu m$,则很快会下落,多数是在粒径为$10\mu m$以下。粒子是由液体、气体、烟、粉尘等各种物质形成的。

浮游粒子状物质对人体的影响,决定于粒子的性质。如工厂生产中产生的金属粉尘,被吸收后则会引起金属中毒,矿山和建筑现场的岩石粉尘会引起硅肺。工厂的排烟是造成硫酸烟雾的原因。这些粉尘和烟雾如被吸入,则会引起慢性支气管炎。室内空气中的浮游粒子是由尘土、来自衣服和书类的纤维等特质,除香烟的烟雾外,一般影响不大。它的控制浓度是为了评价空气的清洁度、换气量而制定的。但$10\mu m$以下的粒子被吸入后则不易排出,它被送到肺里,时间长了,也是有害的。

(五)浮游微生物

浮游微生物是指伴随空气中浮游粉尘而移动的各种微生物。另外还有一小部分是附在自鼻腔和喉咙排出的飞沫里随空气而浮游,故在室内同样存在着浮游微生物。

空气中含有的微生物种类很多,比较多的有革兰氏(Gram)阳性球菌和杆菌、葡萄球菌、细球菌、革兰氏阳性杆菌,以及真菌类等。其中有一些是病源性微生物,所以患者在医院里就有感染的可能性,在一般建筑里,通过室外空气感染的可能性小一些,当然空气中细菌的绝对数能少一些则更好。所以目前已将空气中的细菌数、真菌数、像浮游粉尘一样,作为空气洁净度的指标,这也属于空气品质的问题。

在空气中因细菌引起的感染,一般问题不大。但是,因病毒引起的感染,特别是在冬天的室内感染机会很大,需要特别注意,故冬季流感较多。这是由于冬季的室内供暖往往换气不足,相对湿度较低,粉尘容易飞扬,加上鼻孔和喉咙的粘膜因低温和寒冷易损伤,所以容易感染,故室内通风是一个关键问题。

(六)空气离子

空气离子,就是空气中含有的带电的微粒子。从最小的分子带电,到大的粉尘带电,大小和形状各式各样。分子状的小离子为10^{-6}mm级,大的离子为小的10~100倍。带电的原因是由于紫外线、宇宙线、电离放射线的作用,因风吹动、加热所致。在大小不同的空气离子当中,具有影响的只是小离子。在自然状态的新鲜空气中小离子是很多的。但城市被污染或空气只在室内循环时,小离子会逐渐减少,有的则变成大离子,并与浮游粉尘相结合,逐渐落到地面,或吸附在建筑物、家具、设备和人体上。在山野和海滨的空气中小离子较多,一般含量为1000/mL,而在城市里较少,含量为500/mL,而室内只有200/mL。小离子可以净化空气,对健康是有益的。故空气离子浓度也是空气洁净度的一个指标。

(七)吸烟

吸烟成为公害,越来越被人们重视。烟中的有害物质,不仅对吸烟者健康有影响,吸烟可产生的烟雾对空气的污染,使更多人受到影响,则扩大了吸烟的有害范围。吸烟的有害作用主要来自烟草及烟雾中的尼古丁、一氧化碳、焦油等致癌物质,还有氮氧化合物、氨、氰、丙烯醛等重金属及农药的有害作用。

吸烟的有害影响是多方面的,据研究它会造成或加速动脉硬化、心肌梗塞、心绞痛、高血压、静脉血栓、慢性支气管炎、肺气肿等等。

烟雾对非吸烟者的影响也是直接的,特别在室内公共场所,其危害性更大,所以烟雾已成为室内空气的重要污染源,直接影响了空气品质,应该受到限制。

四、嗅觉与室内通风

嗅觉与环境的交互作用,实质上是嗅觉与空气的相互作用。空气品质的诸成分有对人体健康有益的东西,也有有害的东西。如何创造一个对人体健康有益的室内微气候,这是室内设计师的职责。

(1)保持室内空气洁净和新鲜,关键是加强室内通风和换气。

通风不仅有利热环境的改善,而且能维持室内空气新鲜,经常将室外较洁净的新鲜空气引进室内,将室内有害气体排出。

除非是生产或环境的需要和限制,应尽可能的少用空调设备,室内家具设备布置,建筑门窗洞口位置,应尽可能有利于自然通风。条件许可时,采用空调和机械通风相结合的布置方法,特别是对住宅和一般民用建筑,如学校、幼儿园、办公室等,这是经济而有效的方法,热舒适性也较好。就是在极端环境气候条件下,严寒或炎热时,采用空调供暖或送冷,或供暖和送冷分开,冬天采用集中供暖,夏天送冷、这在采暖地区是比较有利的。而大部分夏季时间采用机械通风,对人体是有利的。

完全依赖空调,容易患"建筑病综合症"。因为空调的新鲜空气往往不足,氧气不够,更缺少电离子。长期在这种环境下生活或工作,容易疲惫,容易造成植物神经紊乱。有些家庭或办公室,门窗紧闭,开着空调,再开"空气清洁器"或喷洒"空气清新剂",实际上这是不科学的办法,对健康是不利的。

(2)利用嗅觉的掩蔽特性,在公共场所,如餐厅、舞厅、会堂等地方,结合通风,喷洒能振奋精神的有味气体,来掩蔽人群散发出来的使人厌烦的气味。

(3)室内绿化布置和装修材料的选择,尽可能少选用花粉较多的植物,少采用易散落粉末或纤维的装修材料,也就是减少空气中的浮游粒子,以提高空气洁净度。

(4)在室内,特别是公共场所,禁止或减少吸烟,这是减轻嗅觉负担,有利健康的最好办法。

第七节 人体气场与环境

宇宙万事万物,信息同源,程序相同,节奏相应,这是我国"风水学"关于"天地人合一"科学命题的现代解释,也是对天地人全方位统筹的理论基础,这同现代的全息论的基本思想是一致的。人与人之间,人与环境之间是通过什么物质相互作用、相互感应的呢?用现代科学全息论的观点来回答,是"场"。对"场"的认识作者知之甚少,由于它对深刻理解人与环境交互作用十分重要,故仅将问题提出,供读者参考,望有志者深入研究。

1. 物质形态

物理学研究表明,物质存在有两种形态:一种是由基本粒子组成的实体;另一种是人体感官一般不能觉察的场态。这种场态是由流动的基本粒子所组成。这些流动的基本粒子是离子、自由质子、自由电子等组成的生物等离子体。

场与形体是同一事物的两种不可分割的存在形式,并且在一定条件下,场与形可以相互转化。我国古人将"场"视为"气","其大无外、其小无内"。形与气的关系是"聚则成形、散则化气",按现代物理学的观点,即"场动成波"。

2. 物体场能

我国古人认为:天地生万物,万物相生相克,并按一定的"术数"在发展;而现代科学则证明:世间万物都在运动,都在相互作用,事物的发展都有一定的周期。物体之间的相互作用是物质分子运动的结果,而生命体之间及其与物体之间的作用还存在生物场能的作用。

3. 人体气场

现代人体科学试验证实了人体有场能,即人体气场。中医学认为人体是"形、神"统一的有机整体,精神对人体有巨大的作用。道家的健身方法是"以神守形,以形养神,形神合一",气功即是运用意识对机体进行自我调节的一种锻炼方法。通过主动控制意识,达到掌握自身的内在运动,调节和增强人体各部分的机能,激发和启发人体固有潜在力,从而使人体身心机能得到加强,收到病可除、弱可强、老可壮的功效。科学的气功及正确的练功方法对身体有益,反之有害,其关键是要有良好的心态,并且锻炼适度。心态能影响人体的内分泌系统,好的心态会促进人体免疫功能的增强,反之则起抑制作用。俗话说:"笑一笑,十年少,愁一愁,白了头",就是这个道理。

我国科学工作者曾以各种科学手段研究气功,确实证明这看不见、摸不着的"气"是有客观物质基础,是物质运动的一种形式,是生命现象的一种特殊表现。一般人都可以通过意念活动将人体场能增加15%,少数人可增加100%,甚至更多。有人将被试验者置于室外,而被试验人所发的气功可影响室内光电管的信号。这如同中国气功的"发放外气"、"意念制动"。测试发现,被试验者能从太阳穴、头或手放射出能量,能量的强弱主要与精神状态有关,情绪急躁不安,信号则减少,思想集中信号则增强,这如同气功所讲的练功时要"入静"和"放松",才容易收到效果。

4. 气场与环境

人体气场的存在与场能的大小,除了与自身的体质和情绪有关外,还受周围环境各种因素的影响,所以健身和练功者都懂得运动时要选择良好的外在环境,如空气新鲜、阳光充足、绿树成荫、景色美丽、环境宁静的场所。

科学证明,人与环境的交互作用始终存在着人体场能与环境的物质交换,这种交互作用将伴随生命的全过程。多数情况下,人们比较关心有形的物质交换,如吃东西讲究色香味、穿衣服讲究质地款式、住房讲究形态和大小等等,却忽视无形的物质交换,即场能的交换。随着物质产品的丰富,生活水平的提高,精神因素即人体生物场受外界的影响也随着增强,这是"城市综合症"和"办公室综合症"的病因之一。

根据全息论的观点,一座城市、一个小区、一幢建筑、一个房间都是一个信息场,时刻与生物体,包括人类自身产生场能交换。每一个空间都存在中医学所讲的"经络系统"与"穴位",这是场能交换的主要通路。

通过科学的规划和设计,选用适合生命体需要的材料和设备,因人而异地调节人与环境之间的关系,使人体生物场与宇宙统一场相协调,达到"人宅相扶、宅吉人健"的目的,并使环境在有利于生命体健康的前提下可持续发展,这是规划师、建筑师、室内设计师的职责。

就居住建筑室内设计而言,首先将居室置于好的方位,如东南向,保证良好的日照、采光和通风,根据各人自身的条件,控制居室的大小。室内空间太小产生拥挤,使人烦躁;室内空间太大则空旷,使人孤独。根据人在室内的行为确定室内空间形态,根据人的知觉要求,营造室内环境氛围,确保居住者身心健康。

设计时,将门窗视为"气口",这是调节室内"气场"的关键,"拒风于室外、纳气于室内",是调节气口大小和方位的原则。卧室布置时,床的方位与安置要避免在"风口"上和"死角"里,避免室外大风与室内不流动的空气直接作用于人体。室内形态、色彩、光影、景观的设计虽然因人而异,但要有利于调节人的心态,所有装饰材料和设备要有利于人的身体健康,不要盲目追求"豪华",也不可贪图"舒服",有利于健康是室内设计的准则。"豪华不等于舒适、舒服不等于健康",这是作者深刻通过实践得出的深刻体会。创造良好的室内生态环境应是居室环境设计的目标。

有关健康居住环境的相关指标参见附录六。

第八节 人和环境质量评价

本节主要介绍评价概念、评价内容、量度和标准,以及评价的方法。

评价一件事或物的优劣、等次,总要涉及两个方面:一是评价的人,二是被评价的事或物。如在购物过程中,经常会听到或看到这样的情况:顾客对业主说:"你的东西比人家贵",这说明这件东西在价格上有差异,有贵贱之分;业主则对顾客说:"你不识货,我的东西好",这说明顾客和业主对评价标准、评价态度有差异。经过讨价还价,业主出于某种原因,只好便宜卖出,这说明人对价格的影响,也可能业主不降价,但买的人多了,甚至排成了长队来购物,有时顾客会毫不迟疑的不还价就买了,这说明排队或东西以及环境对顾客起了诱导的反作用。这种购物现象也正好说明在评价中人和事物的交互作用。室内环境质量评价和其他事物的评价一样,也同样存在着人和事物的交互作用。

一、评价概念

(一)评价目的和意义

评价是指为一定目的而对某个事物作出好坏的判断。是由一个或数人对一个事物的整体或部分,为了某种目的,在某个时刻、某种环境下,采用一定的方式作出的判断。

通过评价检验事物的质量。如一个室内设计的方案出来了,好坏如何,存在什么问题,需要作哪些修改?找几位同行的人,或不同专业的人,或"外行"人,一起议论一下,这就是最简单的评价。

通过评价分清事物的等次或优劣。同一个室内设计任务,做了几个室内设计方案,究竟哪一个方案好一点,排在第几位;通过评价以决定取舍或奖励。这在建筑设计竞赛或招投标中,经常遇到的事情。

通过评价完善事物的不足之处。室内设计方案出来了,通过评价,必然会发现有不足之处,也会提出改进的措施或办法。这对完善方案是必要的。

通过评价可避免或减少对事物的决断,出现主观武断,可少出差错。室内设计方案出来了,如果不征求使用单位意见,不征求直接使用者(不只是单位的少数领导)的意见,不征求其他各工种的意见,只凭室内设计师的个人决定(实际上这种情况是很少的,只是征求意见不够或未组织方案评价),那么,或多或少会出现差错。这在我们以往的设计中,教训是很多的。

由此可见,评价对保证室内环境设计质量是非常重要的,是必不可少的。

(二)评价种类

由于事物性质的不同,评价目的的不同,评价内容不同,采取评价的方法也不同,故评价的种类是多样的。根据室内设计的特点,评价有下列几种,这种分类,同样适用于规划设计,建筑设计、工业产品设计和对一般事物的评价。

(1)按目的分,评价有决策评价和修订评价。

所谓决策评价,就是对某几种方案或对某个方案的某些方面进行评价,以决定方案的取舍。这种评价大多数用于设计招投标或设计竞赛。通过评价确定等次,次定选用哪一个方案。

修订评价,就是对某个方案的评改,肯定方案的优点,找出不足之处,以便修订和完善,这种评价在室内设计中是经常进行的。建筑工种的方案出来了,请其他专业工种提意见。或整个方案出来了,请使用单位,各管理单位、施工单位等代表进行评议,即所谓"专业会议","汇审会",就是修订评价。

(2)按内容分,有设计评价,包括建筑设计评价、室内设计评价、结构设计评价、设备设计评价等;有施工评价;环境质量评价等等。

(3)按方法分,有单一评价和综合评价。对一般较简单的事物,常采用单一评价的方法。常见的形式就是对某一方案或几个方案,找几个人来议一议,然后投票,决定同意与否。也可以分出方案的等次(按投票多少),这也就是所谓的"总计评价法",或"总计判断法"。

综合评价,由于某个事物较复杂,或对评价要求较高,就要涉及该事物的相关因素先进行分类评价,再综合确定其综合评价值。这也就是所谓"综合评价法"或"周密判断法"。

(三)影响评价质量的因素

根据评价的定义,影响评价质量的因素包括评价的客体、评价的主体、评价的环境、评价的目的和方法等五个方面。

1. 评价的客体

评价的客体就是被评价的事或物。应该说,客观事物本身的好坏,就决定评价结果的正确性。如好的室内环境质量,应该在环境舒适性、空间经济性、环境持续性等诸方面也是好的。或者根据评价要求,环境质量在某一方面是好的。如在评价人体舒适性中的视觉质量如何。或是评估视觉中的有关色彩问题,等等,这些都是被评价的客体。

2. 评价的主体

评价的主体是指评价事物质量的人。因为判断总是由人作出的,所以判断与人们的价值观有关。只有价值观相同时,才能希望得出相同的判断。这就涉及到评委的选择和评委的素质问题。

好的室内设计应该得到好的评价,公正的准确的评价。这就需要选择熟悉该专业的人,即"专家"。因为一件事物,如室内设计的质量要涉及很多方面的因素,因此选择的专家要有一定的代表性。人多了评价的结果难于统计,太少了容易出现偏见。另外,请来的专家要有一定的业务素质和思想素质。在实际工作中,经常会碰到这样的情况,一些重大的设计,往往会请许多"领导"、"知名人士",这就要求组织评价的人作深入了解,不要留于形式。

评价的公正性,一直是被评价的事物的当事人最关心的问题。这是一个社会问题,相当复杂。笔者也参加过许多次建筑设计和室内设计的招投标,深有体会。也遇到许多比较公正的评价,也碰到不少事先"安排好"的评价。因此对评委及组织评价的人,要有一定的业务素质和思想素质。否则评价就失去真正的意义。

3. 评价环境

评价环境是指评价的时间、地点和评价时的环境氛围。

由于人的价值观是随着时间进程而变化的,因此可能对于某一事物,今天的判断会与早先的或今后的判断不同。一个几年前的好设计,好作品,如果拿到今天来评价,会得出不同的结果,这是常有的事。

同一种事物,由于评价的地点不同,也会得出不同的评价结果。同一作品在不同地点(如在北京和在上海组织评价),会有不同的评价结果。就是在同一地区;现场评价和会场评价也会有不同的结果。

评价时的环境氛围对评价结果的干扰也很大。如评价一个设计作品。由于介绍作品的人很善于表达,往往会得到好的评价结果,或在评价时,由于某些人,特别是评委中的"领导""权威人士"的话,会对评价结果作"基调"。这是人际行为的诱导作用。"随大流","从众行为"的表现。

4. 评价目的

评价目的何在?对谁而言?会有不同的评价结果。如某一住宅,使用者的判断和筹建这一住宅的投资者,会有不同的评价结果,往往是使用者所关心的是经济、舒适的居住环境。而投资者所关心的是盈利问题。如果这两种都请来作评委,显然会得出不同的评价结果。

5. 评价方法

采用总计评价和周密评价的两种不同方法,会得出不同的评价结果。前者准确性不如后者。另外,目前对建筑设计作品的评价同对许多事物的评价一样,常采用无记名的评价方式,这就没有将评委的职责和评价结果联系起来,这就容易造成评价缺乏公正性,被评者又无解释权。这样的评价就失去了原来的意义。

二、评价内容、计量和标准

(一)评价内容

由于评价目的和被评事物的不同,评价内容也各异。室内环境质量的评价是一个综合性的评价,它涉及到室内空间环境、知觉环境、围合实体、设备技术、环境艺术、使用后效等诸方面。

室内环境质量评价的主要内容见图 2-129。

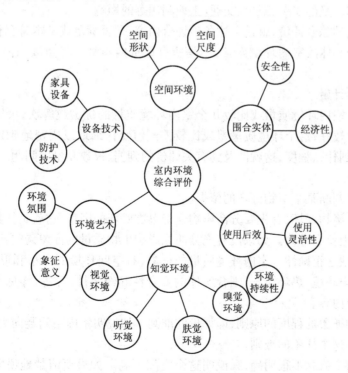

图 2-129 室内环境质量评价内容

1. 空间环境

室内空间环境的质量主要取决于室内空间的大小和形状。这是创建室内环境的主要内容,不同性质的空间环境,其形状和尺度都是不同的,但其共同特点都是要满足人的生活行为或生产行为的要求,而这种要求又是指当时大多数人(约80%以上)的生活行为和当时的生产条件下的生产行为的要求。

2. 知觉环境

室内知觉环境的质量主要是满足人的视觉、听觉、肤觉和嗅觉对环境的质量要求。这种要求又由于室内环境性质和使用目的不同而不同。

3. 围合实体

围合实体的质量主要取决于围合空间环境和分隔空间环境的结构的安全性和经济性。这种安全性是指围合实体的强度、刚度和围护结构的防水、保温、隔热、防火等以及抗震性能、隔声性能。围合实体的经济性是指这些实体的大小及其造价等要求。

4. 设备技术

设备技术是指室内的家具和设备的数量和质量,以及室内环境的通风、采光、供暖、送冷等技术措施的质量。

5. 环境艺术

环境艺术是指室内环境的气氛和室内空间的象征意义。如室内环境优雅、环境嘈杂、环境温馨、环境肃穆等,都属于环境氛围的特征。室内像"宫殿",像"水晶宫",像"科幻世界",等等,都属于室内环境的象征意义。这些环境艺术,都是通过室内空间处理、界面设计、家具设备布置,以及光环境、色环境、声环境、热环境,空间形态的艺术处理来实现的。由于室内环境性质和使用者的要求不同,室内环境艺术也各不相同。

6. 使用后效

使用后效是指室内环境建成后的使用效果和对相邻环境的影响。使用效果是指室内环境的行为和知觉的舒适性和灵活性以及耐久性。对相邻环境的影响是指建成的室内环境对相邻环境的安全、卫生、交通、土地利用等的影响。

室内环境的综合评价,就是上述各项评价内容,是否满足或基本符合相应的有关标准。就某一个具体的室内环境而言,不是所有评价内容都一样重要,评价标准也不一样。

(二)评价计量

评价一个室内环境质量或比较几个室内环境质量的优劣或等次,可以笼统地说这个环境好或比较好,这个环境质量差或比较差。但要仔细地或周密地确定这个环境什么方面好,好到什么程度,这就涉及到有关评价的判据、权数和量度问题。

1. 判据

判据就是判断某个事物好坏的依据。

判断某个事物好坏,首先要分清影响这个事物好坏的因素,这就是征象。这种征象愈完备,判断也就愈准确。如果没有充分注意影响事物质量的征象,就会产生片面的判断,评价也就缺乏正确性。室内环境质量的征象,有空间环境的大小和形状;知觉环境中的光环境、声环境、热环境等;围合实体的安全性和经济性;等等,详见图2-129,室内环境质量评价内容。

表达事物征象的程度的原则,即评价的准则。如说明室内空间竖向大小的征象,可用"低矮"作为这个征象的准则。

但低矮这个概念不很明确,只说明这个空间不高。如果要清楚地说明这个空间高低程度,就需要一个可测量的大小,这个量度就叫做判据。

征象、准则和判据三者的关系是

$$征象 + 准则 = 判据$$

如室内光线(征象)不足(准则),那么光线不足就是判据。

室内噪声(征象)太大(准则),那么噪声太大就是判据。

2. 权数

在周密判断某个事物质量时,就要分出影响事物质量的若干因素。这里就出现一个问题,这些因素之间有些什么关系? 所有因素是否同等重要? 有没有个别因素比其他因素的意义更大? 这就出现各个因素的计权问题。

权数就是各个因素之间的比例关系。如何确定这个比例称为计权。

如果各个因素的判断均相等,则总判断就是各个因素判断之和。如将 y 解释为"人员 A 在时间 t 对于对象 O 趋向目标 T"的总判断,而 y_i 是各个局部判断,于是

$$y(A, T, O, t) = y_1 + y_2 + \cdots\cdots + y_n$$

然而这样计权只有在个别情况下是有意义的,大多数个别因素比其他一些因素重要,如室内空间环境要比艺术环境更重要。如果 g_i 是各个局部判断的权,于是得下式:

$$y(A, T, O, t) = g_1 y_1 + g_2 y_2 + \cdots\cdots + g_n y_n$$

这样规定各个征象之间关系的计权,已能适应室内环境质量评价的需要,也适合对多数事物的评价。每个征象都从评价体系中得到适当的等级次序,这样的方法是比较适用的。

另外还有其他意义的计权方法

第二层计权,如关于判断的可靠性,判断是否有足够依据,可能对各个征象的评价也很重要。如果没有判断的可靠性,则判断的价值就降低了。

第三层计权,它表示个人的判断对于征象的判断的重要程度。如评定某研究生论文"商业心理学与商场环境设计",在一个各种专家组成的小组中,心理学家对商业心理的判断就比建筑师的判断更受重视。

3. 量度

要评价室内环境的质量,就要对影响环境质量的各种因素进行量度。

如表示空间的大小可以用尺来量度,得出多少米。表示环境温度可用温度计来量度,得出多少度。表示环境噪声可用声压引来量度,得出多少分贝。表示环境照度可用照度计来量度,得出多少勒克斯。如此等等,均可得出相应的量度大小。

然而有关室内空间形状的好坏,环境艺术的优劣、室内私密性的程度,等等,用什么仪器来量度呢? 其结果又如何表达呢?

这就是前面第一章第一节"人和环境交互作用"有关"知觉传递与表达"中介绍的,用心理量表来量度,其结果可用"显著性"或"满意度"来表达。也可以用"等级"来表达。

如室内空间形状很适用、适用、可以、不适用、很不适用,室内环境艺术优美、美、一般、不美、很不美。室内私密性很强、强、一般、不强、很不强、等等。也可以分成若干等级,一般可分为 $-5 \sim +5$ 级。

(三)评价标准

室内环境质量的评价标准是根据室内环境的性质,使用目的和要求,以及人体舒适性指标,对上述评价内容确定出相应的大小和舒适程度。

1. 室内空间大小和形状

室内空间的大小是根据室内空间的性质、使用者的行为,经济能力,相邻客观环境的可能性,以及建筑技术规范等综合因素,由建设方经过可行性研究后确定的。

如观众厅的大小就是根据演出的性质,观众人数,观演行为要求,以及建筑技术等可能性综合确定的。

室内空间的形状,也是根据使用性质、使用行为、建筑技术和经济条件的可能性,由设计单位经过方案比较而确定其可行性。

如观众厅的形状,确定演出方式后,就确定了观众的排列方式,根据视觉、听觉等要求确定了观众厅形状的可能性,以便评价。

2. 知觉环境

室内知觉环境的标准涉及到视觉、听觉、肤觉、嗅觉等对环境要求的主观心理量和客观物理量。

主观心理量是根据室内环境的性质、使用要求等,因人而异。

客观物理量根据人体要求和环境性质确定的,表2-11中一些数值可供设计和评价参考。

室内热环境的主要参照指标　　　　表2-11

项　目	允　许　值	最　佳　值
室内温度(℃)	12～32	20～22(冬季) 22～25(夏季)
相对湿度(%)	15～80	30～45(冬季) 30～60(夏季)
气流速度(m/s)	0.05～0.2(冬季) 0.15～0.9(夏季)	01
室内与墙面温度差(℃)	6～7	<2.5(冬季)
室内与地面温度差(℃)	3～4	<1.5(冬季)
室内与顶棚温差(℃)	4.5～5.5	<20(冬季)

以下一些物理量指标供环境质量评价时参考。详见表2-12不同活动形式所需热量。表2-13为室内环境与闷热感觉。表2-14为各类房间工作面上平均照度参考值。表2-15为照度、温度与环境气氛。表2-16为显色类别及其室内的适应范围。表2-17是造型效果与照明方向性质量评价。

不同活动形式所需热量　　表2-12

活动形式	所需热量(kJ/h)
睡眠	272
躺着休息	298
坐着休息	334
站着休息	418
轻手工劳动:	
指尖及手腕	355
手及手臂	564
重手工劳动	
指尖及手腕	460
手及手臂	773
站着轻微劳动	573
女打字员	581
女售货员	627
重体力劳动	1923

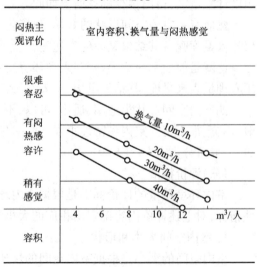

室内环境与闷热感觉　　表2-13

各类房间工作面上平均照度参考值 表 2-14

房 间 名 称	照 度 (lx)
居 室	75~150
幼儿活动室	150
教 室	150
办 公 室	100~150
阅 览 室	150~200
营 业 厅	150~300
餐 厅	100~300
舞 厅	50~100
计算机房	200

照度、色温与环境气氛 表 2-15

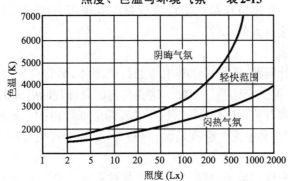

显色类别及其室内的适应范围* 表 2-16

显色类别	显色指数范围	色 表	应用示例 优先采用	应用示例 允许采用
I_A	$R_a \geq 90$	暖 中间 冷	颜色匹配 临床检验 绘画美术馆	
I_B	$80 \leq R_a < 80$	暖 中间	家庭、旅馆、餐馆、商店、 办公室、学校、医院	
		中间 冷	印刷、油漆和纺织工业需 要的工业操作	
Ⅱ	$40 \leq R_a < 80$	暖 中间 冷	工业建筑	办公室 学校
Ⅲ	$40 \leq R_a < 60$		显色要求低的工业	工业建筑
Ⅳ	$20 \leq R_a < 40$			显色要求低的工业

* 标准色度系统(CIE)取一般显色指数 R_a 指标,将灯的显色性能分为5个类别。其适应的使用功能范围见表2-16。表中高显色系数灯的光效往往偏低,实际选用时应根据使用功能性质的要求,兼顾显色性和光效。

造型效果与照灯方向性质量评价 表 2-17

$\overline{E}/E_s$ (方向性强烈)	照 明 方 向 性 评 价
3.0(很强烈)	对比强烈,看不清阴影中的细节
2.5(强烈)	有清晰的方向性效果,适用于商业上的陈列,人脸显得生硬
2.0(中等)	在正式交往,或保持一定距离接触时,人的容貌感觉较好

续表

$\overline{E}/E_s$ (方向性强烈)	照 明 方 向 性 评 价
1.5(较好)	在非正式交往,或近距离接触时,人的容貌感觉较好
1.0(弱)	对比柔和,较弱的光影效果
0.5(很弱)	

表中:$\overline{E}$——照度矢量,对空间一点照明方向性的表述;
E_s——标准照度。

有关室内环境质量的评价标准,除较客观的物理指标是定量的,还有许多指标是定性的,这要求在评价时,根据当时的环境和评价对象经评委讨论作出较一致的评价标准。我们在评定学生建筑设计和室内设计作业时,就是这样进行的。

三、评价方法

对一个对象或一个建筑作品的质量进行量度有很多方法,有的精确些,有的差一些。常用的评价方法有下列几种。

(一)总计判断法

一个自发的总计判断,像设计竞赛中所通行的那样,是将许多对象进行比较,评出第一个比第二个好,第二个比第三个好。这类自发的总计判断的理由常常是后加的,这个理由只与少数因素有关,并且几乎是不足以解释全部理由的。这种理由实际上取决于判断者的经验、知识和能力。也就是说,判断者,如一个评奖委员会,选择得越好,其判断也就越好。

这个方法中还未提到量度问题,"量度"在某种程度上取决于判断者的人品地位。

这种方法在实际工作中,应用相当广泛。如招收新生入学,则是先统计考生成绩,然后制定录取标准,再确定哪些学生是否合格,这可以说是很简单的总计判断法的应用。我们在评定学生建筑设计(快题)成绩时,就是将作业分成几个组,分别由教师将作业按好差次序排队,然后将几组好的或差的作业取出,由几位教师讨论定出最好和最差的成绩。其余作业成绩则按前面排好的次序,按最好成绩适当扣除一些分数,从而确定各位学生的设计成绩。

(二)周密判断法

为了得到仔细的判断,必须将进行判断的整个集合体分解成若干征象,对每个征象分别作出判断,然后将诸局部判断进行综合。

一个局部判断可采用下列标尺:

例如:①好的解;②满意的解;③坏的解。

还可以选择分得较细的标尺,以便细分判断。标尺上的每个点是经过协商同意而选择的固定点。也就是说,这是一种顺序标尺。如温度表,将冰点定为0℃,将沸点定为100℃,则0~100的每1格就是1℃。

实用的标尺是:从 $+M$ 经过 0 到 $-M$;例如从 $+3$ 经 0 到 -3;或从 $+5$ 经 0 到 -5;其中 $+M$ 表示"很好",0 为"不好不坏",$-M$ 为"很坏"。

采用这种测量标尺有许多优点:

(1)采用0作为"不好不坏"可使判断容易一些。判断者可以分析他的判断,好坏程度。

(2)测量标尺上的值的划分即不复杂,又使判断容易区分。

(3)用奇数结束的标尺比用偶数结束的标尺容易处理。

这种判断方法仍属于自发的判断，存在着主观因素，为使判断较"客观"，有时评判组合作出一些"限制"，如发生判断不一致时，可经过过半数的表决或协商统一。

(三) 转换曲线法

转换曲线法其实质也可以说是周密判断法。它是由 Musso 和 Rittel 在德国采用的一种评价方法。转换曲线表示与对象的特性有关的分数评价。水平轴（征象轴）为对象的征象，如距离、面积、造价等，垂直轴（评价轴）为测量值，从 + M 到 - M。判据是转换曲线的函数。此种转换曲线有各种不同形状，它可以是连续的或是断续的，也可以是直线段或曲线段。见图 2-130。

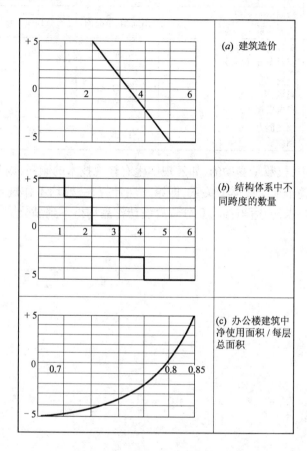

图 2-130 转换曲线举例

这些转换曲线表达了排列者的价值观，直接显示了他的主观价值体系。因此可以讨论和验证，曲线的形状以及由此而作的评价可与有关人员讨论或作出改变。

转换曲线用于显示主观评价体系，使评价一目了然，便于对显示作讨论。征象标尺上的每个值都对应评价标尺上的一个值，这样的转换曲线就明确地说明了关于一个可量度的征象的质的定义。

(四) 综合因子分析法

这是我们常用的周密判断法的一种。

由于建筑和室内设计作品的质量，涉及到许多征象无法确切地评量，因此我们根据评价目的和要求，将影响作品质量的征象，分成几个主要的部分。每个部分再分几种主要的影响因素。根据评价目的和要求以及参与评价作品的实际情况，经评委讨论，确定各主要征象的权数。如评价一组室内设计作业，见表 2-18。

室内设计作业评价　　　　　　　　　　　表 2-18

观察征象	征象载体	判据	计权	得分
使用环境	功能布局 行为路线 面积大小	平面图	40%	
视觉环境	空间形态 光环境 色彩环境 界面质地 空间尺度	室内效果图	20%	
结构布置	柱网尺度 受力体系	剖面图、平面图	15%	
家具设备布置	家具数量(设备) 家具布置(设备)	平面图	10%	
建筑技术	交通、消防 通风、采光 空调措施	剖面图 平面图	10%	
表达能力	绘图能力 图纸质量	有关图纸	5%	

　　在实际评价中,权数是变动的,如发现学生有轻视技术的倾向,则教学中予以强调,并提高其权数。关于征象载体的关系,即第二层计权,一般均不作规定,讨论后由评判教师确定。不合要求的,适当扣除几分。故设计作品均得不到满分。

第三章 环境行为与室内设计

本章是根据前面两章"人体工程学基础"、"人和环境"交互作用的概念,以环境行为学的观点,重点介绍室内设计原理和方法。通过不同环境行为对室内设计影响的介绍,进一步阐述人体工程学在室内设计中的应用。

什么是环境行为学?它的研究内容和原理是什么?它是怎样产生和发展的?

长期以来,"建筑决定论"的观点在建筑领域里仍占主导地位。不少建筑师认为建筑决定人的行为,使用者将按照设计者的意图去使用和感受建筑环境,这实质上取消了环境中的物理、化学、生物、文化、社会、人类心理等诸要素的交互作用。直到今天,环境已成为日常话题,许多科学家、心理学家及人类学家运用各个领域的研究方法,以观测、调查、模拟统计、分析等方法去了解人类生活经验和行为,试图从人类的环境知觉(生理的刺激与反映)及环境认知(心理与心智的意象)探讨不同类型使用者的本能需求与活动模式,不同情况下的心理状况与喜好,并透过使用者参与及评估等回馈的程序,来建立起设计适宜的、满足人们需要的生活环境的参考准则。这就是环境行为学研究的内容。

环境行为学的研究是环境心理学等在建筑学领域中的应用,是新兴、多学科的综合领域。它革新、完善传统建筑学的设计理论和方法。它的基本观点是:人的行为环境处在一相互作用的生态系统中。"人看来并不是他环境的消极产物,而是有目的生物,他作用于环境,而同时又受到环境的影响,在改变世界的同时,人也改变了自己。"

环境与行为的交互作用可归纳为三个过程:

第一是环境提供知觉刺激,这些刺激能在人们的生理和心理上产生某种含意,使新建成的环境能满足人的生理和心理的需要,如让健康的光线和新鲜的空气进入环境,而阻挡有害光线和污染的空气、以及噪声和风雨进入环境。

第二个过程,环境在一定程度上鼓励或限制个体之间的交互作用,这与人在空间环境中的行为有关,环境的可持续性也制约着人的需求。

第三是人们主动建造的环境又影响自己的物质环境,成为一个新的环境因素。

行为科学是一门研究人的行为规律及人与人之间,人与环境之间相互关系的科学。它的产生是资本主义社会发展的结果。"行为学"一词最早出现在"管理学"研究当中。如1980年出版的英文版《国际管理词典》提出:"行为科学主要是有关对工作环境中人和群体行为进行分析和解释的心理学和社会学学说。……它强调的是试图去创造出一种最优的工作环境,以便每个人都能为实现公司目标,又能为实现个人目标有效的作出贡献。"

与建筑有关的环境行为研究的始端可以追溯到本世纪初。本世纪初,格式塔心理学的理论出现,对现代建筑产生过巨大影响。二三十年代 H·Chen 的"行为的建筑学"一文把行为学和建筑学结合起来作出了贡献。但真正具有开拓意义的研究是在40年代后期。1947年美国堪萨斯州的托皮卡建立的有一个800人的心理学研究机构对于真实环境如何影响人的行为,特别是如何影响儿童的行为和发展所作的研究,是心理学领域的一次重要革新。他们所作的真实环境场所与人的行为关系研究中,自然会涉及到建筑与人的行为关系。1950年,在心理学家菲斯丁格尔(Festinger)、斯盖克特尔

(Schacter)和巴克(Buck)指导的一项社会心理学研究中发现物质环境的布局对于行为有明显的影响。这项研究被广泛引为人工设计的环境对人类行为影响的研究的起点。

与此同时，不少社会学家、环境学家和地理学家也进行了这一领域的研究，但是建筑学有其科学技术、经济、文化和艺术的知识背景，有自己的专业知识及创作活动规律，毕竟不是心理学家们所能掌握的。直到60年代，环境—行为的研究成为一个独立的研究领域，仍不是心理学家们的纯理论研究，而是从事物质场所设计的建筑师们提出的建筑创作中的实际问题。60年代，由于建筑师感到现代社会中设计决策的复杂性已是一个难题。于是认识到行为学可能在实际设计中起到重要作用。从此，以建筑师兼人类学家A·拉波波(Amos Rapoport)为先驱，逐渐多的建筑学家投入了这一领域。1972年普洛特——艾戈尔住宅群被炸毁的事件为建筑界正在增长的行为学研究的知识提供了有力的实证。使得建筑师对行为的认识进一步加强和肯定。

近30年来，环境——行为的研究与建筑学、城市规划、室内设计等学科领域结合的理论探索和实践应用为这一学科的发展带来了新的成果。一种意见认为，环境行为学的研究可以是"适用"的现代术语。人们常常将人在空间中活动所需面积、身体活动尺寸、人流活动特点、空间流向等看成是空间要求，这实质上是在离开人在研究空间。环境行为学研究的"功能"则要深入得多，例如物理环境的声、光、热对人的听觉、视觉、触觉等感官的刺激作用，也是人的知觉要求，对于空间的感知更涉及到人的行为心理所关联的社会、文化、环境、个体差异等诸因素。同时，建筑环境也并不是纯被动的，环境的可持性又要影响人的建筑行为。

环境行为学的研究范围很广，涉及的因素很多，在不同领域研究中也有不同的称呼，如"人——环境研究"、"人的因素"、"行为建筑学"、"使用者的需要"、"社会和行为因素"等。本书是室内设计丛书的一部分，虽然介绍的内容已超出了室内设计范围，但毕竟不是"行为建筑学"的全部，故仍用"环境行为"一词，在前两章的基础上，进一步阐述不同室内环境行为和室内设计的关系。仅举几个典型的室内环境设计加以论述，涉及到前面的知识则不再重复，共同因素的论述在某一节中已介绍过，则在另一节中不再赘述，涉及到室内设计的具体方法则尽可能少讲，以免同其他丛书过多的重复。

第一节　居住行为与户内设计

一、家庭活动效率和特征

(一)家庭组成

家庭是社会组成结构的基本单元。随着社会的进步，物质文化水平的提高，健康保健事业的发展，人的平均寿命有了显著的增长，家庭结构也发生明显的变化。大户型减少，小户型增加。据人口调查统计：我国城市中三～四口之家占63.29%，三口以下的家庭占8.32%，五口以上的家庭占28.39%。当然各省市、地区间，城市与乡村间家庭结构差异会很大，但家庭户规模逐渐减小却是事实。随着人们思想观念的更新，独生子女的成长，其增长的趋势会更加明显。另外进入老龄化社会的步伐也在加大，我国上海等大城市业已率先步入老龄化行列。故在户内环境设计中，应充分考虑这一发展趋势，及早作出相应的解决措施。

(二)家庭活动效率

人的一天有2/3的时间是在居住环境中度过的。家庭生活活动主要表现在休息、起居、学习、饮食、家务、卫生、交通等方面。各种活动在家庭生活中所占去的时间、花费的能耗及其效率也是各不相同的。粗略分析，一天在家里的活动中，休息活动所占的时间最长,约占60%;起居活动所占的时间较次,约占30%;家务等活动所占的时间最少,约占10%。当然,各个家庭情况不尽相同,家庭中的各个成员在各项活动中所花的时间相差更大(如家务活动,一般人每天花一个多小时,而家庭主妇可能要花七个多小时)。要说明的一点,就是休息环境(主要是卧室)质量的好坏,将直接影响人的健康。然而,在家庭各种活动中,家务劳动所花费的能耗却是最大的。表3-1为各种职业的一天的能耗。

各种职业一天的能耗(W/24h)　　　　　　　　　　表3-1

职　　业	男	女
书记员、速写员、制钟者	2791～3140	2326～2511
纺织工、公共汽车司机、医生	3489	2908
鞋匠、机械师、邮递员、家庭主妇	3838	3198
石匠、生产线工人、家庭主妇、重工作日	4187	3489
芭蕾舞演员、建筑工人	4536	3780
矿工、伐木工、运输工人	4885～5582	

由此可见,家庭主妇的能耗相当于生产线工人和邮递员。轻工作日为3198W/24h,重工作日为3489W/24h,超出了纺织工、司机和医生。当然,随着家务劳动电气化和食品成品化的增长,家务劳动将得到很大的改善,但这也说明家务劳动很不轻松,这就要求在户内设计时,要特别重视改善炊事和卫生活动的工作环境。

表3-2是不同家务工作的能耗。

家务工作的能耗　　　　　　　　　　表3-2

活　　动	体　重(kg)	能　耗(W/min)
坐着轻工作	84	1.98
坐着书记	64	2.21
园　艺	65	5.95
擦　窗	61	4.30
跪着洗地板	48	3.95
弯腰清洁地板	84	6.86
熨　衣	84	4.88

由此可见,不同姿势的家务劳动所花费的能耗是不同的。弯腰洗地板比跪着清洗地板的能耗多70%。能量消耗的大小决定了家务劳动的劳累程度,它与体力的支出成正比。一般情况下,每个人工作的效能是不同的,在最有利的条件下也只能达到总能耗的30%。

表3-3是不同活动的工作效率。

不同活动的工作效率　　　　　　　　　　表3-3

活　　动	效　率(%)
弯腰铲、擦地板	3～5
直腰铲、擦地板、弯腰整理床	6～10
举重物	9
手工工作(用重型工具)	15～20
拖拉荷重	17～20
上、下楼梯	23
骑自行车	25
平地上走路	27
爬5度的山坡	30

由此可见,常见的家务工作效率是很低的。弯腰整理床,只达到6%~10%,大部分的能耗则转化为热量了。并且能耗与人们的活动姿势有关。图3-1是不同姿势的能耗量(单位:RMR)

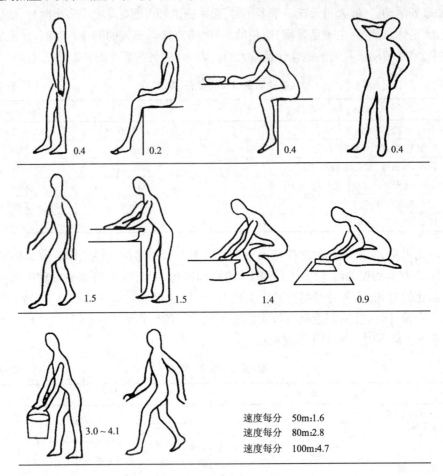

图 3-1 不同姿势的能耗量

这说明不同姿势的能量消耗不同。如行走的话,速度越快,能耗越大,每分钟50m只要1.5RMR,而每分钟100m时则要4.7RMR。由此可见,在家务劳动中,要尽量采用适当的姿势,过分的弯腰,过分的走动都是不适当的。这就要求我们在户内空间设计时,尤其在家具设备的不同功能高度设计时,尽可能减小弯腰动作。

说明:表中RMR表示劳动强度的相对代谢率(Relative Metabolic Rate)

$$RMR = \frac{劳动时的能量消耗 - 安静时的能量消耗}{基础代谢量}$$

RMR值越大,则能耗越大。

(三)家庭活动特征

根据家庭生活要求所显示的心理活动的外在表现,及其对户内环境的相互作用,家庭活动特征见表3-4。

家 庭 活 动 特 征　　　　表3-4

家庭生活		空 间 环 境									物 理 环 境					活动性质
分类	项目	集中	分散	隐蔽	开放	安静	活跃	冷色	暖色	柔和	光洁	日照	采光	通风	隔声	保温	分　类
休息	睡眠		√	√		√			√	√		√	√	√	√	√	个人生活
	小憩		√	√		√			√	√			√	√	√	√	

续表

家庭生活		空间环境									物理环境					活动性质
分类	项目	集中	分散	隐蔽	开放	安静	活跃	冷色	暖色	柔和	光洁	日照	采光	通风	隔声	保温	分类
	养病		✓	✓		✓			✓	✓		✓	✓	✓	✓	✓	
	更衣		✓	✓		✓			✓	✓			✓			✓	
学习	阅读	✓			✓	✓			✓	✓			✓	✓	✓	✓	个人生活
	工作	✓			✓	✓			✓	✓			✓	✓	✓	✓	
起居	团聚	✓			✓		✓		✓	✓		✓	✓	✓		✓	公共活动
	会客	✓			✓		✓		✓	✓			✓	✓			
	音象	✓			✓		✓		✓	✓			✓	✓	✓		
	娱乐	✓			✓		✓		✓	✓			✓	✓			
	运动		✓		✓		✓				✓		✓	✓			
饮食	进餐	✓			✓		✓		✓	✓			✓	✓		✓	公共活动
	宴请	✓			✓		✓		✓	✓			✓	✓			
家务	育儿		✓		✓	✓			✓	✓		✓	✓	✓		✓	公共活动
	缝纫		✓		✓	✓			✓	✓			✓	✓			
	炊事		✓		✓		✓		✓		✓		✓	✓			
	洗晒		✓		✓		✓		✓		✓		✓	✓			
	修理		✓		✓		✓		✓		✓		✓	✓			
	贮藏		✓	✓		✓					✓			✓			
卫生	洗浴	✓	✓						✓				✓			✓	辅助活动
	便溺	✓	✓						✓					✓			
交通	通行	✓			✓		✓			✓			✓				交通
	出口	✓	✓						✓								

二、居住行为与户内空间

居住行为是家庭生活心理活动的外在表现,是生活空间状态的推移。其"外在表现"是人与户内环境交互作用的结果,可通过环境心理量表和环境物理参数来表达。而"状态的推移"则是生活行为的空间表现,可用图形来表达。

(一)空间秩序

人在户内活动的行为是千变万化的,其活动程序也不能全部模拟。我们只能找出与空间关系比较密切的部分,按照人的生活习性、活动特征、行为规律进行模拟化,用图形表达出来,这就是居住行为空间秩序模式,见图 3-2。

这是一种对户内活动行为空间关系的预测。以往我们称之为功能分析图或功能流程图。这里不同的是在于,告诉设计者,这是一个空间关系,每一个圆圈表示一种功能空间,它可以是一个建筑实体,也可能是某种家具设备所构成的空间限定。它们之间的相对位置,也显示了户内生活功能的空间分布,它们之间连接的线,表示了两种功能关系密切的程度,可能是走道,也可能是一扇门或一个门洞。这就为户内空间设计提供了空间组合的依据。

第三章 环境行为与室内设计

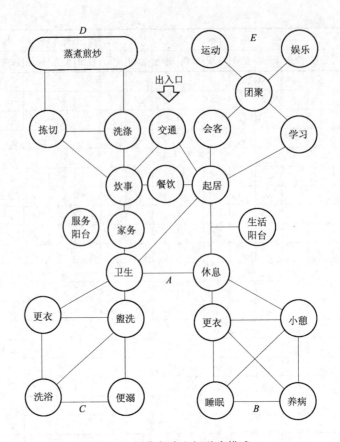

图 3-2 居住行为空间秩序模式

图中 A 为居住行为总体空间秩序,表达了主要功能为起居、休息、家务、卫生四个部分的空间关系。从图中可以看出,休息和卫生为私密性空间,故处于尽端位置;起居和家务为开放性空间,故处于通过式位置。由出入口经交通空间再进入起居和家务二个空间,故户内空间如有二个出入口则更为方便,一个为主要出入口,一个为辅助出入口。由于居住标准的差异。居住行为的总体功能也有很大的差异。对于一般标准的住宅,交通和起居两部分可合为一体,成为一个小厅,或为一个通道。家务部分也只是一个从事炊事的厨房。卫生部分只是一个设有浴缸和便桶的卫生间,休息部分只是一个或两个卧室。这就是我国城市住宅现行的标准。随着生活水平的提高,物质经济条件的改善,休息、卫生、家务、起居四个部分,又扩大为 B、C、D、E 四个部分,即为休息行为空间秩序模式,卫生行为空间秩序模式,家务行为空间秩序模式,起居行为空间秩序模式。这就扩大了休息空间,增加卧室数量(如成人、孩子、老人卧室);扩展了卫生空间,将盥洗与洗浴及便溺分开,成为独立的盥洗间和卫生间;扩大家务空间,成为厨房和杂务间;扩大了起居空间,成为客厅、书房、健身房及游艺室,此时的交通空间也将扩大为独立的门厅。这就成了高标准住宅。我国目前所出现的"别墅"基本属于这种类型。

(二)空间尺度

户内空间尺度是根据家庭生活各个功能空间尺度,考虑空间围合结构的特点以及建筑技术要求,综合确定的。各个功能空间尺度是由三个部分组成的:

一是根据居住行为所确定的人体活动空间尺度;二是根据居住标准所确定的家具设备的空间尺度;三是根据居住者的行为心理要求所确定的知觉空间尺度。家庭生活的功能空间主要是起居室、卧室、厨房和卫生间等四部分。起居室和卧室的空间尺度由于居住水平的不断提高以及居住者个人特性的影响(职业、年龄、性别、文化、生活习性及经济水平等),也在不断变化。如起居室,及我国住宅中的"厅",有人主张"大厅小卧室",其实并不完全适应各个家庭的需要。"小卧室"如其面积小于 $8m^2$,显然是不适用的。而厨房、卫生间的空间尺度,使用要求比较接近,受居住者个人生活习性影响较小,其行为要求逐步趋向科学化和现代化,故其空间尺度变化较小,因而出现了厨房和卫生间的"标准设计"。

1. 人体活动空间尺度

图 3-3 为餐厅活动空间。

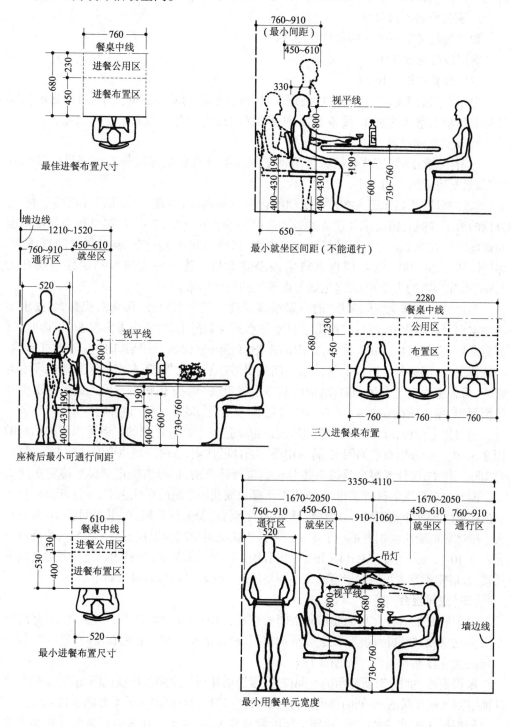

图 3-3 餐厅活动空间

图 3-4 为起居室活动空间。

第三章 环境行为与室内设计

图 3-5 为卧室活动空间。
图 3-6 为厨房活动空间。
图 3-7 为卫生间活动空间。

根据上面的图示,可以粗略地估算出人在不同功能空间中的活动的基本面积,再考虑家庭成员等因素,进一步确定人群活动的空间范围。由于人的户内活动高度在正常情况下,均在 2m 以下,因而也就估计出人体活动的空间尺度。

2. 家具设备空间尺寸

常见的起居室和卧室的家具见图 3-8。
厨房设备见图 3-9。
卫生设备见图 3-10。

根据上面的图示尺寸,便可以确定家具、设备所占的基本空间大小,再根据居住标准确定各功能空间的家具、设备等级,便可粗略地估计出家具设备的空间尺寸。

3. 知觉空间尺度

所谓"知觉空间尺度"是指人体活动空间和家具设备空间以外的空间尺度,因"知觉"因素而决定的空间大小。

通过测试,我们知道人在户内活动的行为空间高度,均在 2.2m 以下(相当于 95 百分位的男子摸高),因而家具设备的最大高度一般也在 2.2~2.4m。如果我们将户内空间高度设计在 2.2m,对于起居室和卧室来说,如果房间稍大一点,就显得空间很压抑。即使做到 2.4m,按人的习惯也觉得室内净空太低。我国住宅规范确定住宅层高为 2.8m,实际净空均为 2.65m,这也就考虑了人的知觉因素。

当然,影响"知觉空间尺度"的因素很多。就空间形态而言,房间面积愈大,要求室内净空愈高。根据 95 百分位的男子立姿的水平视觉范围,当室内进深在 5m 以内时,其视觉高度也不超过 2.4m。另外,室内的光影、色彩、壁面的质感对知觉空间也有影响,一般情况下,明亮的、浅色的、光洁的空间显得"宽敞"。此外,还有室内气候即热环境的影响,考虑室内空气容量和对流,应将其净空确定高一些。但根据我国人民居住水平和生活习惯,室内净高在 2.4~2.6m 是可以的。太高了,既不经济,也显得空旷。

通过以上分析,可知道户内空间尺度是由上述三个部分组成的。但考虑围护结构的因素,室内空间灵活布置的因素,将会出现"大开间"住宅,室内净高也会有所改变。另外,在实际工作中,设计者很少是按上述分析去进行计算的,仍习惯按定额标准确定房间大小。但对制定标准的科研工作者,则需要不断根据我国当时的居住水平,经计算及时提出新的标准。1994 年我们对"上海居住质量"作了调查,普遍反映厨房、卫生间较小,需要扩大。带冰箱的厨房面积宜不小于 $4.5m^2$,带洗衣机的卫生间面积宜不小于 $3.5m^2$,小卧室面积宜在 $10 \sim 12m^2$,大卧室在 $14 \sim 16m^2$。因我国人民生活习惯,在卧室内还进行其他功能的活动,故卧室不宜太小。起居室的大小则要依据居住水平和行为要求而定。

(三)空间组合

根据家庭生活各自功能要求和空间的性质,户内活动空间基本上分为四个部分,即个人活动空间、公共活动空间、家务活动空间、辅助活动空间。它们在空间环境中,具有一定的独立性和相关性。见图 3-11。

根据生活空间分布所显示的空间位置,参照居住行为空间秩序模式图,所显示的各个功能空间的相互联系,空间的排列组合,从而建立的户内空间组合关系如图 3-12 所示。

根据居住标准,确立各个功能空间的数量和大小,考虑居住者的行为要求和邻里关系等因素,参照上面活动空间组合关系图进行户内空间组合,即形成所要求的居住单元。这种方法,也称之户内空间设计。

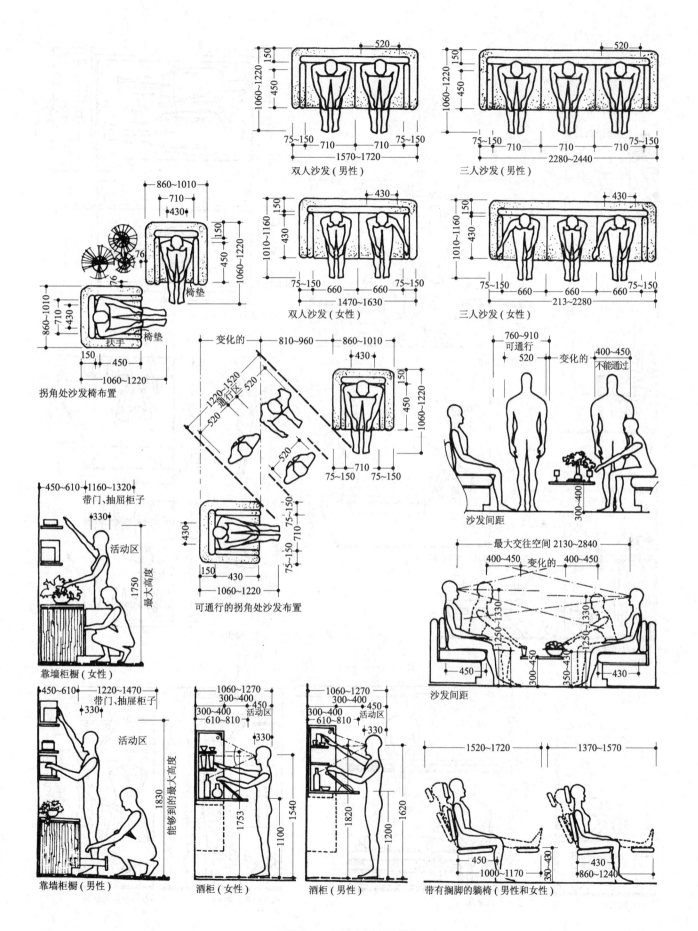

图 3-4 起居室活动空间

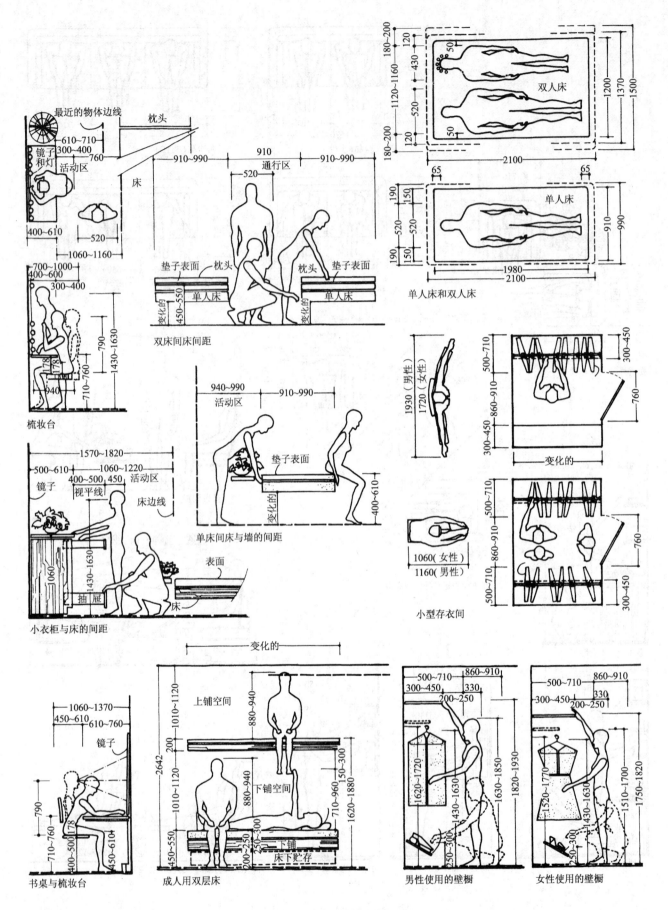

图 3-5 卧室活动空间

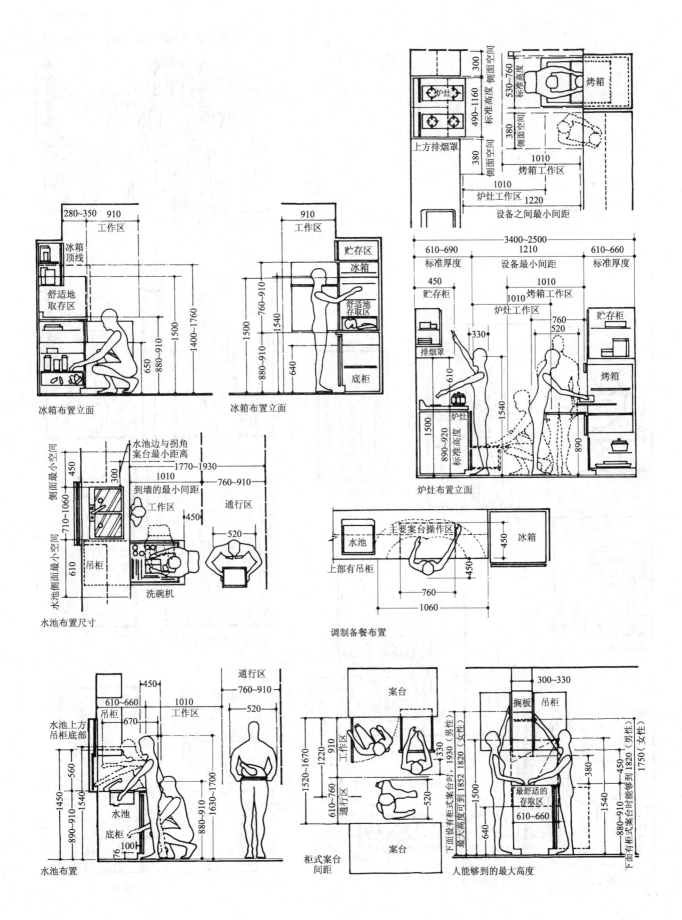

图 3-6 厨房活动空间

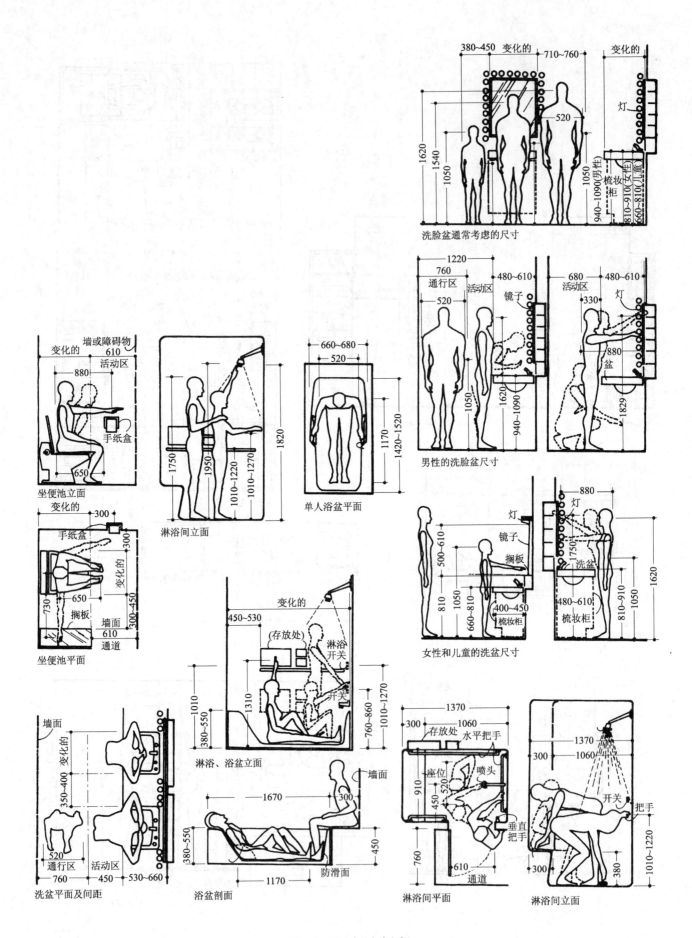

图 3-7　卫生间活动空间

图 3-8 常见起居室和卧室的家具

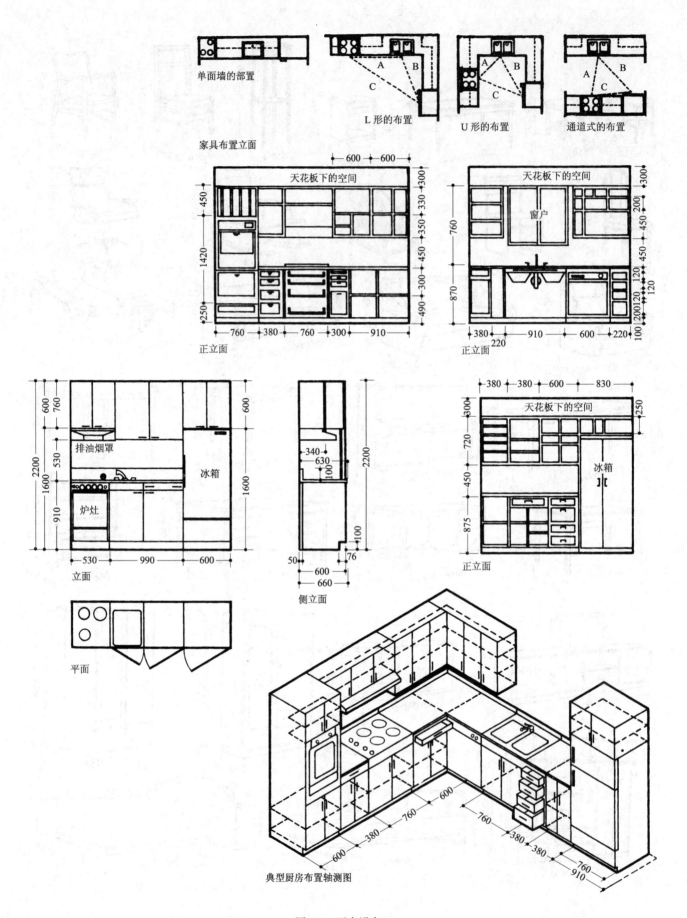

图 3-9 厨房设备

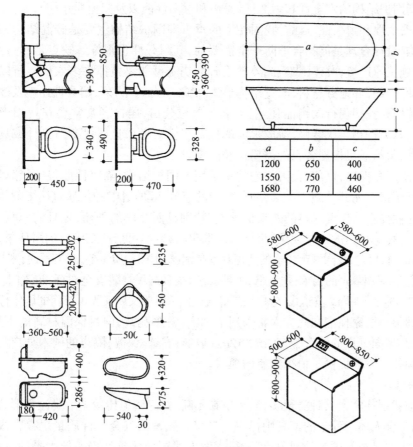

图 3-10 卫生设备

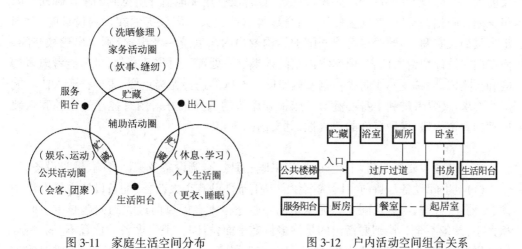

图 3-11 家庭生活空间分布　　图 3-12 户内活动空间组合关系

三、居住行为与户内环境设计

户内空间的大小、位置及其组合是否合理,会直接影响居住质量,但居住者往往关心更多地则是户内空间环境。所谓户内空间环境包括户内物质环境、视觉环境、物理环境和居住文化氛围。

(一)物质环境

户内物质环境主要是指户内空间围护结构质量及家具设备等条件。

1. 围护结构质量

是指围护结构的安全性和耐久性,隔声和保温性能以及门窗质量。

(1)安全性和耐久性,目前,我国住宅的承重和围护结构主要是砖混结构和钢筋混凝土结构,设计合理是能符合消防安全需要的,其耐久性也很好。缺点是自重太大,灵活性小,施工速度慢,改建困难,此外粘土砖的烧制可能要毁掉许多农田。所以要尽快利用工业"废料"和地方材料,改进结构形式和施工方法。另外,耐久性还涉及围护结构的壁面装修。我国现行的商品住宅,尤其是单位公房,居住者常常要花费相当多的人力、物力、财力进行二次装修,造成很大的浪费。应该考虑让居民参与设计或具有一定的灵活性,留给居民根据各自的需要作表面装修。

(2)隔声和保温,目前,我国住宅的所采用的围护结构,隔声性能很差,邻里的家庭生活相互干扰。尤其是施工质量差时,邻里的家务活动,音响的传递直接影响休息和居住的私密性要求。保温隔热的效果也很差,特别是西北向的外墙,夏日的西晒,冬季的寒风,直接影响户内的正常使用,难怪居民选房时,要尽可能选东南向的居住单元。

(3)门窗,目前,我国城市住宅的门窗基本是钢窗、木门。质量差,开启不便;密封性能不好,很难达到保温隔声的要求;强度低,不够安全,很多居民自装安全栏杆、防盗门。特别是在南方,"鸟笼式"外窗,"监禁式"分户铁门等表现出一种不文明又无可奈何的居住行为。

欧洲很多国家住宅在此方面常采用下列方式:多孔砖,内衬保温材料的围护结构;隔声密闭、多向开启的铝合金窗,10~12mm玻璃;安全、保温、隔声的硬木分户门。这些都为我国住宅发展提供了值得借鉴的模式。

2. 家具

目前我国住宅家具种类很多,质量也在不断地提高,但比较多的是注重形式和外观质量,而符合人体工程学的家具则很少。与家具配套的五金零件质量也存在很大的问题,更严重的是抄袭国外的现象泛滥,很少考虑我国居住条件仍是低水平的特点,家具尺度大,尤其是沙发和台子。居民在选购时,若没有正确地估计所见到的家具陈列空间与家庭空间相差程度,搬回去使用,则会显得占地太大。应该提倡在户内设计时,对固定家具如大衣橱、书橱等尽可能同围护结构及户内高度统一考虑,分别留出贮藏空间,而橱门的设计留给居住者,根据室内空间效果统一处理。对移动家具,尽可能考虑多功能和折叠式,以减少不用时少占据室内空间。对床的选择尤为重要,既要符合人体功能尺寸要求,又要考虑利于身心健康。床板和床垫的选择最好采用有弹性的木板和软硬适度的弹簧床垫,保证良好的透气性,见文前图3-13。

3. 设备

户内设备主要指厨房、卫生间设备,采暖、通风、空调设备及家用音响、健身设备。

(1)卫生间设备　目前我国城市住宅卫生条件已有很大改善,配备设施主要有洗手盆、便桶、浴缸等,当然这同发达国家相比差距还很大。但目前最大的问题是卫生间面积大小,设备不全。特别要指出的是许多住宅平面设计时,卫生设备的位置不妥。浴缸位置靠窗,不符合洗浴保温要求;抽水马桶靠近居室或卧室一侧,通风不好,抽水时响动太大,直接影响休息。现在许多家庭将洗衣机放在卫生间内。在条件许可时,尽可能同洗手盆一起与浴厕用隔断分开,以方便多成员家庭使用。在浴缸上安装移动式隔气门,更符合人的洗浴行为,见文前图3-14。

(2)厨房设备　当前主要包括灶台、案板和洗涤池三大件。厨房作为主要炊事活动区,其大小同使用的灶具燃料关系密切。我国居民能使用上管道煤气的家庭还不普遍,这就要求适当增加贮藏空间。另外要提出的是厨房冰箱将是发展的趋势,现在许多家庭将冰箱置于起居室内作摆设,因体积大又过多地注意外观要求,而降低了本身的使用效果。随着居住文化观念的改变,今后冰箱将分为冷冻和冷藏两部分与厨房贮藏空间结合在一起。有条件的家庭可在起居室中增加一个小型冷藏柜。见文前图3-15。

(二)视觉环境

户内视觉环境包括户内空间形态、环境光影和色彩、家具设备及空间界面的质感,以及户内空间和户外空间的相关性等因素。

1. 空间形态

户内空间形态多为长方形。这种形状很适合家具设备布置和户内活动,比较经济,更容易符合围护结构和建筑技术要求。但对公共活动空间(如起居室)就显得有些呆板。这就要求设计者在进行家具和灯具布置、空间界面装修、环境色彩处理时,使其空间形态有所变化,呈现出活跃气氛,见图3-16。

2. 环境光影和色彩

(1)光影 室内光影是通过采光和照明系统产生的。这不仅是视觉需要,因为没有光就没有空间感。采光对人体健康也十分重要,光影对造就室内环境氛围的作用也十分显著。

人的视觉器官在漫长的进化过程中,由于对太阳光线物理性质的适应,所以特别习惯日光。日照又是人的健康保证,所以它是评价居住质量的重要指标。室内采光和日照是通过窗户来实现的。窗的大小、位置和形状决定了采光和日照的质量。经过实验、窗的面积若小于室内地面的1/16时,则被试者就很难接受。窗户太大也不好,特别是卧室,这会影响室内空间的私密性。所以我国在住宅建筑设计规范中,规定了不同用途的房间中,窗的面积与地板面积的比值,见表3-5。

窗的面积与地板面积的比值　　　　　　　表3-5

房　间　名　称	窗　地　比
卧室　　起居室　　厨房	1/7
厕所　　卫生间　　过厅	1/10
楼梯　　走廊	1/14

此外还规定了居住建筑在冬至时,满窗口有效连续日照时间(9点到15点为有效日照时间),如北京、上海地区为一小时。采光与日照质量不仅同窗的面积大小有关,而且与窗的位置、窗洞的形状及窗口设计有关。窗的位置不仅要注意住宅外立面效果,还要考虑室内视觉效果,特别要注意窗的洞口位置不要影响室内家具布置。窗的宽度不宜太小,起居室和卧室的窗宽均须大于90cm。要尽可能减少影子对生活面的影响,当围护结构较厚时,可将窗内口设计成斜面,则会有效的提高室内光照水平。

户内照明与居住行为关系更加密切。人的一天大约有1/5～1/6时间是在人工照明环境中度过的。照明质量的好坏既会影响生活,也会影响健康。同国外相比,我国目前的居住照明仍处于低照度水平,加上灯具布置不合理,直接影响居住环境质量。

80年代以来,住宅照明设计均以电光源为主,荧光灯、白炽灯已占统治地位。荧光灯不易形成眩光,光通量高,亮度低,是比较理想的光源,适合起居室等公共活动场所。但一般荧光灯色温较低,缺少亲切感。如能选择暖色的荧光灯,效果会好一些。白炽灯则与之相反,照度较低,色温较好。比较适合卧室和一般房间的照明。

根据我国国情,大幅度地提高照度水平也不现实。况且照度同人的感觉呈对数正比关系,即照度提高10倍,人的感觉量才增加1倍。因此需要采用局部照明的方法加以解决,即在环境照明之外,在工作面上(如餐桌、写字台等)增加局部照明。如在起居室的景点处用射灯等方法增加一些艺术照明,烘托环境气氛;在卧室里以白炽灯为光源作落地照明,可增加柔和静谧的生活情趣。

对于不理想的空间感，可利用色彩、线型、材质、照明、陈设、错觉、开洞、启发联想等方面进行调节。

用色彩调节空间感

这个空间太高，所以把墙面的上端涂成与顶棚相同的深色，看上去空间就宜人多了

把迎窗墙面涂上较深的颜色，使其"隐退"，则房间的进深显得大些

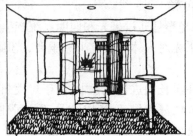

对称的构图有些呆板，由于两棵柱子用了不同的颜色，空间就活泼多了

用由墙面延伸到顶棚的色带，打破了方盒子空间的呆滞感

用材质调节空间感

用透明材料制造的家具可使空间显得开阔

把室内地面的做法向室外延伸，可以扩大室内空间感，并与室外加强沟通

用造型、图案调节空间感

铺一块长毛地毯，可以大大缓和马赛克墙面和地面给空间造成的过分生硬和光滑感

把墙裙的材质向墙面上延伸，缓和了两个以锐角相交的墙面所形成的尖角

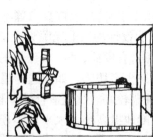

用抽象雕塑平衡了室内空间构图

这个空间作为餐厅未免显得太高了，用悬空的线性构架进行调节后，亲切了许多

图 3-16　室内空间感的调节（一）

用大尺度的图案调节了空间的高大空旷感

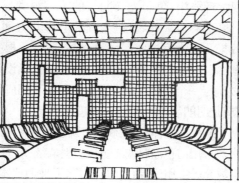
用不对称的线性图案调节对称空间和陈设的过分严肃呆板

把楼梯逐渐加宽，消除近大远小的透视感，使空间与人亲近

流畅的灯具造型，给呆板的空间带来活力

照明调节空间感

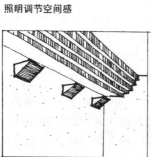
灯光加强了装修线脚的立体感

向上投光的壁灯，把墙面分为明暗两段，原来过分高的空间变得尺度宜人了

三角形和矩形装饰的墙面，加上灯具射出的弧光，线型就丰富了

用错觉调节空间感

墙面上的表观外廊的壁画，使狭窄的过道显得开阔多了

用镜面玻璃扩大空间感还能产生一种虚幻的对称效果

把粗大的柱子用镜面玻璃包装，在视觉上使之趋于消失

开洞调节空间感

在隔墙上开洞，背后发光，空间的层次就多了

在封闭的空间中设一灯窗，可减弱闭塞感

图 3-16　室内空间感的调节(二)

(2) 色彩 在视觉环境中,色彩能唤起人的第一视觉反映,因此户内设计要尽可能利用色彩的感觉特性(色彩对人在物理、生理和心理几方面均有一定的作用,可引起相应的联想、情感等效果),扩大室内空间感,增强舒适感。根据居住行为要求,结合采光、照明、空间界面处理、家具陈设等因素进行户内环境色彩设计。

色彩设计首先要确定一个基调。成人卧室的色彩基调应是宁静柔和的;儿童卧室应是绚丽多彩的;起居室应是明朗活跃的;厨房应是整洁明亮的。要根据环境气氛的基调进行配色和色彩的调和。从色彩环境总体出发,确定协调色彩的色相、明度和彩度。经调查我国现在公房的户内顶棚多数采用白色涂料或米黄色塑料墙纸,墙面为白色、天兰色、米黄色、浅棕色、淡紫色等涂料,少数起居室用浅棕色护墙板,水泥地面或本色、棕红色木地板,厨房和卫生间几乎均为白色,室内家具色彩配套协调的不多。由于个人的爱好和材料的差异,色彩的调配差别也很大,但以下配色原则可供参考:户内色彩的色相以调和为主,局部对比;大面积明度宜高,局部可低;彩度一般以灰调为主,少数房间(如儿童卧室)可用比较鲜艳的色彩;

(3) 空间界面质感 各个界面的质感同装修材料有关。多数情况下,卫生间宜光洁;起居室和卧室以柔和为主,局部整洁、明亮。有条件的家庭也可以用粗细和光毛对比的方法,创造出特定的环境气氛。

(4) 空间的旷奥度 卧室空间为确保一定的私密性,宜局部开放,特别要注意窗的位置不得影响床的布置;起居室以开放为好,有条件时应同生活阳台连在一起,以利景观;厨房空间以开放为好,有条件时应同服务阳台连在一起;卫生间宜封闭,但要注意通风。

通过以上对家庭活动的分析,明确了户内设计应以人为主体的必要性,户内空间设计要符合人的居住行为要求,环境设计要考虑人的知觉特性,尤其是视觉要求,厨房、卫生间等尺寸,要力求符合人体的功能尺度,以减少能耗,这就是居住行为与户内设计的原则。

(三) 实例

实例1: 二室一厅(实用面积 $47.4m^2$)

室内装修设计前的平面布局见图 3-17(a)。根据人的行为要求,对原平面作适当调整,装修设计后的平面布局见图 3-17(b),其环境效果见文前图 3-18 客厅和文前图 3-19 的餐厅。

该居室设计和环境氛围的创造是按下面构思进行的。

· 设计主题:自然——生命之象征。
· 环境氛围:南欧风光、万里无云、色彩丰富。
· 设计手法:动植物模式化、"雷电"图案、内藏光源、散布射灯、原木色地板、黛绿餐椅、彩蓝色厨柜、桃红色地毯。

实例2: 三室一厅(建筑面积 $135m^2$)

室内装修设计前的平面布局见图 3-20(a),装修设计后的平面布局见图 3-20(b)。
该居室的设计是按下列意境来考虑的:

· 设计主题:华贵庄重,清新自然。
· 环境氛围:轻松、明快。
· 设计手法:按人的行为重新组织空间,减少交通面积,运用对比色调,加强刺激,睡房为紫调,书房为绿调,客厅为紫加绿。
· 设计结果:

会客空间:黄绿色墙面,紫色沙发在色环上为补色,见文前图 3-21 香港某住宅会客空间。

用餐空间:桌旁镜后为浴室,镜面为磨砂打光,局部成图案。增加客厅与浴室的穿透感,见文前图 3-22 香港某住宅用餐空间。

实例3: 一室一厅(实用面积 $23m^2$)

室内装修设计前平面见图 3-23(a)。装修设计后的平面布局见图 3-23(b)。

第一节 居住行为与户内设计

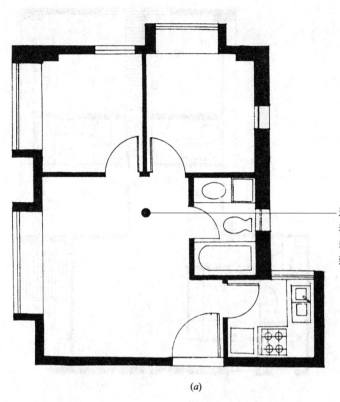

这房子的原来间隔虽然看来方方正正，实际上却因房门进口太多而导致难以摆设家具。

(a)

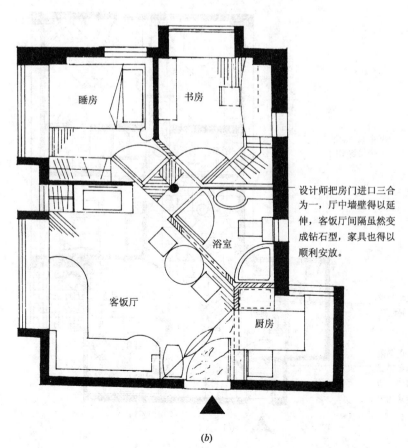

设计师把房门进口三合为一，厅中墙壁得以延伸，客饭厅间隔虽然变成钻石型，家具也得以顺利安放。

(b)

图 3-17　二室一厅的平面

第三章　环境行为与室内设计

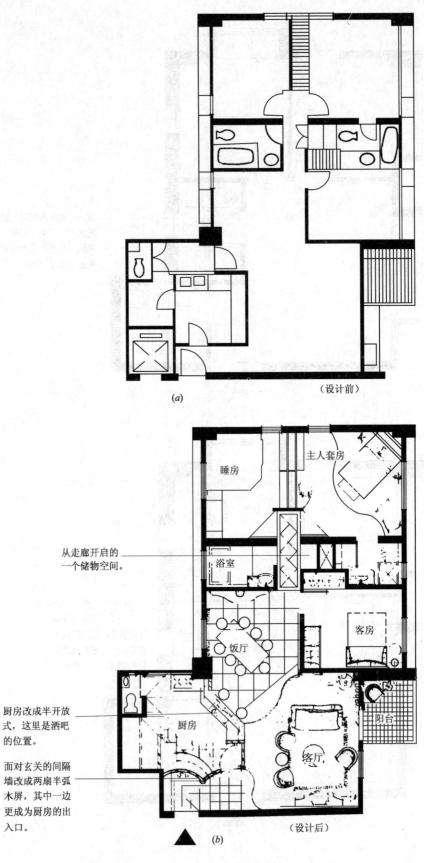

(a) （设计前）

从走廊开启的一个储物空间。

厨房改成半开放式，这里是酒吧的位置。

面对玄关的间隔墙改成两扇半弧木屏，其中一边更成为厨房的出入口。

(b) （设计后）

图 3-20　三室一厅的平面

第一节 居住行为与户内设计

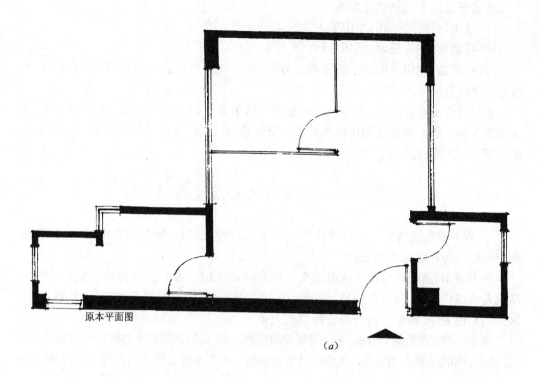

原本平面图

(a)

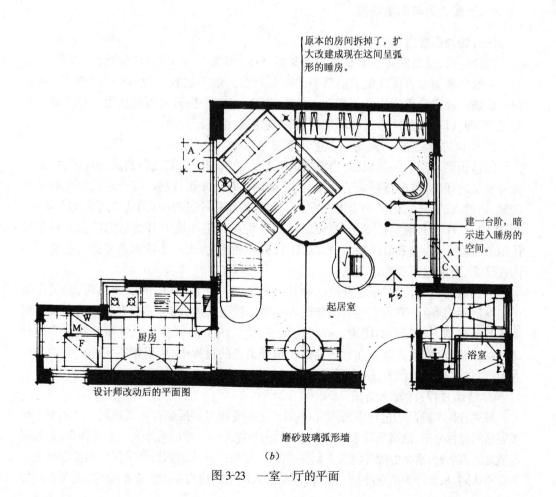

原本的房间拆掉了,扩大改建成现在这间呈弧形的睡房。

建一台阶,暗示进入睡房的空间。

厨房　起居室　浴室

设计师改动后的平面图

磨砂玻璃弧形墙

(b)

图 3-23　一室一厅的平面

该居室是按下列意境考虑的：
- 设计主题：咫尺空间、小中见大。
- 环境氛围：庄重稳健、亲切自然。
- 设计手法：利用模糊、扩阔、穿透的方法、充分利用空间。小型吸顶灯、暗槽灯、无吊灯。紫红色调。

该设计打破原先隔墙，增加一道弧形墙。既节省空间，又使咫尺空间显得宽敞，见文前图3-24。居室的客厅利用镜面扩大了空间感，使门厅、客厅、饭厅混为一体，见文前图3-25 香港某住宅客厅。

第二节 商业行为与店堂设计

本节主要介绍消费行为与购物环境的关系，营销行为与商品销售的环境，以及店堂空间组织与环境氛围的创造。

自古以来，商业环境就是在商品交换中发展起来的。没有商品交换，就没有商店。从远古的以物易物，到集市贸易，设摊开店，再到现代的综合商店、超级市场、购物中心，这一切都说明了，商业行为与商业环境的关系。

商业行为表现为两个方面，一是消费者的购物，二是营销者的商品出售。不同的行为表现，对环境提出了各自的要求。店堂设计就是根据人的商业行为特性和表现，运用各种室内设计手段，综合解决购物和销售两者的关系，创造一个适合顾客和业主各自需要的店堂环境。

一、消费行为与购物环境

（一）购物心理过程

购物行为，是指顾客为满足个人需要而进行的购物交易的全过程的活动表现。

人的心理活动直接支配着消费者的购买行为。这一过程大致可分六个阶段：从认识—识别—评定阶段到信任—行动—检验阶段。这六个阶段又可概括为三种不同的心理过程，即认识过程，情绪过程和意志过程，它们是相互依存的。

1. 认识过程：注意→兴趣→联想→欲望

由认识到识别这一阶段，是消费者购买行为的基础。人们认识商品的过程，往往是先有笼统的印象，再进行精细的分析，然后运用已有的知识、经验，综合地去加以联系和理解，通过人的感知、记忆和思维去完成。在购买商品的过程中，消费者可借助于视觉、听觉、嗅觉、味觉和触觉接受各种信息，从而产生在一定环境下对商品的认识。在感性认识的基础上，消费者借助想象、思维、记忆等心理活动，进一步认识商品的一般特性和内在联系，帮助购买者确定商品。

人的购物行为，常常离不开商品和环境的诱导。新颖、鲜明的商业广告，精美生动的橱窗展示，华丽考究的室内装潢和耐心热情的服务态度，都会使前来光顾的消费者对商店和商品留下较深刻的印象。一般情况下，进店消费的顾客在经过商品的思维过程后，就易于作出购买决策。在宣传商品和诱导消费的过程中，应根据不同的商品性质和对象，采取各种有效的方法，来激发消费者的购买欲望。

2. 情绪过程：比较→信任

顾客在购买商品的过程中，情绪心理的产生和变化主要反映在购买现场。从消费者购买商品的过程分析，情绪活动来自于商品环境的直接影响。当顾客步入一个装潢典雅、温湿度适宜的商店时，情绪会随环境改变而变得舒畅、愉快。环境的积极诱导最容易激起顾客的兴奋和认同，从而产生消费冲动。此外，商品对人的情绪也有影响。在购物时，消费者的情绪也会由于出乎意料事件的刺激而引起变化。购买环境的良好诱导可产生积极的情绪。

购买活动中,消费者情绪的产生和变化主要受下列因素的影响:

(1)购物现场的影响。说明店堂装修的重要性。

(2)商品的影响。说明商品展示的重要性。

(3)社会情感的影响。说明商业广告宣传的重要性。

3. 心理活动(意志过程):行动→检验

消费是人的生理需要和心理需要双重因素共同作用的结果。通常生理需要对人的行为有着强烈的支配性,属于人的基本需要。当这些需要得到满足之后,则开始转向更高层次的心理需要。饮食消费也是这样。就目前市场情况而言,消费者不但想得到所需的商品,而且更希望挑选自己满意的商品,还要求购物过程的舒适感,去自己喜欢的商店里去购物。

(二)消费群体和消费个体

在消费者之间,存在着某些共同的特点,如收入水平相等,购物兴趣相同,受教育程度接近等,这些消费特点相同或者相近的消费者,统称为消费群体。与消费群体相对应的另一个概念是消费个体。它指的是个人所进行的相应的消费行为。消费个体所进行的任何消费行为都属于个人的行为方式。对于大多数商店来说,它们的经营活动不能建立在满足个人消费需要的基础上,而必须建立在满足众多消费者(一个消费群体)的基础上,这就需要经营者、建筑师和室内设计师对主要服务对象的范围及需求特点进行调查分析。

国内外不少商场对于自己的顾客群体相当明确,并且根据这些顾客群体的特点来确定自身的内容,包括货物的品种、档次、价格甚至货物来源。例如,一些面向高收入阶层的商店,则偏重于出售高档商品、货物名贵、包装考究、价格昂贵,在国内即可谓"精品商厦","极品商店"。它们在很大程度上是卖名气、卖招牌,即使是同样的商品,在这里的价格要比其他商店贵一些,这样反而能吸引他们的特有的顾客群,以适应那些喜欢摆阔气、讲排场的少数顾客心理的特殊需要。也有些商店在以其货色的齐全,质地可信,价格合理的特点而保持自己特有的一批顾客;还有的属于地区商业网点的商场,则以满足附近居民的日常生活需要,力争使他们购物不外流,在价格等方面都不比其他地区差,从而吸引了不想走远路的消费者;还有设在低收入区的商场。专卖便宜货,包括滞销货甚至二手货,以适应这些商场的顾客群的经济水平。

所有这一切特点,都会给室内设计与装修带来很大的影响。

(三)购物行为目的与动机

商业心理学将顾客购买目标的选定程序分为三类:

1. 有目的的购物者

这种顾客有明确的购物准备,即全确定的过程。他们进店之前已有购物目标,因此表现出目光集中,脚步明快,购买行为是从直接寻找商品,选择商品开始的。

2. 有选择的购物者

有购买动机但无明确的购物准备;即半确定型,其购买行为是从搜集有关信息开始的。他们对商品有一定的注意范围,但也留意其他商品,脚步缓慢,但目光集中。

3. 无目的的购物者

这种顾客还没有形成购物动机,即不确定型。他们去商店无一定的目标,脚步缓慢,行动无规律。必须在购物环境的各种因素影响下,才能形成购买动机。销售行为的目的主要是提高这种"潜在顾客"的购买率。

不同目的的顾客,其比例是不尽相同的。商店室内设计的目的,主要是吸引第三种人购物,即"潜在购物"。

消费者的心理需要直接或间接地表现在购物活动中,这也就影响购买行为。这种心理活动主要表现在以下几个方面：

1. 新奇

心理学家马斯洛认为"精神健康的一个特点就是好奇心。"对于一个健康的心理成熟者来说，神秘的、未知的、不可测的事物更使人心驰神往。这也就是商业环境为什么通过设计与装修不断使顾客保持新鲜感和吸引力的原因。

2. 偏好

某些消费者由于习惯、年龄、职业修养和生活环境等因素的局限，会对某些商品或某些商店有偏爱。

3. 习俗

商业建筑设计与装修必须遵循地方的习俗，民族的习俗，服务对象的习俗，去创造使顾客认同的喜悦的购物空间。

4. 求名

对名牌商品的信任与追求，乐意按商标认购商品，这是不少消费者的一种心理。因此对传统老店的改造与装修，就要注意保持老顾客对名店名品的认同感，既要常更常新，又要保持一种文脉的继承性。

一个产品的声誉建立，不仅要坚持高质量，还要注意对品牌的宣传，通过对专有商品的形象宣传而唤起顾客对这些商品的追求和想往。经验证明：畅销的商品与成功的宣传紧密相关。广告的意义是让它们成为象征，所以商业广告在设计中也有很大的影响。

5. 趋美

仅对商店而言，设计时要注意商品的陈列和展示与购物环境的统一性；一种美的商品应配置在一个美的购物环境中，才能唤起人们在心理上有一种美的享受。

一次完整的消费行为过程，即购物活动，必须全面地考虑到消费者自身的心理活动和各种外界条件对消费行为的影响。如购物场所的布置，服务质量以及其他的社会因素对购物行为的影响。

(四)购物心理对购物环境的要求

顾客的购物行为，按照消费心理学的观点是"需求"动机支配下的"需"和"求"的实施过程。由于不同顾客的需求目标、需求标准、购物心理等差异，会表现出各色各样的购物行为，但有几点是共同的，正如前面介绍的购物心理，求好、求廉、求新、求便、求实、求美的要求。也就是"价廉物美、购物方便"。

这种购物心理对购物环境则表现出有以下的要求。

1. 购物环境便捷性

对于大多数顾客来说，只要商品价位相同时，其购物表现是就近购买，甚至稍贵一点，也在近处购物。在商品社会的今天，"时间就是金钱"的概念，也使商品经营的业主懂得，商店应该设在交通便捷的"市口"。他们懂得，生意是否兴旺发达，商业地段的选择非常重要。

小商店、连锁店、售货亭应该设在近居民出入密集的地方，多数居民是步行或用自行车购物，故服务半径不宜太大，以不超过 500m 左右为宜。大型的综合商场、超市、购物中心，也应该在交通方便的地段。除了公共交通方便以外，在此购物环境附近，还要留有足够的自行车停放处，并要预见到我国私人汽车不断增多的趋势，故要适当留有一定的停车位。否则会形成二次搬物的现象，即用商店的手推车将物品运到附近的停车场，再用汽车运回家。这是国外经济发达国家的普遍现象。

国外有的店家，由于商场设在近郊，因为那里地价便宜，为了招来顾客，不得不用商店专车至交通要口去免费接送购物者。由此可见购物环境便捷是何等重要。

环境的便捷性不仅表现在商店位置的选择上，就是在商店内部，同样还存在选购商品便捷的问题。如果顾客进入商店找不到自己所需的商品，或者选择不方便，顾客会一走而过，或干脆不买。这也是所有业主都该懂得的现象，所以他们会将大家常用的商品，或急于要推销的商品陈列在顾客进出的便捷处。

2. 购物环境选择性

顾客为获得价廉物美的商品，只能通过多方比较、多样选择、多处观察、多种认识等才能完成。俗话说，"货比三家不吃亏"说明购物选择的重要。按此要求，购物环境就不能是一家，不能是少数商品。应该是具备多家商店，多种商品、多样花色、多方信息的整体购物环境。这也是商业聚集效应产生的根本原因。

前面我们已经介绍过，人类具有从众的行为习性。我们经常可以看到，只有一家，只有个别人，甚至无人进商店，那么一般顾客也不会入内，反之，很多人在排队购物，则顾客会越集越多。这种聚集效应也会促使许多业主，采用联手的"拉式策略"，多家商店、相同商品聚集在一起共同营销，这也是经常见到的专业商业街。如"电子街"、"服装街"、"五金街"。

同样，购物环境的选择性要求，也反映在店内，如果将不同品牌的同一商品放在一处销售，这不仅会方便顾客，同时会给业主带来更多成交的机会。于是会经常见到许多专业柜、如"羊毛衫柜"、"文具柜"、"床单柜"等等。

3. 购物环境的识别性

在同一地区，同一条街上，经营相同商品的店家会有许多。如何使顾客能找到他所信任的店家，这就产生商店识别性问题。顾客是记不住哪一家店的门牌号码的，而该店的形象却会在顾客心中留下很深的印象。因此许多店家在创建本身商店形象时，不仅在商品价位，服务质量等方面优于其他商店，还特别注意让他的形象在顾客心中打下很深的烙印，这就促使了商店的造型和装修的特殊性，故商业建筑的形象特点是各不统一，没有统一固定的形象标志，完全由业主自己创造，这就使商业建筑五彩缤纷。

识别性问题不仅反映在商店的整体形象上，而且也反映在商店出入口，商店内部的空间形态，甚至是某一组柜台的布置上，能让顾客进入商店一眼就能找到他所信任的那个售货点。这也就导致店堂装修设计的特殊性，要与众不同，有自己的店家特色。

4. 购物环境的舒适性

对于有选择性的购物者、无目的的购物者(潜在购物者)来说，逛商店这是其普遍的行为特征。边走边游览，见到有兴趣的商品就停下来，边问边看、合适的就买，不合适的再走。这就要求购物环境能使顾客停下来。这就是环境舒适性问题。

舒适性问题首先反映在商店的周围环境上，如果商店入口很拥挤，顾客往往会不进去。如果附近没有停车场。骑自行车的顾客，乘坐汽车来的顾客、往往也不会停在这里，这样商店就失去了许多顾客。

舒适性问题更多的是反映在店堂内。如果在夏天，天气炎热，室内又没有冷气，顾客是不会久留的，特别是那些卖棉织品、皮大衣的柜台，顾客是很少问津的。如果店堂的走道很小，顾客很拥挤，那么后来的顾客也很少再挤进去，如果商店里没有自动扶梯，顾客是很少愿意走到四楼、五楼去购物的。其次还有休息地方，服务指南的设置，更重要的是室内环境气氛如何让顾客感到很舒畅、愿意停下来，这也是店堂设计问题。

5. 购物环境安全性

购物安全性首先反映在商店的企业形象上，"货真价实"这是安全性的第一标志，也是最能吸引顾客之所在。在假货比较泛滥的社会里，顾客最怕的是"上当"。因此，在上海不少有地位的商店门前，要挂上一个"放心店"的牌子，是不是真使顾客放心，只有业主知道，顾客也会检验的，一次上当，下次再也不会到这里来购物，因此商店的信誉至关重要。这是商店生存的必要条件。

安全性更多的是反映在店堂空间尺度和设备上。顾客购物的停留空间不能太小，在人群拥挤的地方，顾客是不敢掏钱包的，这是普遍的购物心理。另外，店堂的消防疏散问题，这是顾客关心，也是业主必须考虑的问题。其次是商品防盗，特别是经营贵重物品的商店，也是环境设计必须解决的问题。

二、商业市场与经营环境

（一）市场构成和商业建筑

根据市场学的原理，市场由下列三个方面的基本条件所构成：

一是消费者的需求；

二是有一方提供能够满足这种需求的产品或劳务；

三是有促成买卖双方达成交易的各种条件，如进行交易的空间、服务手段、信息联络等。

这三方面的主宰就是消费者、生产者和交易者（业主），以及为其服务的购物环境、生产环境和营销环境。如何创造适合这三种人需要的三种环境，这是建筑师和室内设计师的职责。

在市场所需的各种空间环境里，消费市场中的零售商店处于直接为买卖双方进行交易提供的一种场所。商品与货币在此交换，消费者在此需求得到满足，生产者的产品受到最终的检验，交易者在此获得酬金。它既是买卖双方的"交易点"，又是生产者与消费者的"联络点"。因而，市场历来是城市建设中量大面广的建设重点。

现代社会商品经济的不断发展及其为社会提供的产品，在类型、品种、数量、质量上均与日俱增，不断翻新；另一方面，由于社会分工的日趋专门化，城市人口的大量增加以及人们生活需求的多方位扩展和消费观念的改变，又加强了人们对商品的需求和依赖，从而使购物行为成了人们日常生活中不可缺少的内容，商店已成为人的活动范围中的一个部分。随着购物频度提高，光顾商店的滞留时间延长，人们不但对商品本身的兴趣增加，而且对购物环境提出了新的要求和期望。此外，日趋激烈的商业竞争所促成的营销、策略发展和社会背景与城市状况的加速变化，对与之相适应的新型商业空间型式的需要也迫在眉睫，使得今日的商店及其环境已不同于昔日的"做生意"的店铺或前店后坊式的"门市"以及服务"网点"那类传统的商店概念。在规划布局、空间组合、环境设计、建筑特点、经营方式和设备条件上，商业建筑均产生了许多变化。这就要求建筑师在商店的规划与建筑设计中，室内设计师在店堂的环境设计中，以现代建筑观点结合新时期的经济、社会、人文学科中诞生的新思想、正确地认识和分析现实生活中所提出的矛盾和任务，对其未来发展途径有所预见，设计出真正满足现代市场需要的商业空间环境。

（二）商业机制对营销行为及其环境的影响

以上介绍了市场和商业建筑的关系。然而市场并不是固定不变的，市场的变化，即商业机制会对营销活动及其环境带来很大的影响。

商业机制最本质的东西就是供求关系。

当生产者所提供的商品不能满足消费者的需求时，即求大于供，此时，物价就要上涨，这时候的交易者，生意很好做，业主对消费者的依赖则较少，而更多的是依赖于生产者。此时的商业活动很不发达，业主也不重视商店及环境的建设。这是经济不发达国家的普通现象。

这种情况发生在社会主义国家里，就出现了计划经济下的计划供应。在资本主义国家里就会出现商品垄断。无论那一种情况，商业活动一般都不发达，这时候的营销行为更多的是依赖于商品供应，经营出现盲目性，有什么就卖什么，既不重视商品包装，也不重视店堂的环境建设，整个商业建筑呈现出单调、乏味的感觉。

当生产者提供的商品超过消费者的需求，即供大于求时，此时市场显得疲软，商品卖不出去，生产者和交易者更多的依赖于消费者，将顾客视为"上帝"、"衣食父母"。而对生产者则采取选择的态度。经营呈现选择性，什么商品能赚钱就经营什么商品。大多数工业发达的国家基本上就处于这种情况。

在市场供大于求时，生产者为了生存，为了获取利润，不仅在商品包装上下功夫，而且在商品宣传上花大力气。同样，交易者很重视商店的形象，为了在商业竞争中站住脚，便特别重视店堂环境的装修，对商品的展示和陈列也十分重视。这时候的商业活动异常活跃，商业建筑也五彩缤纷。

当市场供求关系基本平衡时，业主的营销行为表现出很大的灵活性。见到什么商品能赚钱就经营什么商品，同时也重视商店环境的建设，以便树立自己的企业形象。因此商业环境的设计也应具有很大的灵活性和特色性。

下面所要介绍的商业行为和店堂设计，就是考虑在市场供大于求，或供求关系基本稳定的情况下陈述的。

三、商业空间功能、构成、类型和设计要求

(一)商业空间功能

商业空间是消费市场买卖双方进行商品交易活动的地方。现代商业空间环境的功能，已超出了商品交易的范围，它对城市、社会和人们的生活都带来了巨大的影响，其功能表现在以下一些方面：

(1)商业环境是整个城市社会的重要组成部分，具有广泛的社会作用，是国家或地区经济是否发达的重要标志。

(2)商业环境也是人们公共交往的活动空间。在店堂里活动的人，除了有目的的购物者，还有大量来"逛商店"、浏览商店，捕捉信息的人。因而"看商品"、"人看人"，是必然的活动内容和普遍现象。

(3)商业环境是城市中充满生命活动的场所，是城市生活的舞台，观察了解城市社会的窗口。

(4)商业环境是最富有吸引力的招揽人群之地，这在客观上造成建筑密集、交通拥挤、人群阻塞等问题，给城市带来很大压力。

(5)商业环境是调节和促进生产与消费之间转换的市场流通渠道，汇集大量的顾客，外来商品和四面八方的情报信息。

(6)商业环境是汇集商品、收纳资金的财富聚集之地，犹如城市货仓，是社会经济兴旺或萧条的重要标志。

(7)商业环境能生动的反映着城市面貌，是城市中浓妆艳抹、五光十色、装扮最华丽之处。缺少它，城市则缺乏生气。

(8)商业环境也是城市中欢乐喜悦所在。各种娱乐，休闲设施充实商业环境，刺激顾客购买欲望和兴趣。

(9)商业环境只有具备舒适的环境条件，才能吸引更多的顾客，因而也是人们逍遥浏览的地方。

(10)商业环境也是市场竞争最激烈的地方，在竞争中求生存，在竞争中求发展。这就使空间环境五花八门、各具特色、争奇斗艳。

由此可见，商业空间环境是多功能的。

(二)商业空间构成

商业空间涉及三个方面：

一是买卖双方的人,即顾客和业主,这是空间环境的主体,缺少一方就没有商业活动。在大多数情况下,顾客是主体的主要方面。顾客支配业主,业主为顾客服务。但在求大于供的市场情况下,顾客还会有求于业主。

二是作为交易中心的物,即商品。这种物的交易。随着社会的发展,也在不断地变化。从原始的以物易物,到现代的货币易物,即用钱买东西,到今天的信息时代的信息交换,即电话购物、电视购物。

第三是为交易活动提供的场所,即商业空间,这种空间的发展,则随着社会的发展,商品的丰富,交易方法的改变,买卖双方的行为和心理的变化,而不断地变化。

这三者关系见图3-26商业空间构成要素。

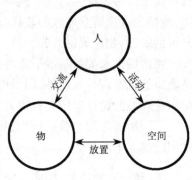

图3-26 商业空间构成基本要素

在这三者中,人是流动的,物是活动的,空间是固定的,它们始终处于一个动态平衡系统中。其中任何一个因素的变化,都会引起其他两者的倾斜、运动,直到构成新的适应关系,达到相互平衡,从而改变商店的构成形式,使其产生多种多样的类型。

在人和物的关系中,是一个交换的过程,即业主提供商品,顾客支付有价证券,如货币、支票、或以物易物(在古代及现代的集市贸易中,仍有这种情况)。

在人和空间关系中,是一个活动的过程,没有活动的空间或场地,就很难实现顾客的购物活动、业主的经销活动。随着商品的增多,生活水平的提高,经营手段的改善,这种活动的要求越来越高,也导致空间形式和尺度不断变化。

在物和空间的关系,是一个物的放置过程,即商品的展示、陈列、运输和存储。随着科学的发展,这种放置形式、手段也在不断的进步和完善。

这三者是交互作用的过程。

顾客对空间环境提出了要求,业主为获得利润,则创造一个优质的服务环境。而这种环境的尺度和环境氛围一定要恰当,如果不能适应顾客的要求,会招徕不了顾客,反过来,超过了顾客的要求太多,则会起反作用。俗话说:"行大欺客"、"客大欺行"就是这个道理。实践也表明,有些个体餐馆装修得过分华丽,对大多数温饱型的顾客来说是不敢问津的。过分豪华的商店,顾客始终担心这家商店的物品是否会太贵。因为顾客知道,亏本的生意不做,豪华的装修费肯定是由顾客在商品交换中代付的。这也告诉业主和建筑师、室内设计师、店堂的环境设计一定要掌握分寸,科学地把握设计标准,造就能使顾客接受的环境氛围。

(三)商业空间类型和基本要求

由于构成商业空间的基本要素处于动态的平衡之中,故商业空间的名称繁多、形式复杂、类型多样。

1. 按买方因素的变化分类

(1)按买主(顾客)的来源范围区分:

1)买主为附近常住人口的居住区商业服务设施;

2)买主主要为流动顾客的城市型商业设施。

(2)按买主对象区分:

1)无认定对象的普通商店;

2)专为某一类顾客服务的专业商店,如儿童商店、妇女用品商店、免税商店等。

2. 按卖方因素的变化分类

(1)按营销方式区分：

1)由营业员售货的普通商店；

2)无需藉助营业员售货，由顾客自行选购商品的自选商场；

3)由顾客通过信息传输定货，并送货上门的邮购商店等。

(2)按营业组合区分：

1)独家经营的普通商店；

2)多家商店联营的联营商场以及包括饮食、服务、游艺等设施的购物中心。

3．按商品因素的变化分类

(1)按经销商品的品种区分：

1)经销多品种商品的综合百货商店；

2)专营某类商品的专业商店。

(2)按经销商品类型区分：工业产品类、农副产品类、食品类及美术工艺品类等商店。此外还有由国家控制的商品，如粮食、燃料、盐业、烟酒等专卖商店和经营特殊商品的商店，如古籍文物、珠宝玉器、花鸟鱼虫、印章字画等商店。

4．按建筑空间环境因素的变化分类

(1)按建筑空间规模区分：可分为大、中、小型商店，但此标准常因建筑类型的不同和国家地区的区别而异。我国目前以表3-6标准区分：

商店的建筑规模　　　　表3-6

商店规模	商店类别 建筑面积(m²) 百货商店、商场	菜市场类	专业商店
大 型	>15000	>6000	>5000
中 型	3000~15000	1200~6000	1000~5000
小 型	<3000	<1200	<1000

注：本表摘自1989年出版《商店建筑设计规范》(JGJ 48—88)

(2)按建筑空间形式分类：

1)独立设置在一幢建筑内的独立式商店。见图3-27。

图3-27　德国波恩某独立式综合商店

2)与其他用途的建筑如住宅、办公写字楼、旅馆、车站等组合修建的而结构为整体的合建式商店，即"综合楼"(见图3-28)；

3)和在街道两旁毗邻相连修建商店组合而成的商业街；包括采取交通安全措施、步行购物的步行商业街。

图 3-28　荷兰阿姆斯特丹某商住楼

4)商业街上空架设屋顶拱廊的室内商业街,见文前图 3-29 荷兰海牙某超市中的室内商业街。

5)设于城市地下或建筑地下层的地下商场和地下商业街等,见文前图 3-30 法国巴黎某超市的地下商场。图 3-31 为德国慕尼黑地下商业街。

图 3-31　德国慕尼黑地下商业街

这些多种类型多种形式的商店,随着社会发展与时代进步,从初期简易的露天交易开始,逐渐进步演变而形成的。虽然类型繁多,形式多样,但其基本构成要素始终未变。因此,无论何种类型与形式的商店,其基本设计要求均为:

(1)满足顾客购物行为和心理需求。

(2)促进卖方营销活动的顺利进行。

(3)便于商品展示陈列、收存发售。

(4)适应社会发展,利于城市环境。

从以上要求来看,对顾客购物行为与心理的分析,涉及到行为学、消费心理学、社会心理学等人文科学的领域;而对卖方营销活动的了解,则需掌握商业营销、市场学等经济管理学科的一些初步理论基础。关于商品展示和商业内外环境设计则更离不开室内设计与城市设计的科学内容。所以商店的建筑设计、包括店堂的环境设计,决不是过去那种简单重复的"分配面积""排列柱网"、"组合空间"、"加强门面"所能解决的。只有综合运用各学科领域交错发展、相互融合形成的现代观点来分析、判断、决策,才能设计出真正为买卖双方都欢迎的商业空间环境。

四、店堂空间形式和特点

不同类型的商业空间,就有不同的店堂空间形式、不同的功能特点、不同的店堂环境。

常见的店堂空间有以下一些类型,并具有各自的特点,也适合不同顾客和业主的购物和营销的需要。

(一)货摊和售货亭

不管商业活动如何发达,自古以来都少不了遍布街头巷尾、宅旁路边的货摊和售货亭。这种量大面广的商业空间,以其特有的灵活性和流动性为顾客提供便利的商品,业主也在商业网中,以填空补缺的方式获得盈利。这也为城市空间环境注进了活力,增强了生活气息,吸引着广大的人流。

这种货摊和售货亭的形式是多种多样的,多数带有顶棚,以遮阳光和风雨。许多货摊排在一起,就形成一个开放型的市场。传统的集市贸易,以及"跳蚤市场"多采用这种形式。它们经营的商品多以小商品为主,有新品也有旧货,见图3-32和图3-33。

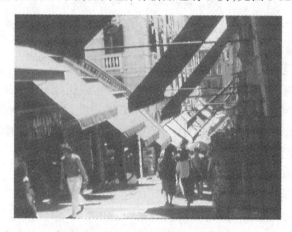

图3-32　意大利威尼斯桥头的货摊

图3-33　奥地利维也纳"跳蚤市场"的货摊

售货亭是较正规的"摊位",一般都有较完整的商业空间,经营小商品,形式活泼多样,以其独特的建筑造型吸引顾客。它的空间布局,一般都是独立设置,较少连成一片。文前图3-34为法国巴黎橙子般的饮料亭。图3-35所示的售货亭则以奇特的造型招徕顾客。

这类商业空间都为开敞式,"店堂"空间基本上为业主占满,堆放着各种小商品,顾客多数在"店外"或棚下。故这类商业空间,重视的是满足营销的需要,根本不需要给

"店堂"环境过多的"装饰"。

图3-35 德国、柏林"破裂"的售货亭

设计这类商业空间,多数是选址,对售货亭较多的是注意其造型。这类工作基本上都由业主自己完成。

(二) 中小型商店(百货店、专业店和连锁店)

中小型商店是零售商店的最主要的一种类型,它广泛地分布在城市的每一个角落它是组成城市商业网的基础。一般为一层,少数为二层,经营着各种门类的商品。其最大特点是具有很强的灵活性和专业性。不仅经营的商品能随市场经济不断调节或转向,而且店堂内外装修也具有很大的灵活性。

中小型商店的面积一般都不大,为节约用地,减少投资,丰富城市面貌,这类商店多数和其他性质的建筑合建,或本身就是由其他建筑改建的。除下面一、二层外,上部多为住宅、办公室、或小型旅店,故这类建筑也称"商住楼"、"综合楼",其建筑空间造型则取决于上部建筑的性质。参见图3-28某商住楼。它的外型基本上就是住宅楼,只是底层为小商场,或局部为小餐馆。

由于中小型商店经营的商品种类繁多,也就形成了各种性质的商业空间:有经营各种生活日用品的小型百货商店、日杂店、烟杂店等,也有经营单一商品的各种专业商店,如文具店、服装店、钟表店、食品店、纸张店、金银珠宝店、眼镜店、五金店、鞋店、陶瓷店、古玩店等等。

这类商店的店堂环境也是千差万别。室内空间大小和形态各不相同,室内功能布局不同,商品展示和陈列方法不同,装修材料等级相差很大,室内环境氛围各异,均无统一的格调和标准,多数由业主根据自己的财力、周围环境、市场情况、经营方式等因素灵活确定,不断更新。其装修设计的重点是店堂出入口、橱窗和店堂内部环境。

1. 中小型百货店

由于商品小、品类多。其店堂空间一般以货柜将顾客和售货员隔开,以货柜和货架展示商品、并附小仓库和办公室于店堂后面。其平面布置及店堂环境,见图3-36及文前图3-37 德国慕尼黑某小

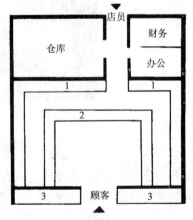

图3-36 中小型百货店平面
1—货架;2—货柜;3—橱窗

百货商店的店堂。

2. 家用电器商店

考虑顾客的视听要求,这类商店的店堂均采用开放式的布局。见图3-38。

3. 服装店

这类商店又可分为妇女服装店、男士服装店、儿童服装店等。这类商店多数也采用开敞式的空间布局,以便顾客直接挑选,并附试衣室,店堂环境较多用模特儿展示商品。其平面布置及店堂环境见图3-39和图3-40。

4. 金银首饰店

这类商店,由于首饰物小价昂,所以商品的陈列柜除具备陈设展示功能外,还要考虑收纳及防盗的要求,以及顾客的视觉要求。其平面布置及店堂环境见图3-41。

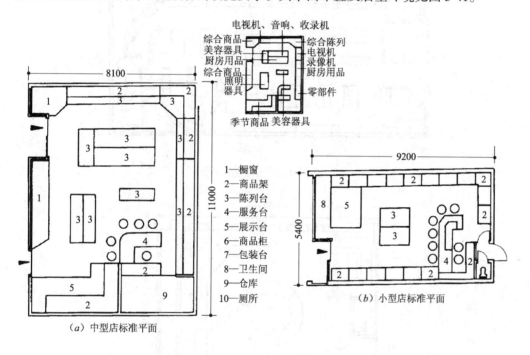

图 3-38　家用电器商店标准平面

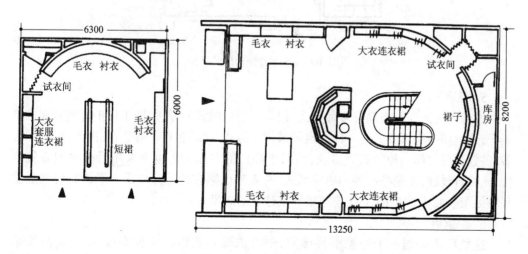

图 3-39　妇女服装店平面

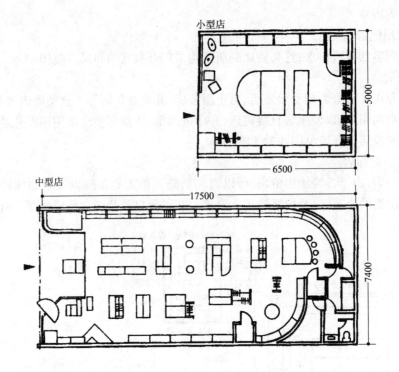

图 3-40　男士服装店平面

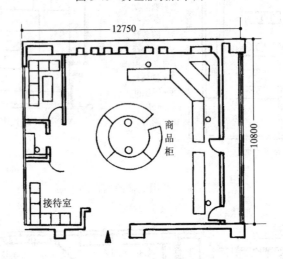

图 3-41　金饰首饰商店的平面

5. 鞋店

这种商店的空间布局有多种形式,也可采用封闭式的方法,即用货柜将顾客和店员隔开,这就同一般百货商店一样。也可采用开敞式,让顾客直接挑选,我国人口多,顾客多,多数采用前面一种的布置方法,但对于高档的专业鞋店也会采用后一种的布置方法,或综合设计,无论哪一种的店堂形式,都要考虑顾客的试穿要求。平面布置和店堂环境见图 3-42 及文前图 3-43 德国柏林某鞋店的店堂。

6. 眼镜店

这类商店如同一个小型眼科诊室,要考虑顾客购物的多种要求,如验光需要暗室,试戴需要镜架,选购需要货柜或货架。其平面布置及店堂环境见图 3-44 和图 3-45。

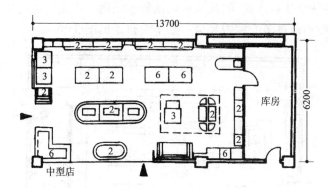

图 3-42 中型鞋店的平面

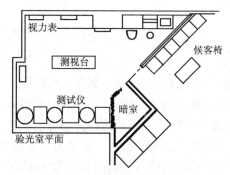

图 3-44 眼镜店的平面布置

图 3-45 德国慕尼黑某眼镜商店的店堂

连锁店多数也同一般中小型商店,其平面布置和室内环境也基本相同。不同之处在于,这种店是某一经销商的同类型商店的各个分店,多数为经营生活日用品和自选商场(也有各种鲜花、食品等专业连锁店),由于各个店经营相同商品,这样,业主就可以在全市范围内进行商品调节、生意少的地段、商品卖不出去,可以转到销售好的地段,防止商品积压,另外,由于统一经营,就容易占领市场,统一进货,可降低成本。故这种商店均有统一的标志,售货员大多数也着统一的服饰,店堂的环境氛围也几乎相同。

(三)中小型自选商店

这类商店的最大特点是方便顾客。店内无售货员,只有少数服务管理人员,让顾客入内自行挑选,统一在出口处付款。它的经营范围极广,有较大型的综合性百货商场,也有中小型的各种专业自选商场,甚至全国性的连销店。店堂环境简捷,较多考虑使用功能的需要,一般不做过多的室内装修。其平面布置见图3-46。

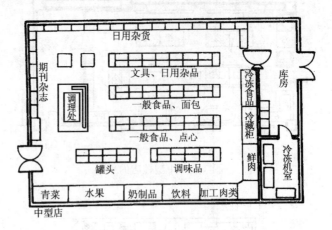

图3-46 中型生活用品自选商店的平面图

(四)大型百货商店

大型百货商店是一种商品品种齐全、花色繁多、包罗万象、应有尽有的独家经营的零售商店形式。其最大特点就是商品的综合性,顾客只要进入一家大型百货商店,所需商品一般尽可买到,这就减少了购物时间和购物劳累。

由于该类型商店的综合性,故面积较大,一般多为多层建筑。为减少垂直交通的不变,多设有自动扶梯。为减少店堂空间过大,天然采光不足,有条件时,还会设置中庭,各类商品的分店堂从地下至楼上各层围绕中庭布置,这就成了"竖向步行商业街"。

大型百货商店的平面布局见图3-47,店堂环境见文前图3-48上海东海商都中庭。

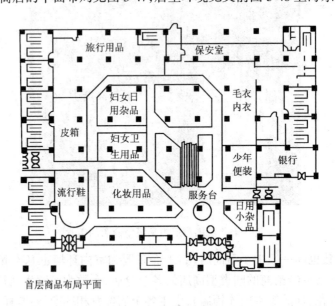

图3-47 某大型百货商店的首层平面

(五)超级市场

这是从一般自选商店发展起来的大型商业空间,它采用计算机管理,商品开架由顾客自选,商品展示和陈列更加条理化、科学化,集中式收款台设在入口处,这不仅方便顾客购物,而且降低了营销成本,故这是深受消费者喜爱的一种商店形式。其平面布局示例见图3-49。其店堂环境见文前图3-50。

(六)购物中心

这是由专门化、个性化的高级小商店组成的室内步行街,结合若干大型主干商店,复合而成的高度综合性的大规模商业空间。它为人们提供了"逛、购、娱、食"等多方面需要的良好商业环境及人与人交往的富于人情味的公共空间。

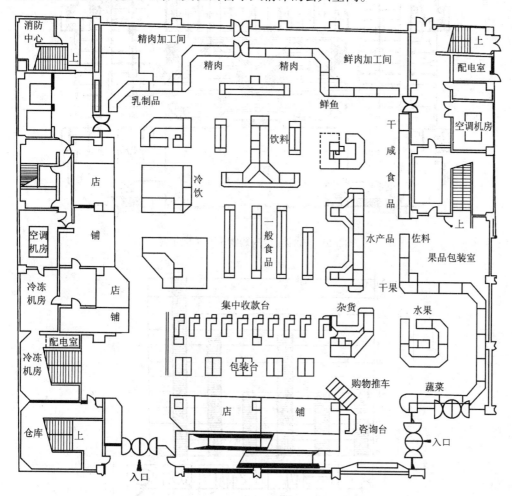

图 3-49 超级市场平面

这种空间设计是从现代人购物行为出发,考虑商品流通特点,激发顾客潜在购物,它调动一切手段,创造了丰富多彩、各具特色的室内外环境;使其适应了各层次、年龄、性别的顾客需要,另外它还增加了现代生活需要的自助餐厅、咖啡茶座、美容院、电影院、儿童游戏场、溜冰场、康乐中心等设施与场地,使其成为具有多种功能、多项活动的现代化综合性商业中心。

购物中心平面布置见图 3-51,其商业环境见文前图 3-52 和文前图 3-53 的法国巴黎某购物中心地上、地下部分。

五、店堂空间组织与环境氛围创造

店堂空间是整个商业空间的内部环境。其空间组织和环境氛围的创造,离不开人的商业行为和知觉要求。

(一)顾客行为与店堂环境识别导向系统

1. 顾客在店堂中的行为

通过对顾客在店内行为追踪调查、记录顾客行为途径、记录顾客触摸商品、取出商品、试用商品的行为次数,制成顾客行为内容频率图。见图3-54。

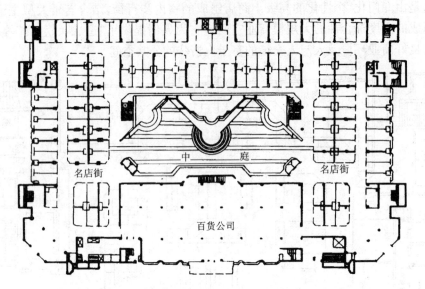

图3-51 (台湾)台南购物中心平面示意

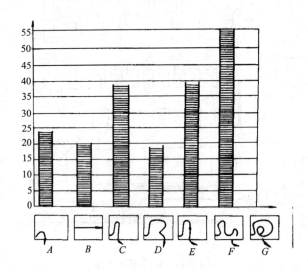

图3-54 行为内容频率

棒图中涂黑色部分是顾客一个人的行为类型的频度,黑棒高度表示为频率的多少,与下面的行为类型相对应。

从顾客行为频率图可以看出,顾客在店堂内行为主要有七种表现:

A. 顾客行为只发生在入口周围;

B. 顾客由一个入口到另一个入口,从店堂空间穿过;

C. 顾客绕店内空间一周;

D. 有迂回绕店一周,不停留;

E. 顾客行为在局部空间,并在某位置附近停留时间较长;

F. 顾客在店内的步行轨迹曲折迂回,并在多处停留;

G. 顾客在店内回游次数多。

由图可以看出,第六种的回游型,能够遍及店内各个角落,增强顾客了解商品、触摸商品的可能性,是店堂设计中较理想的一种形式。增加顾客的回游性和行为内容频率,表明在店堂空间设计上,使空间有很好的吸引力,是店堂空间形状与顾客行为的两者关系,都处在比较满意、比较协调的情况下。

2. 店堂识别导向系统

如何将顾客引入店堂,并使顾客在店内有较多的停留、进一步触摸商品、取出商品、试用商品,从而达到成交目的,这是业主建造商店的根本目的,也是引导潜在购物的根本途径。这就涉及到店堂识别与导向系统的问题。

易识别的商业室内环境有利于人们形成清晰的记忆和店堂形象,对于购物行为的定向、交往和找到要去的目的地起着积极的作用。同时,一个易识别的室内环境还使人在情绪上感到安全和安定。心理学家认为,辨别自身在环境中的位置是人的基本生物特性之一。一个方向混乱的环境,往往会使人感到很大的精神压力。

流动需要引导,以大型百货商店为例,从入口处望去,单调的行列式柜台有八、九层之多,$3 \sim 4 km^2$ 的营业厅中,柱子、柜台多达三四十排,规则而整齐地重复排列,远远超过人能清楚把握的范围。前面已经介绍过人的注意力一次能涉及的范围不超过 $6 \sim 7$ 个目及物。楼层面积大的营业厅,即使有明确的指示图,对于生疏的顾客来说,还是难以把握诸多柜台的空间位置,常常为寻找下一个货位或楼梯、出口而费心。

如何将室外顾客引入店堂?

这主要是通过诱导视线、诱导路线、诱导方向三方来实现的。

诱导视线,一是店面的完美造型,二是通过门前识别标志。步行者对造型完美、独具特色且识别性强的商店,往往视觉反应敏感,随之诱发人们"逛店"的猎奇和购物欲望。

诱导路线和方向,指商店具有吸引购物者在连续购物运动中的注意力,并导向商店购物的流线。购物者在商业街中的运动行为一般为连续性的,步行在连续店铺门面前,如果店铺具有特色和魅力,或在临街门前有凹进、底层架空等变化,将导致购物者运动的转折,滞留与间歇,随之吸引注意力和诱发进入的欲望。

诱导空间位于商店前沿,包括店铺门面凹进后形成的临街外部空间、广场、骑楼和底层店面凹进拓空形成的边缘空间,它是商业街连续空间的中止或转折,是最活跃且具魅力的中介空间,形成可停留驻足的购物环境,有利招徕顾客。另外,内外都不一定有明显界限,室内空间与室外街面之间的渗透形成边缘空间,便于人们集散、驻留。商业建筑前广场成为有一定容量吸引人进入店堂的集中活动场所,其中铺地、水池、休息座椅、视觉范围内的雕塑物等构成为人们稍事休息的场所,也为出入商店的大量人流提供集散区域。

如何将顾客引入店堂内部纵深处,使之在店内回游,这就是内部导向的问题。

当购物者进入商店内部,会根据商品等陈设导向逻辑,在方便的视线范围内做出反应。人们对方向的选择一般不是出于无意识行动,而是受外界信息刺激所吸引。导向系统功能可能使有目的的人们达到自己选择必需购买物品的目的地。他们常常选择较短的路径,要求快速迅捷。对于无明确购物目的的顾客,其行走路线无固定模式,显得随机和无秩序。当行走者被不断变化的空间景观系列和商品陈列序列所吸引时,就会感到他正朝向某个特定目标前进,或是被引向某个特定目的地。

完善合理的导向系统,会直接影响购物行为。室内设计的具体做法就是根据人的外感官的知觉特性,进行诱导,而最主要是视觉和听觉的诱导。

视觉的导向有文字导向、图形导向、摄影导向、灯光导向、商品陈列导向以及空间导向等。听觉导向主要利用影视导向和背景音乐等。其次是嗅觉导向,如利用食品、化妆品等芳香气息吸引顾客。

下面是引导顾客进入店堂的几个实例。

(1)入口后退,与橱窗结合、突出入口空间,见图 3-55。

(2)利用灯光将顾客引入纵深的商店出入口,见文前图 3-56 瑞士苏黎士某商店入口。

(3) 利用奇特的入口造型吸引顾客注意。

(4) 利用闪动的灯光,引导顾客向店堂深处。

(二)店堂空间构成、定位与划分

1. 空间构成

前面我们曾介绍过室内空间构成是由行为空间、知觉空间和空间围合实体三个部分组成。店堂空间也一样。它是由店堂内的设备、陈列窗、商品、人及其活动可组成的行为空间,由顶棚、地面、墙体、柱子等围合实体,还有因视觉、听觉等要求的知觉空间。

在行为空间部分又可分为供顾客购物用的购物空间,包括通道、休息处、付款处;有供业主用的营销空间,包括货柜、货价、商品堆放与陈列及售货员所占的办公用房。

图 3-55 意大利佛罗伦萨某商店入口

2. 空间定位

空间定位是指商品陈列和布置的功能分区所导致的店堂空间的区分。

通过调查分析,可以发现,店堂内的商品布置,基本上是按利润价格及顾客需要程度放置的。见图 3-57 商品价格与分区定位。

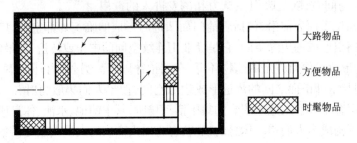

图 3-57 商品价格与分区定位

由图可以看出:

偶然购买的时髦商品,利润高,价格也高。一般位于入口较隐蔽的地方,少量的搁在较显眼的地方。

需求商品,这是主要销售的商品,多数是吸引有目的购物者,一般设在近入口处或方便位置。

方便商品,往往利用店门口人行道人流密集的特点,在店门外及入口要道处设货柜,由于价廉物美而吸引顾客。

这种行为表现,如规模不大,在一个营业厅分开布置,附近再作装修,如柜台分开,局部设吊顶,广告牌等。如果规模较大,则每种性质的商品可分别设在一个店堂里。其关系也是这样,大路货在入口,方便物品在店内通道处,时髦的专业商品可独立设一个厅。

3. 空间划分

营业空间内部组织与布局,关系到商品销售功能的发挥。营业空间的划分,具体可通过内部营业设施的布置进行划分,例如货架、柜台、陈列柜、座椅等;也可采用空间的竖向分隔、穿插,即高大空间中插入小空间的手法进行划分,例如插入夹层,挑出回廊等;还可以通过构件的局部处理进行空间划分,例如顶棚的高低变化、地面标高的错落、形式的差异、材料的对比以及不同的照明和色彩处理。

几种商店空间划分方式:

(1)利用家具或隔断划分营业空间　利用柜台货架、陈列橱、陈列台、休息座椅或隔断等设施将空间进行水平向划分,其特点是空间划分灵活、自由,而且各空间分而不乱,保持鲜明的连续感,可根据需要重新组织空间,这是常用的一种方法。

(2)以竖向插入空间的手法划分营业空间　为使营业空间富有变化,或是扩大空间感往往在营业厅的中心部位,设置较大的空间,如中庭,或是在楼板上开一洞口,使上下空间贯通,而减少空间较低的压抑感。

(3)利用地面、顶棚的处理划分营业厅空间　大面积的顶棚或地面对商品展示能起烘托作用,常采用局部吊顶,地面局部升高或降低的手法,对营业厅实行空间限定,达到划分营业厅空间的目的。

(三)商品展示与陈列及店堂通道

商品的展示与陈列,是营销活动的需要,也是促销的手段。不同商品、不同环境、不同顾客,就有不同的商品展示与陈列的方式。

1. 不同商品的展示与陈列

商品有大有小,有重有轻,价格差异、质保差异,其展示和陈列方式各不相同。

小的商品宜利用货柜、货架集中陈列,利用橱窗、陈列柜展示。大的商品,如家具、车辆等,宜开敞陈列,让顾客直接挑选。重的商品宜设在出入口或电梯口,便于搬运,轻的商品宜设在楼上或商场中心部位。便宜的商品可设在近通道或出入口,贵重商品宜设在店堂内部,有的还要加防盗措施。商品保质期短的,如食品,有的要用冷藏柜展示,有的商品则可随意存放。

2. 不同环境的商品展示与陈列

自选商店的商品以开架的方式展示与陈列。大型百货商店、超级市场,则分成各若专业柜组,展示与陈列商品,购物中心则分成各个专业商店进行商品销售,而大多数中小型商店、专业商店则以柜台、货架、橱窗展示与陈列商品。

3. 不同顾客的商品展示与陈列

不同消费层次的顾客,有不同的购物心理,故商品和展示与陈列就要适应这种要求。如有的顾客是追求商品的品牌,各品各牌的商品就要作特别的包装,展示与陈列也就有特别的气氛。所谓精品屋、极品店就是适应这种需要的展示和陈列方式。而对于大众的、特别是追求"便宜货"的顾客,商品陈列与展示,千万不可"豪华"否则消费者会怀疑商品价格不真。

4. 橱窗、陈列柜和货架

商品的展示与陈列是根据商品的特性,人的视觉规律、行为习性,运用灯光、色彩、造型艺术等各种技术手段,使商品富有艺术性的展示在顾客面前,并便于选择。这种展示场所概括为三种形式,即橱窗、陈列柜和货架。

(1)橱窗　橱窗主要有三种形式:

一种是柜式橱窗,主要设在临商业街或商店出入口处,适用于各种商店。其特点是将店堂和街道隔开,用于大型商场内部时,同样起着隔断的作用。这种橱窗很有利展示场所的造型。结合商品的布置,利用形、光、色的科学技术,可使橱窗成为一个非常生动的商品展示画面,或特定的环境艺术。

这种橱窗有单层也有多层。橱窗的尺寸要视商品的大小,一般单层高度在4m

以下,深度1~1.5m。宽度要看建筑临街面的长度或店堂内空间大小。这种橱窗多为封闭性的,故要注意柜内的通风、防晒、防火、防蛀,还要考虑商品的更换。见文前图3-58柜式橱窗。

二是厅式橱窗,这种橱窗是开敞式的。从室外一眼就可以见到店堂内商品陈列情况,吸引顾客入内。故这类橱窗,大多数用于中小型商店,尤其是小商店,可以说是整个店堂的设计。多数为一层。见文前图3-59厅式橱窗。

三是岛式橱窗。这种橱窗多数用于大商场内部,一般是结合货柜和货架以及顶部的空间限定构件,组成一个独立的商品展示和销售空间环境。见文前图3-60岛式橱窗。

除以上三种橱窗外,还可以实行组合,形成阶梯式等其他形式的橱窗。

(2)陈列柜　陈列柜有两种主要形式:

一是货柜,即店堂内的售货柜台,它既是橱窗又是售货面,也是划分店堂空间的主要手段。其大小同商品大小和人的购物高度有关,一般高约90~100cm,箱柜要低一些,深约50~60cm,纺织品柜要宽一些,它的技术要求同柜式橱窗。

第二种陈列柜,类似柜式橱窗,多设在商店出入口或店堂内部,见文前图3-61。

(3)货架　货架是商品暂时存储和商品展示的场所,也是分隔店堂空间的主要手段。其高度不超过2.4m,有效高度为0.3~2.3m,深度40~70cm。

5.店堂通道

店堂通道的形状是购物的视觉导向,通道的宽度,将直接影响顾客购物,太宽了造成面积的浪费,太小了,要产生拥挤。通道的位置将直接决定购物面和售货面的面积大小。

确定通道的宽度要考虑顾客购物、观看货柜和货架里的商品、行走活动的需要,还要考虑商品数量、品质和种类。按顾客在柜台前空间距离为40cm,每股人流宽55cm,两边都有货柜时,其通道宽(W),顾客股数为N,则

$$W = 2 \times 40 + 55 \times N (\text{cm})$$

一般人流数为2~4股,宽为110cm~220cm,则通道宽约为190cm~300cm。

一般顾客购物面积与售货面积的比例约为1:1。对于大型商业空间,考虑顾客的休闲需要,故顾客的活动面要适当增加。

(四)店堂环境氛围

店堂环境氛围的创造,是根据商店的性质、规模和顾客的行为及心理要求,通过店堂空间形态及其围合界面(顶棚、地面,墙面和隔断)的设计和装修;橱窗、货架、货柜的布置和店堂人流组织;堂内光环境和色环境的创造来实现的。

为了突出商品,方便顾客购物,店堂空间形态易简捷,多数为矩形空间。

空间围合界面设计时,重点是顶棚,特别是大型商场,这是烘托店堂环境氛围的重要因素。利用人的向光性特点,可不设或局部设置吊顶。其次是地面设计,多数采用防滑地砖或石材,尤其是大型商场。少数采用木材或地毯,尤其是高档专业商店。墙面一般不作重点处理,要结合橱窗和货架统一考虑。

陈列柜、货架布置要结合通道,考虑购物行为和空间形态布置。

室内光环境设计要结合店堂空间大小,商品性质,采用环境照明(结合店堂空间)、局部照明(结合商品)和艺术照明(结合景点)。

室内色环境的创造,对于大多数商店,特别是大型百货商店、超级市场、自选商场等店堂,宜采用冷色调。而某些专业商店(如服装店)宜采用暖色调,使顾客有温馨的感觉。

第三节 餐饮行为与餐厅设计

本节主要介绍餐饮行为与饮食环境的关系,餐饮环境氛围的确定,以及餐厅设计的原则和方法。

一、餐饮行为与饮食环境

"民以食为天",这就说明饮食是何等重要。

回顾以往,看看现在,展望未来,人类的餐饮行为主要表现为果腹型消费、温饱型消费、舒适型消费和保健型消费。各种消费行为对餐饮环境的要求是各不相同的。

(一)果腹型消费与环境

果腹型消费就是为了填饱肚子。处于这种消费阶段的人,在饮食方面,和动物没有本质的区别。"饥不择食",这是原始人,也是所有饥饿的人的餐饮行为。这种行为,在世界各国,特别是在极度贫困地区,还是相当普遍的。

"风餐露宿",这是果腹型消费对环境要求的写照。这种消费对饮食环境毫无苛求。只要有得吃,那儿都可以,没有餐厅,在树下、屋檐下、大棚下,甚至田野里、马路上,都是果腹行为的饮食环境。就是在文明社会,在物质产品很丰富的今天,有许多人,因为工作忙,没有时间坐下来吃饭。经常会看到有些人,是一边走一边吃。这种行为的实质也是果腹型的,只不过他比饥民吃得好一些。

因此,处于果腹型消费的社会,其餐饮环境,特别是餐厅的建造是得不到发展的。

(二)温饱型消费与环境

温饱型就是能吃饱,不挨饿。条件许可时,还能做到有些选择的消费。吃得稍好一些,吃得卫生一些。这种消费行为,是许多发展中国家为之而奋斗的目标。也是文明社会的根本保证与象征。我国是世界人口大国,社会主义初级阶段的根本目标就是解决全国人民的温饱问题,这是一件了不起的大事。

温饱型消费对饮食环境有一定的要求,最根本的目的是建立一个饮食场所。具体说,就是厨房和餐厅。因为要温饱,对吃就要讲究卫生和营养。食品就要加工,于是需要厨房,吃不再是为了填饱肚子,而是一种生活享受,就要坐下来慢慢吃,这就需要吃饭的地方,这就是餐厅。由于食品加工方法不同,厨房的室内环境也不同,餐厅也随着饮食条件的改善,也越来越高,于是就出现了室内设计和装修的行为表现。

(三)舒适型消费与环境

舒适型消费就是将饮食文化作为生活的一种享受。由于物质产品丰富了,经济条件改善了,人们对食品的选择的自由度大大提高了,于是对饮食和餐饮环境提出了高要求,加工食品的厨房随着餐饮的要求也作了分工,有了中餐厨房,西餐厨房以及各种烧烤型的厨房。对餐饮环境的要求,不再停留在能吃饭的水平上,而是要吃的地方也很舒适,于是出现了餐厅的室内与装修,形成环境氛围各异的"风味餐厅",这种情况,正是目前发达国家,或发展中国家的大城市里普遍出现的现象。我国是餐饮文化历史悠久的国家,中餐已是世界公认的一种风味餐,随之而起的中餐厅设计,已遍及世界各国。

(四)保健型消费与环境

保健型消费就是将餐饮文化作为人体健康保证的一种行为表现。

由于食品的丰富,经济条件富裕,人们对饮食行为的限制性少了。于是出现想吃什么就吃什么,吃多吃少也没有限制。在饮食科学不普及的地方,人们生活观念不健康的情况下,对于不少人,将大吃大喝看成是一种"享受",或者有些人为了刺激,就出现暴饮暴食的酗酒的情况。这是一种不健康的饮食行为,这不是"舒适"而是一种慢性"自杀"。由于饮食不当而出现肥胖症,再去减肥,消化不良再去找医生。这是很不科学的消费行为。所以有人认为,饮食方面的危机不再是"饿死"而是"吃死"。这对发达国家和发展中国家都应该警惕的餐饮行为。随着科学的发展,人们保健意识的增强,在饮食方面出现了保健型消费。"绿色食品工程"也随之而来。这种消费行为不仅给饮食加工提出了高要求,同时对饮食环境也提出了科学的要求。它要求厨房更洁净,要求餐厅不只是舒适的视觉要求而是注意更卫生、更清净。防止饮食环境的污染。

二、餐饮动机与餐饮环境氛围

前面介绍了人类餐饮行为的几种表现,那是客观环境对人的刺激的结果。在实现果腹型消费以后,人对饮食的需求又呈现出很大的选择性。因为餐饮行为的最终目的是满足人的生理和心理的需要,这也是餐饮的根本动机。这同时说明了在餐饮方面,人和环境的交互作用。

由于餐饮的动机不同,为其服务的餐饮环境也就不同。

(一)休闲与酒吧间及咖啡厅

1. 酒吧间

以休闲为主要目的餐饮行为,其特点是轻松、随意。适合这种消费行为的餐饮场所,应首推酒吧间。

酒吧间这是西方的称呼,在我国就是酒店。这是一个公众性休闲娱乐的场所。我国早期的酒店,稍大一点为酒楼。经常会有民间艺人在此处为食客演唱服务。西方饮食文化传至我国,酒吧在许多大中城市流行开来。和酒店一样,在酒吧间里也经常有演员在歌舞助兴。为使顾客能居高远眺,于是出现了较高的吧凳和吧台。为使演员能在亮处表演,以及使顾客间有一定的独立性和私密性。因此,吧台处的灯光较暗,为使顾客"精神唤发",酒吧间的光环境和色环境都采用低照度的暖色体系,从而形成一种热烈暗淡的欢乐环境。久而久之,即使酒吧间没有歌舞,但其环境氛围仍旧不变,这已成为国际性的统一的格调,由于以休闲娱乐为主,故对饮食要求较为简单、一杯酒、一些随意的点心就可以,故不需要大厨房,仅设酒库和小厨房。为了适应一定的社交需要,也经常在酒吧间设置一些小的座席(2~4人),其空间尺度较小,使人感到亲切。

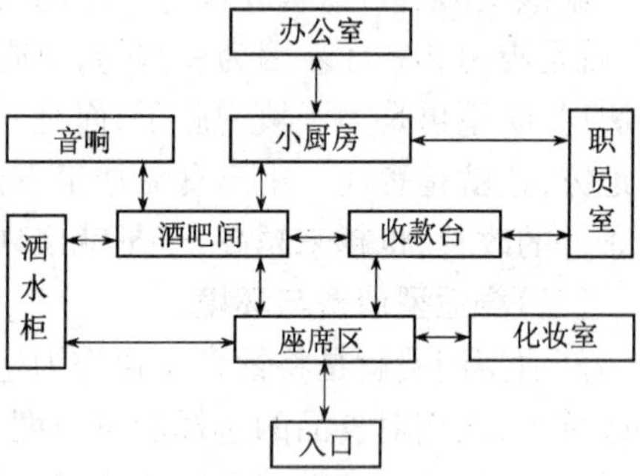

酒吧间的功能关系见图3-62。

酒吧间平面布置实例见图3-63。

图3-62 酒吧间功能

2. 咖啡厅

咖啡厅也是一种公众性的娱乐场所。在我国就是茶馆,由于这是一种大众化的休闲场所,故其平面布置应多样化。尽可能创造一些独立的空间。其光环境和色彩环境应比酒吧间更明快一些,但仍旧是暖色体系。

咖啡厅的功能关系见图3-64。

咖啡厅的平面布置见图3-65。

咖啡厅的环境氛围见文前图3-66和文前图3-67德国慕尼黑某咖啡厅及酒吧。该厅以简捷的家具,鲜艳的色彩,使咖啡厅具有现代感。

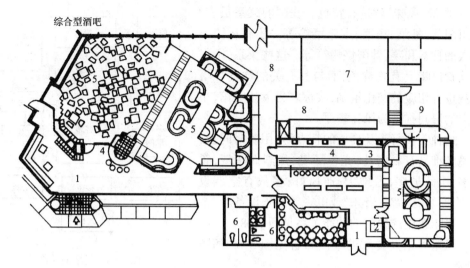

图 3-63 酒吧间平面布置

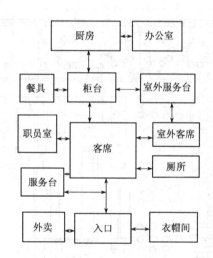

图 3-64 咖啡厅功能

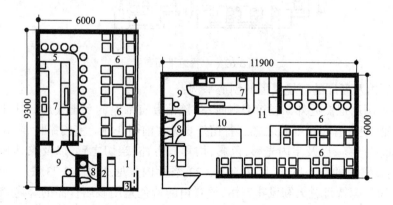

图 3-65 咖啡厅的平面布置

(二)美食与风味餐馆及餐厅

在取得温饱以后,经济条件许可,人们为了某种心理或社交需要,就要品尝一些有特色口味的佳肴,或再换一换口味,就需要有个美食的场所,这就是风味餐馆或餐厅。

所谓"风味"就是有特色。我国的菜系很多,有川湘菜、粤菜、杨菜、京津菜等等。还有从国外传入的日本和菜,韩国烧烤等等。这些菜系,不仅在饮食口味上有其特色,而与其有关的饮食环境多数也有相应的文化氛围,故称之为风味餐馆,小一点的房间称之为风味餐厅。

这种美食行为及环境的特点是,用餐时间长;环境幽雅具有私密性;光色环境,热烈而暗淡;餐具多,服务员多,占地大;通风好,多数有空调设备,有时装有"背景音乐"或电视等娱乐设备。

风味餐馆的餐厅的功能关系见图3-68。

风味餐馆及餐厅的平面布置见图3-69和图3-70。

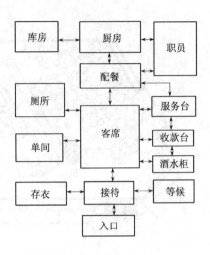

图3-68 餐厅的功能

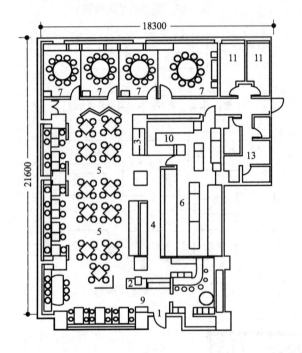

图3-69 中餐馆平面布置

风味餐馆及餐厅的环境氛围的创造举例:

例1:德国慕尼黑近郊某餐馆兼咖啡室,该馆具有浓厚的乡土气息。其建筑造型为独立式别墅,使人有宾至如归之感。餐馆外观见文前图3-71。室内家具、陈设、灯具、台布、餐巾纸、摆设等,以及室内光影,色彩,均具有古朴、亲切之感,以及农具和猎具作点缀,更显得该餐馆的乡土风味,见文前图3-72,餐厅内景见文前图3-73餐厅一角。

例2:荷兰鹿特丹意大利风味餐馆,该餐馆的特色是用该店食品的烧烤燃料(木材)作装饰,用植物编织的草罐作吊顶、拉毛墙面、粗犷的家具、古朴的色彩与灯具、开敞式炉灶与餐厅相接,阵阵的烧烤香味使人垂涎欲滴,美味食品使人留连忘返。

文前图3-74为餐馆的柜台,文前图3-75及文前图3-76分别为餐厅和餐馆灶台。

例3:珠海市拱北饭店

该饭店的特点是利用各国民族文化最典型的特征和形象来装饰室内各个界面。家具、陈设、灯具等选择均有一定的民族文化特色,从而创造出环境氛围炯异的风味小餐厅。参见文前图2-108和文前图2-109的日式餐厅和埃及式餐厅。

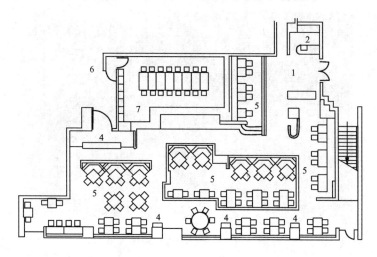

图 3-70　西餐馆平面布置

(三)温饱与饮食店及快餐厅

温饱型的消费主要是满足生理需要,也有部分是由于减少用餐时间或经济原因,寻找便捷的用餐场所,这属于经济型消费。适合这种消费目的最佳环境是大众饮食店或快餐厅。

1. 饮食店

饮食店在功能和空间布局方面和"风味餐馆"是一致的。只是在环境氛围的创造上、更简洁、更经济一些,一般规模不大,以四人座的餐桌为主,满足清洁卫生、快进快出的行为需要,经常在入口或安静之处,附设室外餐座,用来招来顾客。室内装修用料简洁、采用明亮的光色环境,有的厨房则向餐厅敞开,增强生活气息,方便送菜。

饮食店的平面布置,见图3-77和图3-78。

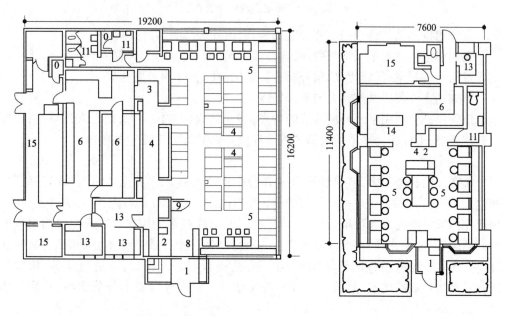

图 3-77　以便餐为主的餐馆　　　图 3-78　小型餐馆

1—入口;2—收款台;3—酒水柜台;4—服务台;5—客人座席;6—橱房;7—单间;8—等候;
9—电话;10—配餐间;11—厕所;12—柜台席;13—职员室;14—餐具柜;15—仓库

饮食店的环境氛围见图 3-79 和图 3-80。

图 3-79 慕尼黑现代小餐馆入口

图 3-80 慕尼黑现代小餐馆餐厅

该餐馆以简洁的造型与相邻住宅相协调,内外装修简洁、色调明快。

又如奥地利萨茨堡某室外餐座,该餐座充分利用绿化好,环境洁静的特点,于草地上设置简易的餐桌,便捷优雅,内外相连。见文前图 3-81 室外餐座。

再如瑞士苏黎士某住宅旁的室外餐座。

该餐座充分利用室外环境清静的特点,在餐馆向阳的山墙旁,铺上人造草地,三面以鲜花簇拥,形成极为舒适的简易的餐饮环境。见文前图 3-82 室外餐座。

2. 快餐厅

快餐厅的种类很多,多以经营者或其特色食品为名,如"麦克唐纳"、"肯特基"等。规模大小不等,小的只有一个厅,大的像一个"庄园"。快餐厅的特点,顾名思义是"快"。因此在内部空间处理和环境设计上应简捷明快,去除过多的层次。客人坐位简单些的只设站席,以加快流动,一般以座席为主,柜台式席位是国内外最流行的,很适合赶时间就餐的客人。在有条件的繁华地点,还可在店面设置外卖窗口,以适应顾客,快餐厅的食品多为半成品加工,故厨房可以向坐席敞开。室内外装修十分简洁明快,便于清洗。

快餐厅的功能布局见图 3-83。

快餐厅的平面布置实例见图 3-84。

快餐厅的环境氛围见图 3-85 和图 3-86。

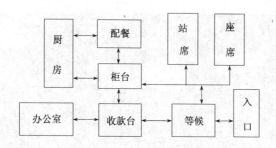

图 3-83 快餐厅的功能布局

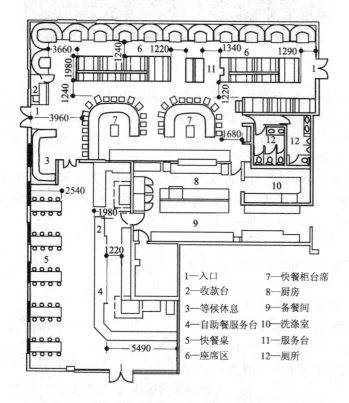

1—入口　　　　7—快餐柜台席
2—收款台　　　8—厨房
3—等候休息　　9—备餐间
4—自助餐服务台 10—洗涤室
5—快餐桌　　　11—服务台
6—座席区　　　12—厕所

图 3-84 快餐厅平面布局实例

图 3-85 泰国曼谷龙宫饭店着旱冰鞋的服务员

图 3-86　泰国曼谷龙宫饭店内景

该餐馆是以快餐为主的特大型综合餐馆,以水面连接各餐厅及水上室外餐座。由于相距较远,服务员均穿着旱冰鞋送菜送饭,以提高服务速度。环境气氛尤如龙宫,据说这是世界上最大的餐馆之一。

(四)社交与宴会厅

宴请是社交活动最常见的一种形式。小型的宴请是几人相聚,大型的几十人、几百人、上千人。宴请的动机各异,有亲朋聚首、婚丧大事、单位团聚、会议宴请等等。其共同特点是,以餐饮为形式,实现情感交流和有关礼遇。都具有一定的私密性。为了适应不同规模的宴请要求,宴会厅要有较大的灵活性,经常采用的就是灵活隔断、移动隔板、帷幕等。环境氛围的烘托要注意整体效果,经常营造的是热烈而明快的环境气氛。为了适应等候,接待的需要,在宴会厅附近要留有一定的休息位置

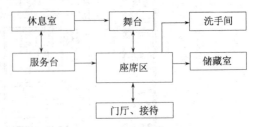

图 3-87　宴会厅的功能布局

或小型的接待处,特别要注意的是客人和服务员的流线不能交叉,大厨房和宴会厅的位置不宜太远,要保证多条路线送菜,以便在同时各个餐桌上的菜肴供应。大宴会厅要留有主桌或主席台位置,小宴会厅也要保证主宾席的座位面向各方宾客,不宜有视线遮挡。

宴会厅的功能布局见图 3-87。
宴会厅的布置形式见图 3-88。

三、餐厅环境设计概念

前面已介绍了营造餐饮环境的根本目的是为满足人们在餐饮方面的生理和心理的需要。因此餐厅的环境设计的基本原则就是遵循人的餐饮行为,布置座席、组织空间;根据餐饮时的人际距离和私密要求,选择隔断方式和隔离设计;按照人的坐姿功能尺寸,选择家具和座席排列;按照客人餐

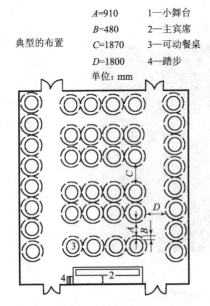

典型的布置
A=910　　1—小舞台
B=480　　2—主宾席
C=1870　　3—可动餐桌
D=1800　　4—踏步
单位:mm

图 3-88　典型的宴会厅平面

饮时的精神面貌,营造餐厅的光环境和色环境的氛围;按照视觉舒适性的要求,进行室内空间形态设计、空间界面装修、景观和陈设设计;按照环境氛围,选择背景音乐;按照嗅觉要求,组织通风或空调设计。具体的做法和原则归纳以下几点,并附实例予后,供设计参考。

(一)家具选择和设计

餐厅家具重点是椅子和柜台(酒柜、菜柜、银柜),其次是餐桌。

椅子要根据餐厅环境氛围设计,特别是风味餐馆或餐厅的椅子,其造型和色彩一定要有特色,并符合特定的文化气质。

柜台要结合室内空间尺度和所在位置进行设计,并配以灯光,整洁是其设计的原则。

餐桌的大小依照坐席数而定。如盖有台布则不必选择好的台面,酒吧间、咖啡厅、大众饮食店和快餐厅的餐桌不宜过大,应结合椅子统一设计。

(二)座席排列

座席包括餐桌和椅子,排列原则是错落有致,少互扰。并结合柱子、隔断、吊顶和地面等空间限定因素进行布置。

(三)光环境设计

大众化饭食店、快餐厅和咖啡厅的光线,宜明亮简捷,条件许可时,应尽可能采用自然采光,白天一般不作照明。夜间照明可采用日光灯和白炽灯相结合,可产生明快的视觉效果,只在柜台和景点等处设置白炽射灯或束灯及壁灯。

酒吧间、风味餐厅的光线,宜暖暗舒适,一般不用自然光,以便光线控制,多采用暖色的白炽吊灯或壁灯,有时在餐桌上辅以烛光,以渲染环境气氛。

宴会厅的光线,宜温暖明亮,白天可采用天然采光和人工照明相结合的布置方法,多采用暖色的白炽吊灯、吸顶灯,或装有滤色片的日光灯。

(四)色彩环境设计

大众化的饮食店和快餐厅,宜采用明快的冷色调,即长波色相、高明度、低色素彩度的色彩。如白、灰绿、玉灰、浅橙色。

风味餐厅、咖啡厅和宴会厅,宜采用典雅的暖色调,即中波色相、中明度、高色素彩度的色彩。如砖红、驼红、杏色、驼黄、金色和银色等。

(五)绿化布置

室内绿化宜采用真假结合的布置方式,近真远假,即靠近人体的绿化是真的,远离人体的绿化是假的。一般在离视点 13m 处的绿化,基本上分不清真假,这样布置既经济又便于管理。常用攀滕、悬挂加盆景的布置方法。

绿化应以耐阴的绿叶为主,少用多花粉的盆景。

(六)空间界面质地设计

1. 墙面设计

餐厅墙面质地不宜太光洁,否则缺少亲近感,特别是在远离人体接触的部位,其质感宜犷粗一些,以利声音漫反射,或直接贴吸声材料。在接近人体部位宜光洁一些,或设置护墙板、护墙栏杆。

大的餐厅的墙面,重点部位可设置一些字画,小一些餐厅,特别是风味餐厅可根据室内环境氛围,布置一些挂件,如猎具、挂毯、动植物标本、挂盘等。墙面的色彩要结合光环境确定。

2. 地面设计

大众化饮食店,快餐厅以及大宴会厅的地面,宜选用耐磨防滑的材料,酒吧间、咖啡厅特别是风味餐厅的地面,多数采用柔软的材料,如地毯、木地板等,增强舒适感。

地面材料的色彩应与整体环境相结合,但面积大时,宜采用浅色调,面积小时,可选用中性色调。

3. 顶棚设计

顶棚是餐厅室内装修设计的重点。它起着限定空间、渲染室内环境气氛的重要作用。其形态要结合室内空间大小、灯具和风口布置、座席排列,进行设计,在很多情况下,利用人的向光性特点,结合灯具布置只作局部吊顶,其形式和材料可以是多种多样的,色彩结合光环境来确定。

(七)细部设计

室内的隔断布置、陈设、窗帘、台布、插花、餐巾纸、餐具的选择及其造型、色彩设计,均会影响室内环境氛围。设计或选择时,要注意总体和谐、典雅、局部鲜艳,并注意同顾客和服务员的服饰色彩的相互关系。不宜太统一。

(八)音质设计

室内背景音乐的选择,要符合顾客的心理,注意隔声和吸声,特别要注意扬声器的位置和方向。

(九)通风、空调设计

要保证室内空气新鲜、清雅,少串味。尽可能采用自然通风。要求高的宴会厅和风味餐厅等,可采用中央或局部空调,但要注意噪声控制。

(十)消防安全设计

大宴会厅要特别注意疏散口的布置,要有利消防。并装有应急照明和疏散指向。顶棚材料的选择要符合消防要求,喷淋和烟感器的布置要结合顶棚的灯光设计。

(十一)实例

下面是一些实例,说明以上室内设计原则的应用。

例1:德国慕尼黑某超市的小餐厅,它利用隔断组织餐厅空间和视觉环境,又保持现代化商场的格调,见文前图3-89。

例2:德国慕尼黑某餐馆的一角。

将柱子装饰成一组"雕塑",用来分隔餐厅空间,见文前图3-90某餐馆一角。

例3:德国慕尼黑某餐馆的一角,它利用舒适的座椅来分隔餐厅空间。简捷的墙面装饰,使餐厅具有现代生活气息,见文前图3-91某餐馆一角。

例4:匈牙利布达佩斯某宾馆大堂酒吧,利用阶梯式花台组成空间,分隔餐桌,见文前图3-92某宾馆大堂酒吧。

例5:德国慕尼黑某餐馆采用局部吊顶,墙面结合灯光设计,使其尤如一幅风景画,从而加大餐厅景深。见文前图3-93德国慕尼黑某餐馆的吊顶和墙面装饰。

例6:德国慕尼黑某咖啡室顶棚,它利用木格作吊顶,形状尤如餐厅的平面形状,色彩鲜艳。见文前图3-94某咖啡室顶棚。该咖啡室又以简捷的内装修、护墙杆及家具尺度和室内色彩,具有强烈的生活气氛,见文前图3-95。

例7:法国斯特拉茨某餐馆,以浓烈的灯光和色彩使白皮肤的顾客也"红光满面"。见文前图3-96。

第四节 观展行为与展厅设计

本节主要介绍展厅的观展特征,人的识别与定位,展厅流线与导向,以及展厅设计概念。

一、展厅构成及特性

展厅是展示空间的一部分。

展示,也可称展览或陈列,它是指在一定的空间内,以实物样本为基础,配合辅助技术手段,按一定的主题,以陈列或演示的方式,给人以教育或信息的传播。

在国外,对展示的理解较广泛,可概括为四种情况:

(1) 展示会:博览会、展览会等;
(2) 展示场:竞技场、剧场等;
(3) 展示馆:博物馆、美术馆、图书资料馆、科学馆等;
(4) 展示园:动物园、植物园、雕塑公园等。

在我国的展览观念中,展示主要指展览会和展览馆。本文的"展厅"就是指展览会的陈列厅和展览馆的展厅。

(一) 展厅构成

当你进入任何一个展厅,你会看到或感觉到有三个部分:"人"、"物"、"场"。

"人"是指观众和展厅服务员。这是展厅中流动的部分,人的多少,将直接影响展厅的环境氛围和空间尺度。

"物"是指展品和信息资料,这是展厅的主要内容,也是给人以教育和知识的载体。它可以是固定的(如博物馆永久收藏的物品),也可以是流动的(如展览会上陈列的商品)。

"场"是指展览场地和展品陈列设备,这是展厅固定部分。

故厅的构成则包括观众的观展行为空间、展品的陈列空间。

观展行为空间,主要指观众的观展、流动、交往、休息和知觉需要的空间大小和形态。

陈列空间,主要指展品、陈列道具与设备所占有的空间大小和形态。

(二) 展厅特性

根据观展行为的需求和展示环境的可能性,展厅应具有以下一些特性:

1. 空间特性

(1) 四维性和综合性 展示空间就视觉要求来讲,其展馆本身也就一件完整的展品,无论是新建的,还是改扩建的展馆,它都应该是时间和空间完美结合的四维艺术(三维几何空间与第四维的时间艺术),它是由一系列大大小小,功能不同的空间场所组合而成,在这些空间里充满着人流和信息转换。这是一个流动的过程,它要求空间系统应有流动空间的组合效果以及观众在观展过程中所产生的连续的心理效应。该系统又综合运用了视听艺术和信息传递的技术手段,使之成为有一定主题的展示空间场所。

(2) 序列性和系列性 由于展示的规律性,从而使展示空间系统有着鲜明的序列性。如博览会的序列:序馆——各场馆——中心大厅——观影厅——会议厅——洽谈室——销售部——财务部,这是一个完整的序列。从展场及设备来看,也是一个完整的系列,如展品系列、道具系列、照明系列和色彩系列等。

(3) 开放性和灵活性 为适应现代展示不断变化的需求,要求展示空间能给参展者提供一个最充分、最优化的展示,提供一个最开放、最灵活的观展路线,以适应观展的需求和信息交换的需要。

2. 展示环境

(1) 可视性 要求环境有很好视觉条件,特别是光环境和色环境要符合展品的展示要求,保证一定的照度和照明质量,并使环境保证展品有良好的清晰度,这又涉及到展品的背景要符合图底关系的特性。

(2) 舒适性　要求展示环境不仅要符合观展行为的舒适要求,具有合适的通道大小和合理的视距。还要使环境符合观展的知觉要求,有良好的视听环境。

(3) 安全性　要求展示环境有很好的防盗、防雷、防蛀、防火的技术条件和设备措施。

3. 展品

展品是给人以科技信息、商品信息、艺术价值等因素的载体,故其展示与陈列要符合以下一些特性要求:

(1) 知识性　要求展品内容具有一定的科学、文化等知识;

(2) 科学性　展品的内容应该是科学的,展品布置也应该是科学的;

(3) 趣味性　要求展品的内容和陈列有一定的艺术效果,能吸引观众;

(4) 时间性　要求展品的内容能反映人类文化历史等某一定的时间特征,同时要求展品陈列能分类、分阶段,以免观展时间太长、容易疲劳。

二、观展行为及特征

(一) 观展行为表现

观展行为是指人们为了观赏与求知而参加的一项社会公众的信息传播交流活动。它的完成要依赖于三个客观构成条件:即展品、观众和展示空间。

(1) 观看　观看在观展活动中,应占主导地位。它不仅是观众接受信息的主要方式,也是展示空间中,视觉刺激的主观反应,同时明确地提出主体的动机与目的。其心理过程如下:

无意 → 注目 → 兴趣 → 审视 → 思考 → 比较 → 记忆

在不同场合,具体的表现形式也不尽相同。

(2) 走动　走动是指在观展过程中,为适应连续性观看的需要,所产生行为空间状态推移。走动有两种情况,一是在观展过程中的移动,这是无意识的调整自己的位置,如前后、左右。这就要求展品前留有足够的观众停留空间。二是有目的寻找要观看的内容而作的位置变化,这就要求同一类展品布置应有连续性。

(3) 休息　观展是一种紧张的学习过程。时间长了就要休息。这就要求展品的陈列,要有一定的间隔,同一类展品的展线不宜太长,以便观众停留或休息。

(4) 交往　在观展期间,观众相互间对话和议论,以及与讲解员和服务员的交往,这是人际间信息沟通的必不可少的一种形式。

(二) 观展行为特性

展厅中人的行为的变化过程、分布的规律以及秩序感的表现,都是体现观展行为的特性。观展行为系数是按下式作变化的。

注留 → 走动 → 聚集 → 分散

从这一过程中就可发现观展行为具有以下几个特性:

1. 秩序特性

观展行为是依据展示空间秩序和展示序列的安排所表现出来的时间的规律性与一定的倾向性;它是一种形为状态对客观环境的刺激作用的一种反应。这就表明展厅空间秩序对研究行为模式和空间模式有一定的作用。

2. 流动特性

行为的流动导致展示空间流程。人在展示空间里,受展品内容和有关导向的作用而按一定方式在流动。其流动的途径、流动方向选择的倾向、流线交叉点的位置的定位,这些规律,均是展示空间设计、展品陈列、导向系统设计的依据。

3. 分布特性

在展示空间系统中，由于展品内容、个人因素、人际影响，使观众在展厅空间里的流动呈走动、滞留和聚集等各种现象，即人在展厅中的空间密集度是不等的。这种分布特点提示室内设计师，在展厅空间设计和展品布置时，要根据人的分布行为，调整展示空间大小，或按展品的性质进行功能分区，这不仅能提高空间使用效率，而且能满足人的行为舒适要求。

(三) 观展行为习性

第二章中曾介绍过的人的行为习性，在展示空间中尽皆表现出来。如何根据这些习性，设计观众流动途径、调整前进方向，设计展品陈列环境，这是室内设计师的职责。

1. 求知性

这是观众的行为动机之一，这要求在展品内容选择与陈列上，是观众不熟悉的东西。

2. 猎奇性

这是人的行为本能，这要求展品的布展有特色，能吸引观众。

3. 渐进性

人对知识的追求是一个渐进的过程，这要求展品的选择有一个完整的内容，而在展示时则分段或分区按一定秩序布展。

4. 抄近路

这也是人们行为本能，这要求展品布置时，要满足观众的这一特点，少迂回，否则观众会绕道走过而不看展品。

5. 向左拐和向右看

多数观众进入展厅习惯向左拐(当观众较多时)，而我国的文字书写是上下或从左到右，故展品的陈列次序，最好是从左到右，以便观众阅读，而展品的序言，最好设在入口的左端。

6. 向光性

这是人的本能，故展品陈列时，要有足够的亮度，又要避免眩光、陈列的背景要暗一点，故展厅最好采用高侧光或顶光。照度不够时，再加局部照明，避免展厅环境照度水平过高影响观展。

三、展厅的识别与定位

(一) 可识别性和对展厅的要求

1. 对环境信息选择的需求

展示空间里包含着各种信息的传递。有展示空间、展品、人流、阳光、空气、温湿度等，这些都是物质的东西，此外还有安全、交通、疏散等，这是信息的东西，这是物质和信息构成了展示空间的环境信息。

然而，人对信息的需求是有选择性的，不同时间和空间里，不同个体，有不同的选择目标。在展示空间里，观众最关心的，也就是主要选择的信息，是展品，其次是安全疏散信息。你可以发现，观众在展厅中，首先选择地是他爱看的展品，当观众过分拥挤时，他最关心的是安全和疏散问题，在某种情况下，为了自身的安全，他会放弃观看的需求。

这就要求展厅设计时，在保证安全疏散的前提下，调动一切设计手段，围绕展品的陈列，设计好展厅的室内环境。

2. 对环境的感知的需求

展厅中各种环境因素作用于人的感官，引起各种知觉效应。第一章曾介绍过，当刺激量太弱时,则不容易引起人的感觉,在多种因子刺激下,人首先感知的是刺激量大的因子。

因此对展厅的设计,首先要保证展品对观众的刺激。以引起人的感知。例如,展品的光和色对观众的刺激,如果比其背景对人的刺激还弱,则观众首先注意的是展品的环境,而不是展品,所以展厅的背景环境多数采用低照度,冷色系,也就是这个道理。关于形的处理也是这样,不能使展厅的形态过于奇特(除非陈列空间本身就是展品),以免干扰观众的视线,故多数展厅的空间形态是比较简捷、完整的。

3. 对环境把握的需求

对环境信息的可知性追求与把握是人的基本生物需求之一。一个易识别的环境则有利于人们形成清晰的感知形象和记忆,对于空间行为的定位、流动和寻找目标都有积极的影响,特别是对大型的展示会或空间繁杂的博物馆,人们是无法凭着简单的视觉寻视,就能清楚的把握环境,明确自身的位置。因为人对环境信息的同时识别是有限的。前面介绍过,人的注意力一次能够涉及的范围一般不超过 6~7 个目及物。因此,在展厅设计时,要有明确的指示图,清晰的导向系统,以便观众能清楚地把握自身的位置和下个寻求目标。

(二)定位特性和对展厅的要求

人在广阔的展示空间里能明确自身的位置,主要依靠对展厅的定位特性有较好的记忆,从而能判断下一个寻找目标和确定转折点的前进方向,以及原有的入口所在。

展厅的定位特性有三点:

1. 特定的空间位置

人的定位是相对于参照物而言。如果展示空间的大小、形态都一个样,则观众就很难从空间上判断自己处在那一个空间环境中。如果展品的陈列环境也是一个样,则观众也很难从陈列环境中得到判断。相反,不同展示空间有着自己的特点,或在同一空间里,局部形态,有一定的标识,这也有助于观众判断自身的位置。这就要求展厅的空间设计应有一定的特点和标识系统。在同一空间里,人对空间中心、边沿和出入口具有较强的判断力。

2. 便捷路线

要使观众较快的明确自身位置,这就要求展线设计更简捷,不要过分曲折,否则会造成"迷宫",使观众多走回头路。

3. 特殊视点

展厅中的特殊视点是指展示空间中的特殊位置和该位置的特殊形态和标识。主要在三个位置:

(1)出入口 展厅的出入口,展馆的出入口,其形态和标识要有显著的特点。以便观众记忆,特别是入口,要求很明显的标志。由于展厅大,展线长,往往出口和入口不在同一位置,如果没有鲜明的导向标识,常使观众找不到原有入口,找不到自己车辆停放位置。

(2)前进中的判断点 如果展品内容很多,展线很长,观众常常要选择自己喜欢的内容,绕过某些展品,缩短参观路线,这就要求展品陈列时,不仅每区、每厅有一定的序号和标识,还要求在同一展厅里,每一段展线,在起始点有一个明确的判断点,以便观众选择。

(3)转折点 当展线较长需要转折时,在前后、左右、上下的方向判断点,也应有显著的特点并设指示标识。

四、展示流线与导向

(一)展示流线

展示流线包括展厅各组成部分相互关系的功能流线和展示空间中观众和工作人员的活动流线。

1. 展厅的功能流线

由于展示性质、内容、规模、方式等的差异,展示空间的组成也各有侧重。但一般均包含以下几个部分,即展览区、观众服务区、库房区、办公后勤区。其相互关系,既有联系又相对独立,其功能流线见图3-97。

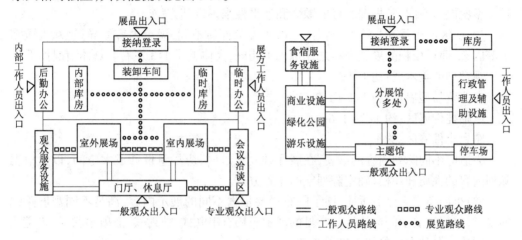

图3-97 展览馆功能流线分析图

这种流线关系就决定了展厅的空间布局,也基本上确定了观众和工作人员的行走路线,以及展览路线的空间位置。各种流线处理恰当,则人流通畅、观展效应好。处理不当,则会发生流线交叉,就会造成人流拥挤和碰撞,展厅混乱。

2. 观众流线控制

控制观众的流向、流量、流速和行走方式是展厅设计成功与否的关键。

(1)流向控制 观众对展览顺序的方向选择,一方面是自身的爱好、兴趣;另一方面是取决于布展空间的开放性与封闭性。展厅设计时,对于逻辑性和顺序性较强的展品,或是整个展览中的主题馆,可采用封闭性的展览空间,使观众只能从一个入口进,另一个出口出。即使观众对部分展品内容不感兴趣,他也只能加快流速前进,但方向不变,反之,可采用开放型的空间布局,让观众有更多的选择余地。

(2)流量控制 通过控制展线通道的宽度来调整观众的流量。对展出的重点内容,展品前的空间位置留大一点,对次要内容的展品,前面的通道窄一点,根据人的行为习性,空间大的地方容易滞留。

(3)流速控制 同流量控制一样,是调整展品前的空间大小,或增强导向系统的刺激强度,让观众尽快流向下一个目标。

(4)方式控制 通过控制展厅的空间大小,通道宽度等方法,达到控制人流的方向、流量和速度的目的,这是一种强制性的布展方式。它适合于诸如教育型展厅、历史型的展厅。是一种被动式的布展,观众前来是受教育的。而对于贸易型、美术型的展厅,应该采用自主式的布展方式,让观众与参展者有一个交流、对话的机会,故要采用开放型的展厅空间布局。让观众自主的选择他所喜爱的展点。为了使观众更多地了解展品,各个展出摊位,还会采用"渗透性"的方式,让观众深入摊位内部,观看、操作、试用并与参展者交流。这种透明度很强的开放型布局,是当今世界展示设计的一种趋势。

3. 展示布局

展示布局涉及到展区方位、展区面积的大小及其与走道面积的比例和布局类型等问题。

(1)展区方向　展区方向是根据整个展览馆的功能流动关系确定。见前面功能分析图。具体落实到展馆基地上的时候,还要考虑基地环境、交通情况以及相邻建筑的关系等因素,这是总图设计问题。

在同一展厅中的展区定位,即展览摊位的确定,要看整个展厅的展示内容。相互独立的摊位,则要看其重要程度,确定不同地段和展出次序。对贸易型的展览会,就如同商场一样,各摊位皆想抢占好的"市口"。这就需要协调。对于同一类型的展示,特别是教育型的展示空间,则根据教育的顺序和连贯性来确定其方位。

(2)展区面积及其与通道面积比　由于展览性质不同,展示内容差异,观众人数多少等因素,通道面积的展览面积之比例也不相同,大体上是1:3左右。具体情况如下:

观赏型的美术展:约1:4;

专业贸易型展览:约1:1~1:2;

巨幅挂件展区:约1:4~1:6;

精致小件展区:约1:2。

为适应不同陈列内容的需要,在展厅独立设计时,应尽量设计成大空间,以便根据陈列内容的性质和规模,确定陈列室的布置方式。

(3)布局类型　综上所述,展示的布局要根据不同的展示内容,满足不同观展路线的要求,以保证展示的灵活性。常见的展示布局有串联式、放射式、放射串联式、走道式和大厅式。各种布局的特点见图3-98。

(二)展示导向

前面介绍了展示流线,这就不可避免地要涉及展示导向问题。试想,在一个大型展示空间里,由入口进入展厅,并行排列的各个展示摊位多达八、九层,在这样大的展示空间里,观众是很难把握自己所在的范围。即使有明确的指示图,对于生疏的观众也很难确定展区的空间位置,这就需要良好的导向系统。

1. 按空间向度来分

展示空间的导向分为水平导向系统和垂直导向系统。

(1)水平导向系统　指在水平方向上由各平面的组成元素构成的整体系统。它包括入口引导、总体及分层楼面介绍,服务设施、出入口标识、休息区、电话亭、洗手间、服务台、娱乐活动区及专卖柜台等。

(2)垂直导向系统　指在垂直方向上由竖向构成元素组成的导向系统,主要包括电梯升降显示、楼层显示、自动扶梯等。

2. 按人的主观感觉来分

导向系统分为视觉导向系统、听觉导向系统和特殊导向系统。

(1)视觉导向系统　视觉导向系统包括文字导向、图形导向、光色导向、影视导向等。

文字导向是最明确、直接有效的方法。从室外的展示招牌到入口的内容介绍,无所不包。

图形导向有各种标志、广告、招牌。

光色导向是直接明了、形象逼真的导向。

影视导向,它集声音、图象和时间为一体的导向方式。

(2)听觉导向系统　利用声音方向性的特点,指示空间的方向,还可以渲染环境气氛。如同光色导向结合起来,则导向效果会更好。

第四节 观展行为与展厅设计

陈列区布局类型

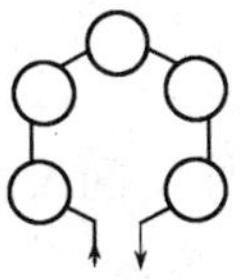

各陈列室互相串联，观众参观路线连贯，方向单一，但灵活性差，易堵塞。适于中型或小型馆的连续性强的展出

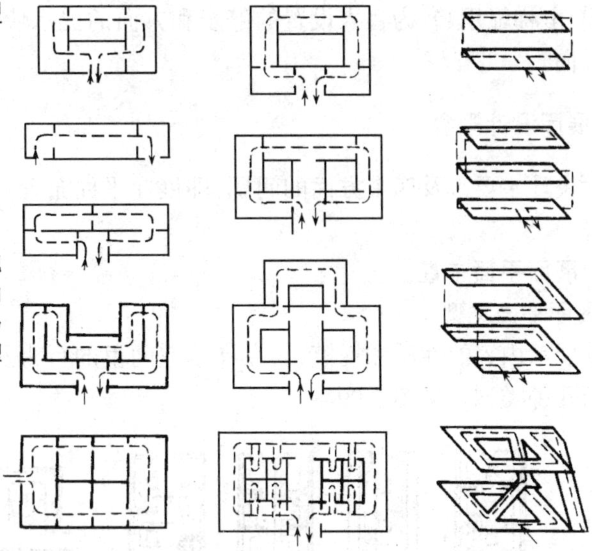

① 串联式

各陈列室环绕放射枢纽（前厅、门厅）来布置，观众参观一个或一组陈列室后，经由放射枢纽到其他部分参观，路线灵活，适于大、中型馆展出

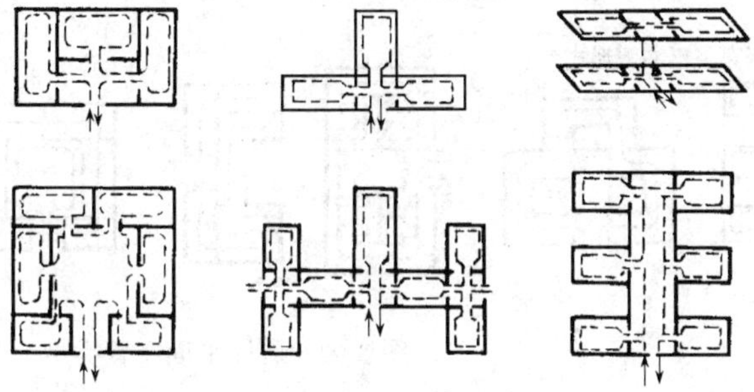

② 放射式

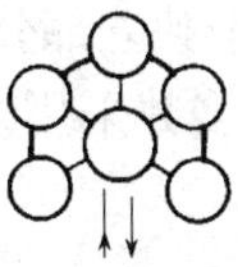

陈列室与交通枢纽直接相连，而各室间彼此串联。适于中、小型馆的连续或分段式展出

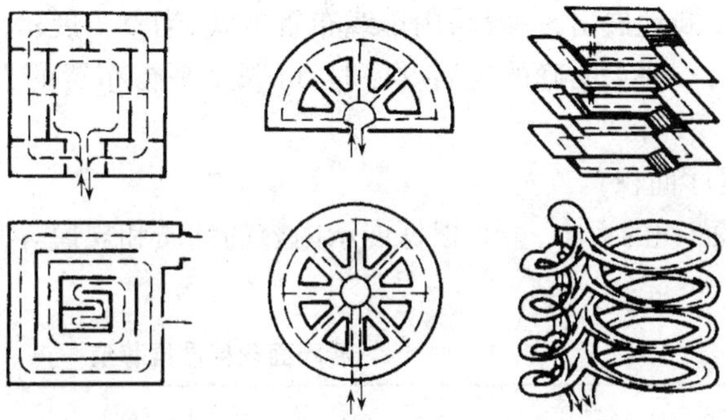

③ 放射串联式

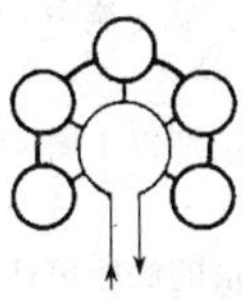

各陈列室之间用走道串联或并联，参观路线明确而灵活，但交通面积多，适于连续或分段连续式展出

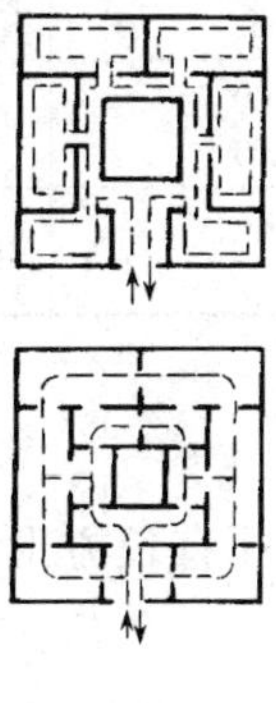

④ 走道式

利用大厅综合展出或灵活分隔为小空间，布局紧凑、灵活，可根据要求，连续或不连续展出

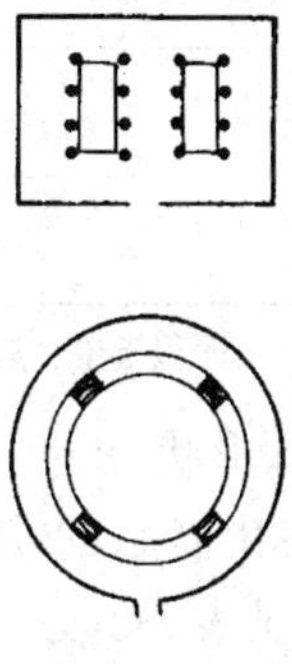

⑤ 大厅式

图 3-98 展示布局的特点

(3)特殊导向系统　这主要是为盲人和肢残者设置的无障碍导向系统,它包括出入口的坡道、电梯显示、专为盲人设置的停步和方向的提示块。今后会进一步发展,用机器人作导向。

五、展厅设计概念

展厅设计主要涉及四个方面的问题:即展厅平面布置、展厅空间尺度、展品陈列和展示环境。

(一)展厅平面布置

1. 展厅平面类型

根据展示内容的性质和规模,人在展示空间里的行为及知觉要求。展厅的平面主要有下面几种类型。见图3-99。

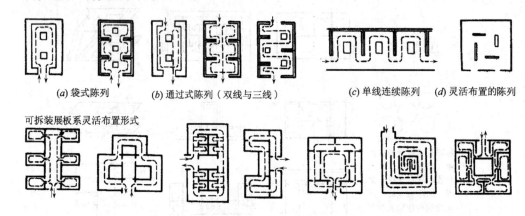

图 3-99　展厅平面布置类型

当展示内容为一个完整系统时,其各部分之间和每个部分内的展品都要求先后衔接,连续不断地展出,一般采用单线布置方式,当整个展示由各个独立部分组成,各部分内的展品,不要求明确的先后顺序时,可采用平行布置的方式,多数采用多线展示的布置方式。

2. 展厅面积

展厅面积的大小,主要根据展示内容的性质和规模。几种展厅的标准推荐值,见表3-7。

展厅面积标准推荐值　　　　　　　　　　　表 3-7

性　　质	展览面积（m²）	备　　注
用于地区性会议中心兼作展厅	净面积:1000~1100 总面积:1800~2300	附设在贸易交流中心或会议中心内
商品展销厅	净面积:不小于2300 总面积:不小于4600	商品展销期以1周~1月为宜
大型展览会	净面积:>5000 总面积:>10000	相当数量的展厅可达27000m²

注:其中展览面积指单个展厅的面积。

3. 展厅形状

为了突出展品,展厅形式宜简捷,常见的展厅有长方形、正方形、圆形和多边形,它们的特点,见表3-8。

(二)展厅空间尺度及形态

展厅平面形状确定后,根据展品的性质,确定展厅的高度,多数展厅的净高>6m。

几种常用展厅形状比较　　　　表 3-8

长　方　形	正　方　形
·能获得摊位布置的最大值 ·走道通畅便捷,占用面积少 ·展厅一般照明容易结合走道布置 ·展览形式调整方便	·摊位容易布置,排列整齐 ·走道便捷,参观路线明确 ·灯光布置有利于组成顶棚图案,渲染展览气氛 ·展览形式丰富
圆　　　形	多　边　形
·摊位布置富有变化 ·走道布置适当时,方便参观 ·展厅一般照明须与走道方向取得呼应 ·展览形式设计较难,灵活性差	·摊位布置受限制 ·走道方向应便捷且不影响观众视线 ·展厅一般照明注意整体 ·展览形式设计应利于边角落

展厅的空间形态的确定,要考虑观众的心理特点。观众对展品和展示空间有以下几种心理反映:不关心、注意、兴趣、联想、欲望、比较、印象、留念、满足。

如何使观众能对展示空间(包括展品)感到兴趣,在展品前逗留,满足观展要求,这就需要多方面的协调与配合。

不同性质的展示空间,对空间形态也有不同的要求。

对于美术类的展厅,希望展示空间具有较高的艺术性,使之成为一个展品。通过空间形体的变化、空间界面的艺术处理,室内光、色环境的配合,使展厅也成为一个艺术品。见文前图 3-100 和文前图 3-101 法国 Verona 博物馆展厅。该厅的局部吊顶和下面的一颗"树",进一步烘托了艺术塑像。

对于商业性的展厅,其空间形态要简捷,形状有规则,空间尺度要同展品相结合,空间界面的色彩与质地要淡雅,起到烘托商品的作用,而对于展品的陈列,则通过广告、橱窗、模特、灯光、色彩等设计,使其很醒目。见文前图 3-102 德国慕尼黑某工业品展览会大厅。

关于建筑类展厅,其空间形态设计,应使展厅的细部处理、门窗设计、展品布置,能体现建筑艺术特征。如文前图 3-103 荷兰某博物馆,该馆由王宫旧址改建。

有些展厅的形态处理,还具有一定的象征意义。如意大利罗马某展览馆的展厅,由旧火车站大厅改建成,经过艺术处理,犹如一个艺术宫殿。见文前图 3-104。

有些展览馆原是名人的住宅,后成为展览馆,则其展厅的形态,仍保持原有的建筑特征。如瑞士苏黎士某展览馆(见文前图 3-105 和文前图 3-106),则体现了建筑大师对现代建筑的创新。无论是形态、色彩、空间处理,都是现代建筑的杰作。

(三)展品陈列

展品的陈列是展厅设计的主要内容。展品的布局好坏,将直接影响参观路线是否合理。陈列的方式应遵照前面已介绍的展示流线的设计,对于展览内容连续性强的,则采用串连式,对于各个独立的展品则采用并行式或多线式。陈列时要满足参观路线的要求,避免迂回、交叉。

根据人体尺度与展柜和展板的关系(见图 3-107 和图 3-108),以及展品和人的视野的关系(参见图 3-105),确定陈列尺度(参见图 3-109),并保观众

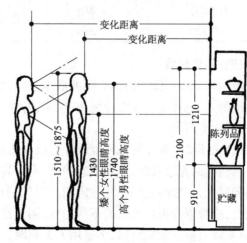

图 3-107　展柜陈列尺度

与展品之间有一个合理的距离,见表3-9。

垂直面上的平面展品陈列地带一般由地面0.8m开始,高度为1.7m。高过陈列地带,即2.5m以上,通常只布置一些大型的美术作品(图画、照片)。小件或重要的展品,宜布置在观众视平线上(高1.4m左右)。

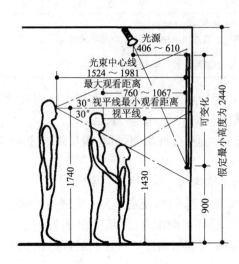

图 3-108 展板陈列尺度

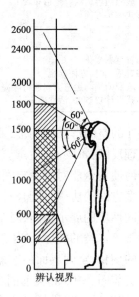

图 3-109 展品陈列尺度

陈列品视距调查表　　　　　　　　表 3-9

陈列品性质	陈列品高度 D(mm)	视距 H(mm)	D/H
图　板	600	1000	1.6
	1000	1500	1.5
	1500	2000	1.3
	2000	2500	1.2
	3000	3000	1.0
	5000	4000	0.8
陈列立柜	1800	400	0.2
陈列平柜	1200	200	0.19
中型实物	2000	1000	0.5
大型实物	5000	2000	0.4

(四)展示环境

展示环境设计除了前面介绍的展示空间尺度、形态和展品陈列等因素外,还要涉及展厅里的光、色环境;温、湿环境;安全防护;以及休闲等因素。

1. 光、色环境

(1)光环境　展厅的光环境设计包括自然采光和人工照明。

自然光的光感较好,且是动态的,但有一定的局限性。由于展示的原因,多采用高侧光和顶光,一般侧光用在其他房间。设计是更特别注意避免眩光。由于展厅一般进深较大,故难以改善自然光的不均匀性,加上展览方式的不同,还会经常更换展品的内容,故实际上很少依靠自然,多采用人工照明。

采用人工照明须满足以下要求:

1)保证一定的光线照度,减少视疲劳,能让观众正确辨别展品的颜色和细部。展品表面照度一般在200~2000lx之间,光敏性的展品表面照度≮120lx。

2)应使光线照度分布合理。

不仅展品主要部位的照度均匀,还要防止展品的光和影相互影响,干扰观众视线,故需补充墙面照明。展品表面照度与展厅一般照度之比不宜小于3:1,展厅照度与展厅环境照度之比不宜小于2:1。

3)展厅内应避免光线直射观众和眩光。应限制光源亮度或加遮光措施。当采用玻璃柜布置展品时,应使柜内展品照度高于一般照度的20%,以防止玻璃产生镜像。

4)人工光源的选用,应根据展品类别,并注意灯具的显色性,发光效率,照度稳定、含紫外线量以及投光形式。在设计中应考虑有足够的导轨灯来补充照度不够或充实展厅气氛。见图3-110垂直面的照明,图3-111为防止展品面的正反射。

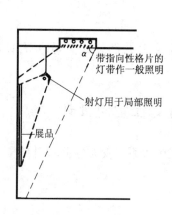

图3-110 垂直面的照明

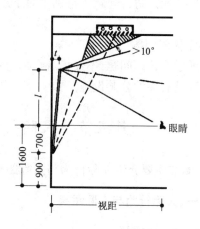

图3-111 防止展品面的正反射

5)灯具的布置要注意视觉效果,图3-112为一般照明的视感觉。

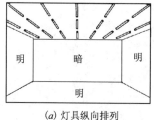

(a)灯具纵向排列

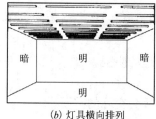

(b)灯具横向排列

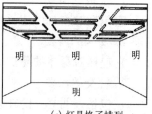

(c)灯具格子排列

图3-112 一般照明的视觉感

6)常用的照明方式,见图3-113。

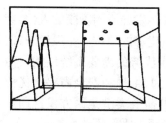

(a)依靠光线划分区域

(b)依靠聚光灯的重点照明

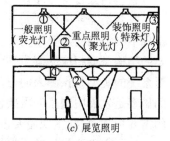

(c)展览照明

图3-113 展厅照明方法

(2) 色彩环境 展厅的色彩,即顶棚、墙面、地面的色彩,均属环境色彩,亦即背景色。为了烘托展品,减少视疲劳,多采用中性色。少数则采用冷色体系。

展厅的色彩设计离不开光环境,还要考虑展品的性质。

2. 温、湿环境

大多数展厅不考虑展品的温度和湿度的要求,而考虑观众的热环境要求。条件许可时则采用空调系统。而对于永久陈列的展厅,如博物馆的展厅,特别是收藏贵重物品、书画等,为防止温度和湿度的变化而影响展品,则需采用空调系统,一般认为 20～30℃,相对湿度不大于75%比较合适。

3. 安全防护

展厅的安全,首先是消防,展厅设计必须满足消防规范的规定。

其次是防霉、防蛀。特别是博物馆的陈列室中贵重物品等。

另外就是防盗问题。特别是对于永久收藏陈列的贵重物品,对展品更严加防盗措施。

4. 休闲问题

展厅的休闲问题,不仅指观众休息室,而更多的是公共部分的空间,要有休闲的环境氛围及有关的公共设施。

第五节 人际行为与室内交往空间设计

本节主要介绍人际行为与人际距离、交往方式的关系和交往空间设计的概念。

一、人际行为与人际距离

(一)人的需要

人的需要是多种多样的。根据美国心理学家马斯洛(Maslow)对个体需要分层、分类的理论,个人的需要可分为五个层次:

1. 生理的需要

它包括对衣、食、住、行等的需要和对"七情六欲"等的追求。

2. 安全的需要

它包括对身体的防护和心理的防卫。

3. 社交的需要

它包括亲朋好友的往来和社会交际的需要。

4. 自尊的需要

它包括人自身的人格、品德、地位等得到他人的尊重和对待。

5. 自我实现的需要

它包括人自身的才智、价值、理想等实现的需要。

按各类需要的相互关系,各个不同的社会团体或处于社会发展不同阶段的人们,会出现不同类型的需要结构。在各个类型中,总有一种需要占优势的地位。一般说来,需要的结构类型相应的有生理、安全、社会、自尊和自我实现占优势的需要系统结构。需要系统的类型是预测人们行为发生概率的工具。马斯洛认为,生理和安全需要占优势的需要是发展中国家的需要模式;社交和归属需要占优势的需要类型是西方发达国家的需要模式;自我实现需要占优势的需要类型是人类社会理想的需要模式。

实际上需要类型是不可能机械地划分,发展中国家更需要自尊,为实现自尊,需要各方面的交往。不过就个体而言,生理和安全的需要总是第一位的。

(二)人际交往

从上述人的需要层次可以看出,交往是人的需要,人是环境中的人,环境则包括社会环境,缺少必要的人际交往,则容易孤独,甚至阴郁。相反,交往过于频繁,则容易疲劳,过度兴奋。

个人在不同的交往场合中,常表现出一种相同的基本人际反应倾向,这种比较稳定的且每个人不同的基本人际反应倾向被称为人际反应特质。心理学家舒兹把人际关系的需求分为三类:

(1)包容的需求　即希望与别人交往,与别人建立和维持和谐的关系。
(2)控制的需求　即希望通过权力或权威,与他人建立、维持良好的关系。
(3)情感的需求　即希望在情感方面与他人建立并维持良好的关系。

建筑设计和室内设计,则是通过良好的建筑环境,以实现和保证人们在情感方面的交流,维持人际间良好的交往关系,满足人际双方的需求。

(三)人际行为

人际行为是指有一定人际关系的各方表现出来的相互作用的行为。这是一种内容广泛,错综复杂的行为。

所谓有一定的关系,涉及的面也相当广泛,主要有:

邻里关系中表现出的社会行为;
家庭关系中表现出的家庭行为;
同事(同学)中表现出的共事行为;
上司和属下关系中所表现出的管理行为;
雇主和雇员关系中表现出的雇佣行为;
买卖关系中表现出的交易行为;
交往过程中表现出的社交行为;
公共场所中表现出的人际行为等。

本文是介绍接待空间设计知识,故主要讲述交往过程中的接待行为。涉及的接待空间有:

会议室(会议厅)里的人群关系;
接待室(接待厅)里的宾主关系;
洽谈室里的讨论关系;
休息室里的社交关系;
起居室里的交往关系等。

这些关系可表现出的人际行为,由于双方各自目的和所处地位的不同,对接待环境的要求也不相同。

(四)人际距离

人际距离是指人们在相互交往活动中,人与人之间所保持的空间距离。

人类学家爱德华·T·霍尔(Edward.T.Hall)在《隐匿的尺度》一书中,介绍了人的外感官与人际交往的空间距离。他将眼、耳、鼻称为距离型感受器官,将皮肤和肌肉称为直接型感受器官。

不同感官所能反映的空间距离是不同的。

1. 嗅觉距离

嗅觉只能在非常有限的范围内感知到不同的气味。只有在小于1m的距离以内,才能闻到从别人头发、皮肤和衣服上散发出来的较弱的气味,香水或者别的较浓的气味可以在2～3m的远处感觉到。超过这一距离,人就只能嗅出很浓烈的气味。

这种嗅觉特性对人际行为和空间的影响表现在,当一个人闻到他感兴趣的芬芳时,不仅会引起警觉,有时还会接近,如果他闻到一股异味,如狐臭,他将拉大与他人的距离,甚至会避开。这就告诉室内设计师,在公共场所的环境设计中,交往空间的家具布置要留有适当的距离,以免出现不愉快的情景。

2. 听觉距离

听觉具有较大的知觉范围。在 7m 以内,耳朵是非常灵敏的,在这一距离进行交谈没有什么困难。大约在 30m 的距离,你可以听清楚演讲,但已不能进行实际的交谈。

超过 35m,只能听见人的大声叫喊,但很难听清他在喊什么。如果超过 1km 或者更远,就只能听见炮声或飞机声。

听觉特性告诉我们,在大型的接待厅中,如果大厅深度超过 30m,要进行交流,就得布置扬声系统,而其交流方式也只能是一问一答。

3. 视觉距离

视觉具有相当大的知觉范围。在 0.5～1km 的距离之内,人们根据背景、光照、特别是人群移动等因素,便可以看见和分辨出人群。在大约 100m 远处,能见到人影或具体的个人。在 70～100m 远处,可以确定一个人的性别,大概年龄或在干什么。

这就提醒建筑师和室内设计师,70～100m 远这一距离会影响足球场内观众席的布置,最远的座席到球场中心不宜超过 70m。

在大约 30m 远处,可以看清每一个人,包括其面部特征、发型和年龄,当距离缩小到 20m,就可以看清别人的表情。

这就告诉我们,剧场的舞台到最远的观众席不宜超过 30m。

如果距离在 1～3m,就可以进行一般的交谈,这是洽谈室中常采用的座椅布置的距离。

随着人际空间距离的缩小,人际间的情感交流也在增强。

爱德华·T·霍尔将西欧及美国文化圈中不同交往的习惯距离分为四种:

1. 亲密距离(0～45cm)

这是一种表达温柔、舒适、爱抚以及激愤等强烈感情的距离。

这在家庭居室和私密性很强的房间里会出现这样的人际距离。

2. 个人距离(0.45～1.3m)

这是亲近朋友或家庭成员之间谈话的距离,家庭餐桌上的人际距离,就是这种尺度。

3. 社会距离(1.30～3.75m)

这是朋友、熟人、邻居、同事等之间日常交谈的距离。

这在旅馆大堂休息处,小型洽谈室、会客室、起居室等处,就表现出这样的人际距离。

4. 公共距离(>3.75m)

这主要表现在单向交流的集会、演讲、正规而严肃的接待厅,大型会议室等处,会表现出这样的人际距离。

以上的人际距离的大小是适应不同人际行为需要的空间尺度。它是交往空间的大小和家具设备布置的依据。也就是说,在接待空间尺度控制时,要全面考虑视觉、听觉和嗅觉的距离特性。

二、人际行为与交往空间

人际关系不同,人际行为也不同。不同的人际行为,所表现的交往方式及对交往空间的要求也各不相同。

(一)起居行为与交往空间

起居活动是家庭生活中很重要的内容。人的一生中10%以上的时间在这样的环境中度过的。这是会客、娱乐、学习的主要场所。

在这场所里交往的人,大多数是新朋好友和家庭成员。这种环境中的人际空间距离均不超过4m。它包括亲密距离(如抱孩)、个人距离(如闲谈)、社交距离(如待客)。因此,这样的交往空间不宜太大,一般在16m²左右就可以了。因为社交距离、娱乐距离(如看电视,均不超过4m。太大了,就成为公共场所,则缺少亲近感。目前国内,有人主张"大厅小卧室",这种厅已不是起居室,也不是满足家庭生活的需要,而是为了对外社交或显示自身地位的需要。当然,条件许可时(如别墅)可以设两个厅,一是交际厅,可以大一点,25~30m²,如果再大,就不是家庭场所了,一个是起居室,约16~20m²。

起居室中的人际交往是自由、开敞的。接待和交往方式也是轻松的、随意的。家具布置强调的是舒适性和功能分区,以及使用的便捷。

如某起居室(见图3-114)是一间普通的起居室,大约25m²,矮矮的组合柜,小小的茶几,松软的三人沙发,一把藤圈椅,在地毯的限定下,造就了一个不大的起居空间,面对一组电视音响,隔着白色窗纱就是一个不大的阳台,在顶部可调节的射灯下,显得十分随意而温馨。数步之外,有一小餐桌,桌子上方有一盏吊灯,完全满足了起居室应有的娱乐、团聚、进餐、工作、洽谈的功能要求。见图3-115和图3-116。

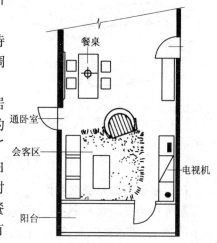

图3-114 起居室平面

图3-115 某起居室环境(一)

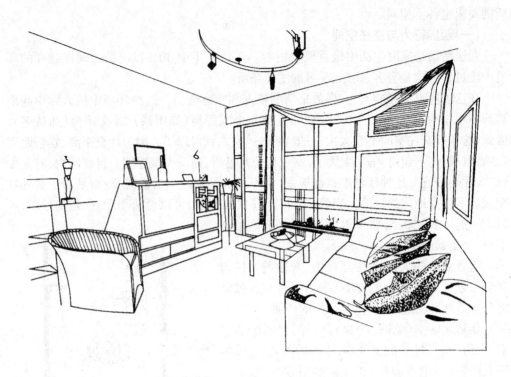

图 3-116　某起居室环境(二)

(二)服务行为与交往空间

服务行为是顾客与服务员两种个体之间的交互作用的一种行为。两者之间的关系是主从关系,即顾客为主,服务员为从。而服务行为的表现,即外显行为,主从关系是不定的。有时顾客为主,有时服务员为主,故服务行为是一种复杂的人际行为。

按交往方式的不同,服务行为有以下几种:

1. 间隔式服务行为

即顾客与服务员之间有一个不大的隔离空间。如宾馆大堂的总服务台、分服务台;银行营业厅中的营业柜台,酒吧间的吧台;商店里的柜台;这种行为,服务员是固定的,顾客是流动的。见文前图 3-117 意大利西那某银行柜台。

这种服务行为所要求的交往空间是固定的是有形的,其空间大小,是满足两个个体之间的交互作用。两个个体间的水平距离,属个人距离,一般为 0.45m～1.3m。

这种交往空间的环境氛围则取决于服务性质。

如宾馆的总服务台的空间,就要显得热烈、端庄;银行营业柜的空间,就要显得明亮、安全;酒吧间的吧台空间,就要显得热、暗、私密,商店的柜台空间,就要显得热忱、舒适。

2. 接触式服务行为

即顾客与服务员之间,没有隔离障碍一种服务行为,如理发店的理发行为;美容室的美容行为,按摩室的按摩行为;公共浴室里的助浴行为;医院里的诊疗行为等等。

这种服务行为所要求的交往空间有固定的,有流动的。这种交往行为的空间大小,只要满足两个个体之间的服务行为要求。两个个体之间的水平距离,属亲密距离,即在 0.45m 之间。

由于这种行为的交往空间各不相同,故其环境氛围则取决于服务事业的总体环境。但都有一定的私密性。

3. 近前式服务行为

即服务员主动至顾客前的一种服务行为。如餐馆里顾客的就餐行为;车船里顾客的旅行行为等。

这种行为的特点是顾客相对是固定的,服务员是流动的,故这种行为的交往空间主要取决于顾客所占有的空间,服务员与顾客之间的距离,也属于个人距离,其距离大小一般在 0.45~1.3m。

这种行为空间的环境氛围则取决于顾客的行为表现及其心理要求。

4. 通讯式服务行为

随着经济的发达,物品的丰富,科技的进步,服务方式也在不断的发展。于是就出现了通讯式服务的行为表现。

通讯式服务行为,即顾客和服务员之间有很大的空间距离,是通过通讯工具实现的一种交往行为。如顾客采用电话订票、电话定货,然后由服务员送票、送货至顾客前。

这种行为表现没有交往空间的要求,只有对通讯手段和技术条件的要求。

了解各种服务行为的特点和对空间的要求,其目的就在于创造一种适合顾客需要又方便服务员操作的空间环境,进一步提高服务质量。

(三)商业行为与交往空间

商业行为的特征及其与环境的相互作用,在前面第三章第二节中已作了较详尽的介绍。这里所要强调的是从人际关系的角度来看,商业行为所涉及的顾客和业主的交往,应该是平等的交换关系。然后,市场经济的供求杠杆,却使两者变为从属关系。供大于求时,业主依赖于顾客,将顾额奉为"上帝",反之,求大于供时,顾客却依附于业主,业主对待顾客是"皇帝的女儿不愁嫁"。故市场经济下的商业行为所反映人际交往是不平等的。这种矛盾,不是理论工作者所能解决的。只有在全民族素质提高后,商品极大丰富后,才能逐步"恢复"人际间的平等关系。那时,顾客对业主也不是"上帝",业主对顾客也减少了"欺骗"。

从视觉信息的交互作用来看,商业行为所反映的人际间的交往空间,是有一定的科学性的。具体表现在以下几个方面:

1. 公共距离的交往

即顾客和业主间的距离大于 4m 时,只是视线的交换。顾客此时在寻找所需的商品,也可能在闲逛。此时的业主不必打招呼。过分"热情"会加速顾客离去,有"修养"的业主应该是起立待客。只有当顾客向你走来,再主动接待。

2. 社会距离的交往

即顾客和业主之间的距离在 1.3m~4m 时,无论是市场经济还是计划经济,即不受供求杠杆的作用,这时的人际关系是平等的,友善的,此时的顾客对某种商品发生兴趣,会驻足观看,业主应主动介绍,这是人际间应有的交往,也是业主促销的最好时机。

3. 个人距离的交往

即顾客与业主之间的距离在 1.3m 以内,此时的人际关系,如前面所介绍的,这是一种服务行为,不管顾客最终是否购买商品,业主应该很好服务,这是营销的关键时刻,业主如能诚实地对待顾客、热情地服务,往往能达成交易。

商业行为所反映的不同的交往的空间,也有不同的要求。

公共距离的交往,应该加强店堂的休闲环境的设计,促使顾客逗留。

社会距离的交往,应该加强商品的展示,以便吸引更多的顾客。

个人距离的交往,应该加强业主的服务手段和方法。除了方便顾客购物外,还应备有各类商品的价位和质量的介绍样品,供顾客挑选。

所有这一切的行为表现都不同程度的反映在室内空间环境的设计中。如何设计，这里不再赘述。

(四)洽谈行为与交往空间

这是两种个体或群体之间的平等的人际关系，所表现出的交往行为，即交往双方为了各自需求目的所发生的一种行为表现。

洽谈行为所要求的交往空间，其场所位置是不定的，而交往空间的大小和环境氛围却有一定的规律性。

这种交往空间的场所，可以在交往双方的各一方有一个固定的洽谈室。也可以借助于社交场所的某一角，如娱乐场所的一角，宾馆大堂的一角，甚至是客房，也可能借助于餐桌，如某个饭店的一个包房，或是一个餐桌。

至于选择哪一种场所，则取决于双方所能提供的条件，洽谈的性质及其重要程度。一般说来，重大的决择，都是选择具备洽谈条件的正规场所，而一般性的洽谈，可随意选择双方便利的地方。

无论哪一种场所，对于洽谈行为来说，其空间大小和环境氛围均有一定的要求。

一般说来，洽谈空间不宜太大，能容纳洽谈双方代表即可，洽淡双方的距离，应在社交距离之内，一般不宜超过 4m，以 1.3～4m 为宜。洽谈环境氛围均有一定的私密性要求，既使借助于公共场所的某一角，也应保持与他人有一定的距离。见文前图 3-118 北京某宾馆洽谈室。

(五)社交行为与交往空间

这是实现社交需要所表现出的人际间的交往行为。这是一种感情的交流、信息的交换，以及礼节的需要，因此社交行为需要的交往空间也是多种多样的。

1. 正规的社交活动

其交往空间是固定的，并有特定的环境氛围，如礼堂、会议厅、接待厅。

其环境氛围，要求明亮、大方、端庄、豪华，如中国驻德国大使馆的客厅，见文前图 3-119。

2. 一般的社交活动

其交往空间是不定的。基本上同前面介绍的一般洽谈空间，但其环境氛围以及对空间私密性要求不高，有一个安静、祥和的交往场所即可，如奥地利维也纳某银行接待室，见文前图3-120。

3. 随机的社交活动

其空间环境更加灵活，如亲朋间交往，可以在家中，也可以在公共场所的一角，也可以借助于餐桌或某个娱乐场所的一角。其环境氛围要求具有团聚的气氛，能安静、亲切、不受外在干扰。

附录1　建筑环境科学

建筑是人造环境,房屋是环境的一部分,建筑环境质量的优劣,将直接影响人们的健康,这已成为世人的共识。但环境因素如何作用于人体,其科学内涵又是什么,如何创造一个健康建筑环境,这些均涉及到建筑环境科学的许多问题。

一、房屋是人体的第三道"防卫线"

我们人类和其他生物一样,为防止外界环境因素的伤害,在人类进化中,生就了一层皮肤,这是人体最大的感觉器官,也是人体的第一道"防卫线"。有了这道防卫线,外界的病菌和环境因素,才不会直接伤害我们的肌体和脏器,有了皮肤,体内的各种系统和生物场,才能保持相对的内循环,所以保护皮肤,就是加固第一道防卫线,保养皮肤,就是提高第一道防卫线的防卫能力。

为适应环境气候的变化和精神文明的需要,人类从褰革穿裳时代,逐步有了人工遮体的衣着,随着气候的变化而更换衣着,随着文明的需要而改变服饰,这已成为世人的习惯,故衣服是人体的第二"防卫线"。随着科学的进步和生活水平的提高,衣着的科学化,服饰的个性化,将成为人体第二道防卫线的发展趋势,可以预料,真正的保健衣着,随着环境气候的变化而调节保温性能的衣着,既防晒又防雨又透气的衣着,不久将会出现。

为防止自然环境和社会环境等各种因素的伤害,人类从天然穴居、巢居、简易棚居,逐步进入了以房屋栖身安居的文明社会,此时的房屋已成为人体的第三道"防卫线",这是人造环境,每个人的一生有三分之一以上的时间在这里度过。这个环境质量的优劣,将直接或间接影响人的成长,影响人的健康,影响人的生命。古代人为了寻求和创造一个健康的居住环境,在选址和建房的实践中,积累了许多宝贵的经验,如营造学、园艺学、风水学,这是我国古代建筑成就的三大支柱。当今,建筑环境科学的发展,则科学地揭示了这第三道防卫线对人体的影响,创造一个健康建筑环境是我们每个建筑工作者的职责。

我们的地球如同一只"双层壳"的蛋,"外壳"是大气层,"内壳"是水层,两壳之间是生物层,有了大气层,生物才避免了宇宙射线的伤害,有了水层,生物才避免了地球内部炽热岩浆的伤害。因此,保护大气层,防止臭氧层孔洞的扩大;保护水层,防止地球沙漠化,也就保护了地球的生物,保护了我们人类的生存环境。故大气层和水层是人体的第四道"防卫线"。

人体的四道防卫线是一个整体,缺一不可,四道防卫线之间又在相互作用。如何调节这四者之间的关系,使其更有益于人类的健康,这将是新世纪建筑业的主课题。

二、万物共生,相生相克

天地生万物,万物共生,相生相克,这是我们祖先认识世界的简朴的哲理。我们征服自然,创造人工环境,打破了自然界生物圈原始平衡状态,征服自然过了头,人类就遭受自然界的报复,生物圈也失去了平衡,征服是征而不服,近几十年来,天灾层出不穷,就证明了这一点。建筑是人造环境,造多了就会作茧自缚。像上海这样的特大城市,其建筑空间密集度过高,随之而来的是人群密集度过高,产生了"热岛效应",这仅仅是一个方面,我们估算一下,1600万人,每人呼出二氧化碳是多少? 排出的垃圾是多少? 如果依靠绿化使其和氧气平衡,按每人10平方米绿化计算,则需要1.6亿平方米绿地,上海这样的城市能做到吗? 水平发展受到限制,则向高层发展,住进高层,如同将自己装进"鸟笼",视野开阔了,却失去了更多地和大地及其生物交互作用的机会。增加了接受宇宙场能辐射的机会,容易造成居住环境阴阳不平衡。上海市政府大声疾呼要绿化环境,为自己也为后代造福,而根本的办法,要适当控制上海人口,控制盲目建房,特别要控制市区建筑空间密集度,这已势在必行。所以上海人很聪明,人们已认识到,买房子就是买环境,从感性购房走向理性购房,这也是近几年郊区"别墅热"的原因。而多数人购房或装修,比较多的是注重其外表,这里提醒大家:豪华不等于舒适,舒适不等于健康,创造适合自己的健康居住环境,这才是明智之举。

三、人和建筑环境的交互作用

养鱼的爱好者都知道,鱼缸的大小,缸水的质量同缸内鱼不匹配时,就养不好鱼。鱼、水、缸都相互作用。缸太大、鱼太少,鱼就躲在一角;缸小了,鱼多了,鱼群拥挤长不大;水质浑浊,氧气不足,鱼难生存,水质过清,鱼也无法活下去。

人和建筑环境的关系,也基本如此,也始终处于相互作用的状态。人们个体和群体与建筑环境不匹配时,也会产生各种负面效应。建筑环境包括自然环境、人工环境、生态环境、社会环境、信息环境。各种环境又都包含许多因子,各种因子又都时刻作用于环境中的人。人群之间也在相互作用。平衡才健康,不平衡则遭殃。

就人和自然环境而言,自然界中的地质地貌、天文气象、水文水质等各种因素都直接影响生活在其中的人,相互间都在直接或间接地发生相互交换作用。就构成人体的元素和构成砂石的元素而言,基本成分是接近的,人体中有70%以上的元素是水的成分,故选择最佳的"风水"环境,这是我们祖先的建筑环境观。

就人和生态环境而言,生态中的动物、植物、微生物,也都时刻作用于人,破坏了这一生物链,就会产生疫情,设想一下,目前世界人口数量再翻一倍,是多么可怕。自然界和人工饲养的动物太多了也不行。就宠物而言,德国宠狗对环境的污染已成公害。目前植物太少了,生态不平衡,但太多了也不行,原始森林不自焚,后代则长不出。人工绿地,太小了不成气候,太大太集中,也发挥不了应有的生态效应。

就人和社会环境而言,邻里之间,家庭之间的人群,甚至城市中的人群之间的亲密度,也是相互作用的。"门当户对"说明居住区中人群要协调。"家和万事兴"说明家庭中成员的亲和性要协调。"国泰民安"说明国家稳固,民众才会平安。住宅开发商把邻近大学的住宅称为"书香公寓"老百姓更知道"近朱者赤,近墨者黑",也都选择居住人群中文化水平、经济水平、治安水平较好较高的居住区。

四、建筑环境如何作用于人体

宇宙万物都在运动,时刻都在进行交互作用。建筑环境因子作用于人体的载体是什么呢? 根据目前的认识,主要是自然环境中的声、光、热、电、磁等物理因素;二氧化碳、氧气、氢气等化学因素;生物环境中的动物、植物和微生物产生的生物化学因素;社会环境中的文化、道德、伦理、信仰、法律等信息因素以及人群中的生物场。

上述环境中的各种因子,以不同形式、不同方式作用于人体,人体感官在外界因子刺激下,产生各种知觉效应,人体外感官主要有"眼、耳、鼻、口、皮肤",相应则产生"视觉、听觉、嗅觉、味觉、肤觉",俗称"五觉效应"。人体内感官也会产生平衡和运动等效应。各种环境因子(包括人体自身的生理和心理因素),作用于人体所产生的各种效应,其"物理量、化学量、心理量"等,均因人而异,并同刺激强度有关。比较容易引起人知觉的是视觉效应,故人们对建筑环境的认识,比较多的都是注重其形状、大小和方位,容易忽视其他知觉效应。就健康而言,各种效应是一个综合体,各种刺激量与人体接受水平取得平衡时,才能保障健康。

五、如何创造健康建筑新环境

1. 规模效应

建筑环境是人工环境,是自然环境、生物环境、社会环境、信息环境的一部分。保障大环境健康,则局部环境健康才容易实现。大和小是相对的,我们所指的建筑环境的规模,大的是一个社区,乃至一座城市或乡镇;中的是一栋建筑乃至几栋建筑;小的是局部室外环境。有人称之为宏观环境、中观环境、微观环境。当小区规模在30公顷以上时,才容易构成人工生态环境。建筑环境质量则随城市或乡镇环境的影响,这就是规模效应。大环境质量提高了,建筑环境才有实现的可能性,我们不能用"防护罩"来保证个体建筑环境的健康。当然,各个局部环境搞好了,大环境相应也会好的。

2. 空间效应

要严格控制建筑空间密集度,当前的控制指标是建筑密度和建筑容积率。上海地区对居住区的容积率的控制是比较现实的,在控制建筑密度和绿化率时,对停车位日益增长的需求,考虑不够,对公共建筑的容积率控制不严,高层建筑太多。今天的上海人民广场,已成为一个"盆地",黄浦江成为"排水沟",早已失去了昔日的"广场"、"田野"的风貌,就健康而言,这两处"气场"太聚合,间接地影响了相邻的居住环境质量。故开发浦江时,更严格控制临水建筑高度,留出通往内部小区的"绿色风道"和"视觉通道"。控制空间密集度的根本目的是控制生活和工作在其中的人群密集度,如同控制鱼缸中的鱼群数量和个体大小。人群密度过高,不仅直接影响空气、水体、交通等,同时也影响人体健康质量,使人烦躁、焦虑、神经紧张等,容易患"城市综合症"。

3. 生态效应

生态效应是指环境中的人群、动物、植物、微生物等生物群落协调与共生,并在此前提下,满足人群的生理和心理的要求。当前,就城市而言,特别是要扩大植物覆盖面,选择有利健康的绿化品种,充分发挥水体对改善生态环境的作用,让树木成林,构成"城在林中,林中城中"的新面貌。

4. 社会效应

健康建筑环境,离不开健康社会环境的支持,人们都知道,物质需求的满足、生活水平的提高是相对的,也比较容易实现,但社会的稳定,治安状况的良好,人群道德素质的增长,即有一个良好的社会环境,才能保障健康的建筑环境的实现。可以设想一下,如果社会治安不好,邻里关系恶化,人群亲和性很差,即使天天住在"宾馆"里,休闲在"别墅"中,天天担心受怕,也不会健康的。"一个人怕孤独,二个人怕辜负,三人以上怕离德",这表明人类亲和性是多么重要,因此,建设一个有修养、有道德的健康社会,即使居住条件相对差一些,也会健康的。俗话说"房宽不如心宽",就是这个道理。

5. 建筑效应

构成建筑本身的基本要素是"形状、大小、方位、形象"。有人认为"建筑是技术和艺术的结合"。就建筑效应而言,这种说法离开了人的健康要求。即使是"高科技"、"高艺术",也容易走上"高技派"、"形式主义"的道路。当前的建筑思潮,比较多的是注重形式,许多开发商不惜工本,将建筑打份得很"漂亮",甚至很"繁琐",却忽视了建筑的根本目的,即满足人们的生活、生产要求,创造健康建筑新环境。构筑建筑的基本要素,离不开物质基础和技术条件,因此在选用建筑材料时,就要注意选用"环保材料"和"健康材料";采用的技术手段就要保障人的安全;创造的建筑形式就要适应人的文化、修养、道德、伦理等心理需求。就居住建筑而言:按古代"风水学"是"吉宅"还是"凶宅",按现代"环境学"就是"健康"还是"不健康"。

1)建筑形状

建筑的基本形状是"方形、圆形、三角形及其变体"。究竟哪一种形状有利于健康呢?生物界的"窝"、"巢"、"穴"是适应自身的栖身需要而建的,"卵形""自然形"居多,而建筑是人工环境,受到使用要求、建筑材料、建筑力学等因素所限制,故以规则形状居多。就平面形状而言,"黄金分割"的比例(即比值为0.618),从"生态学"和"艺术美"的角度分析这种形状都是好的。就立体形状而言,"坡屋顶"比"平屋顶"更有利于健康。有人指出"金字塔形式",生物体在其中不易腐败,这就是建筑形态效应。按现代物理学分析,这种坡顶可能有利"屏蔽"宇宙场能对生物体的作用,其作用究竟有多大,还需要通过测试来证实。

2)建筑大小

影响建筑空间大小的主要因素是人在建筑中的行为及其知觉要求。个体的建筑行为差异并不大,如睡觉需要一张床,大人床长2m宽1.5m,儿童床1.8m长,1m宽,差异并不大。就起居室而言,一般20m^{2}的大小就可以了,因为人际友好对话的距离一般不超过4m。就卧室而言,一般在12~16m^{2}就够了,因为个人的空间距离一般不超过1.5m。就厨房和卫生间而言,人的个体行为差距也是不大的。

但人的知觉所产生的心理要求其差异就比较大,在居住条件较差的情况下,除了经济因素以外,要大不要小是普遍现象。就健康而言,居住空间的大小应该适度,它和室外空间一样,太大了,容易产生"空旷效应",使人孤独;太小了,容易产生"拥挤效应",使用烦燥。就目前家庭人口和生活水准、市场情况而言,住宅单元在70~120m^{2}之间是比较合适的。

3)建筑方位

建筑方位是指建筑的位置和方向。

任何建筑环境均有"好、中、差"之分,为保障健康,应将人经常停留的房间,如居室,放在最好的地方,将床放在卧室中的最好位置。

建筑方向涉及到通风、采光、日照和景观等要求。我们居住在北半球的人,较好的方向多数情况下是南向,其次是东向。上海地区是南偏东15°至偏西5°之间的朝向较好。为了取得较好的日照和室外景观,建筑方向可在此范围内进行调整。

4)建筑形象

影响建筑形象的主要因素是建筑的形态、光影、色彩、质地和空间旷奥度。这五种因素所产生的视觉效应,会直接或间接影响人们的心理健康。

建筑形态除了建筑形状以外,还包含建筑细部处理等,这是影响"建筑风格"的主要因素,因人而异,因环境而异。"何物为美、适者为佳"。建筑效应,还包含建筑的内环境。这就涉及室内空间环境的划分,家具和设备的选择和布置,室内温湿度和空气调节,室内采光和日照的强度,室内装修材料的选择,室内照明的布置、室内色彩和建筑细部的处理等等,都与人体健康有关。

由此可知,创造一个健康建筑新环境所涉及的因素很多,离不开大自然,离不开整个社会,离不开生物界,更离不开人的自身。这是一个"系统工程",对建筑师来说,首先要做好建筑选址和室外环境的营造,同时要塑造一个适合人们生活或工作要求的建筑实体和室内健康环境。我们的具体做法是：选址时对建筑外环境的"本底水平"进行测试和分析，以便确定客观环境的质量；设计时根据人群的接受水平，确定"健康建筑"的相应标准；施工时，进行质量跟踪，确保安全和健康材料的选用；建成后，再进行室内环境质量的测试和分析，以保障理论和实践的统一。

让科学建筑环境观为每位建筑工作者所接受，造福社会，造福人民。

附　　录　2

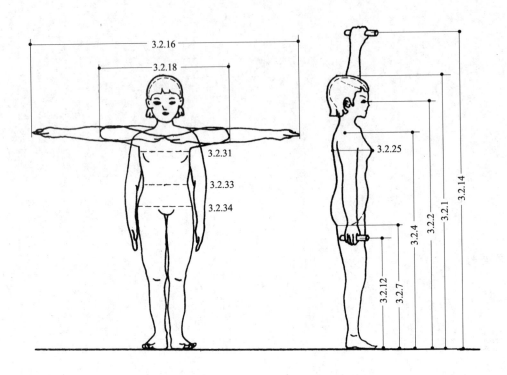
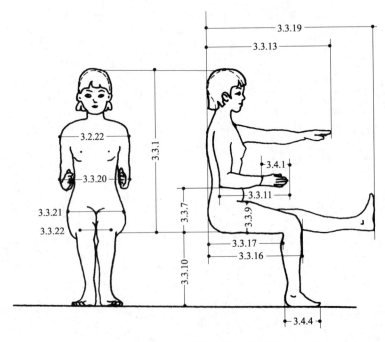

附图　上海市区幼儿园人体测量简图

上海市区幼儿人体尺寸

附表1(a)

百分位 测量项目	全体 N=102							男 N=49							女 N=53						
	1	5	10	50	90	95	99	1	5	10	50	90	95	99	1	5	10	50	90	95	99
大班(6~7岁)																					
身　高	1045	1000	1098	1164	1229	1247	1282	1056	1087	1103	1162	1220	1236	1267	1037	1075	1095	1166	1237	1257	1295
眼　高	936	971	989	1054	1118	1136	1171	945	976	992	1049	1107	1123	1153	930	968	987	1058	1128	1148	1185
肩　高	813	844	860	919	978	994	1025	822	849	864	915	966	981	1008	805	840	858	922	987	1005	1039
会阴高	390	414	427	472	518	531	555	393	415	428	470	512	524	547	387	413	426	474	523	536	562
手功能高	408	431	442	484	525	537	559	409	431	442	482	522	533	555	408	431	443	485	528	540	563
双臂功能上举高	964	1015	1042	1138	1234	1262	1313	1164	1213	1239	1330	1421	1447	1496	1165	1218	1247	1346	1445	1474	1526
坐　高	579	598	608	644	680	690	709	582	600	609	643	677	687	705	577	597	608	645	682	692	712
坐姿肘高	125	138	144	167	190	196	208	130	141	147	168	188	194	205	122	135	142	166	191	198	211
小腿加足高	245	253	257	272	287	292	300	246	254	258	272	286	290	298	245	253	257	273	288	293	301
坐姿大腿厚	77	85	89	103	117	121	128	77	84	89	103	116	122	130	78	85	89	102	115	119	126
坐姿臀宽	198	210	216	239	261	268	280	201	212	218	239	260	266	277	195	208	215	238	262	269	281
坐　深	263	271	276	291	306	311	319	265	273	277	291	305	309	317	262	270	275	291	307	312	320
臀膝距	338	352	359	383	403	415	428	340	353	360	383	407	413	426	337	350	358	383	409	417	430
坐姿下肢长	591	615	628	674	720	733	757	595	617	629	672	714	727	749	583	614	627	676	725	738	764
上肢前伸长	468	491	503	546	588	600	623	476	497	508	546	585	595	616	461	485	499	545	591	605	629
前臂加手前伸长	266	278	284	306	322	334	346	271	282	283	308	328	334	344	262	274	281	304	328	334	347
两膝宽	135	143	147	161	176	180	187	136	143	147	161	174	178	185	134	142	147	162	177	181	189
两肘间宽	281	301	308	335	362	370	384	291	304	311	335	359	366	379	283	298	307	335	364	373	386
最大肩宽	258	269	275	296	318	324	335	260	271	276	295	314	320	330	256	268	275	298	321	327	339
两肘展开宽	531	558	569	607	646	657	673	543	562	571	606	640	650	668	532	554	566	609	651	663	686
两臂展开宽	985	1025	1046	1122	1197	1218	1258	1001	1038	1057	1126	1195	1215	1251	971	1014	1037	1117	1198	1221	1263
胸　厚	125	132	136	150	164	167	175	126	135	139	152	166	169	177	123	130	134	147	161	165	172
胸　围	551	573	585	627	669	680	703	554	574	586	625	664	675	695	549	573	585	629	673	685	709
腰　围	516	542	557	607	657	672	698	519	544	557	604	651	664	689	513	542	557	610	663	678	707
臀　围	550	575	588	634	680	693	718	561	580	592	634	674	685	707	541	568	583	634	685	699	727
手　长	119	124	127	136	146	149	174	120	125	127	137	146	149	154	117	123	126	136	146	149	154
足　长	153	159	162	172	182	186	192	156	161	164	173	182	185	189	150	157	160	172	184	187	194
中班(5~6岁)																					
身　高	994	1026	1043	1104	1165	1182	1214	992	1026	1044	1107	1170	1188	1222	997	1028	1044	1100	1157	1173	1203
眼　高	870	902	919	979	1039	1056	1088	861	896	915	962	1048	1067	1102	884	911	925	976	1026	1041	1068
肩　高	776	805	820	874	928	943	971	770	801	818	877	935	951	983	787	812	825	871	917	930	954
会阴高	373	394	406	445	485	496	517	370	392	403	445	486	498	520	382	401	411	446	481	491	510
手功能高	387	408	419	457	496	507	527	381	404	416	458	501	513	535	397	414	423	456	488	497	515
双臂功能上举高	1128	1167	1188	1260	1333	1354	1393	1124	1166	1188	1266	1344	1367	1408	1137	1171	1189	1252	1316	1334	1368
坐　高	540	559	569	604	640	650	669	538	558	569	606	643	654	674	543	560	569	602	635	645	662
坐姿肘高	120	129	134	152	170	175	185	118	127	132	151	169	174	183	123	133	137	155	172	177	186
小腿加足高	222	231	236	253	270	275	284	222	232	237	255	274	279	288	223	231	235	250	265	269	277
坐姿大腿厚	67	75	79	93	107	111	119	65	73	77	93	109	113	122	71	78	81	93	104	108	114

续表

百分位 测量项目	全体 N=102							男 N=49							女 N=53						
	1	5	10	50	90	95	99	1	5	10	50	90	95	99	1	5	10	50	90	95	99
坐姿臀宽	183	191	196	212	228	232	241	182	191	195	211	227	232	241	183	192	196	212	228	232	241
坐深	231	240	245	262	280	265	294	226	234	243	261	276	284	293	236	244	249	265	261	285	294
臀膝距	304	316	323	346	369	375	387	303	315	322	345	368	374	387	305	317	324	347	370	376	388
坐姿下肢长	537	557	568	605	642	653	673	536	557	568	606	644	655	676	539	558	568	604	640	650	669
上肢前伸长	456	475	485	521	557	567	586	434	474	405	523	561	572	592	459	476	486	518	550	559	576
前臂加手前伸长	263	275	282	305	327	334	346	261	274	281	306	331	338	352	267	277	283	302	321	327	337
两膝宽	124	131	135	149	162	166	173	124	132	135	149	163	167	175	123	130	134	147	160	164	171
两肘间宽	313	328	336	365	394	403	418	311	327	335	365	395	403	419	315	330	338	366	394	402	417
最大肩宽	275	286	291	312	333	339	349	274	285	292	314	335	342	353	276	286	291	310	328	334	344
两肘展开宽	512	532	543	581	620	630	651	505	528	540	583	626	638	661	524	540	549	579	610	619	635
两臂展开宽	916	960	984	1067	1151	1174	1219	906	955	981	1073	1166	1192	1241	936	972	991	1059	1127	1146	1182
胸厚	123	130	134	147	161	166	172	124	131	135	148	161	166	173	123	130	133	146	159	163	169
胸围	556	576	586	623	659	670	689	555	576	587	627	666	677	698	561	577	586	617	648	656	673
腰围	527	551	563	607	652	664	687	527	551	564	608	653	665	689	527	551	563	606	650	662	685
臀围	519	543	556	602	647	660	684	518	542	556	603	649	663	687	522	545	557	600	644	656	679
手长	115	120	123	132	141	144	149	114	120	122	132	142	145	151	117	121	123	131	139	142	146
足长	144	150	154	166	177	181	187	144	151	154	167	180	184	191	146	151	154	163	172	175	180

上海市区幼儿人体各项尺寸与身高的相关系数　　　　附表1(b)

年龄组 测量项目	相关系数 r 大班	相关系数 r 中班	年龄组 测量项目	相关系数 r 大班	相关系数 r 中班
身高—眼高	0.95	0.87	身高—上肢前伸长	0.76	0.73
身高—肩高	0.96	0.90	身高—前臂加手前伸长	0.73	0.57
身高—会阴高	0.80	0.60	身高—两膝宽	0.43	0.55
身高—手功能高	0.68	0.60	身高—两肘间宽	0.11	0.26
身高—双臂功能上举高	0.92	0.82	身高—最大肩宽	0.45	0.48
身高—坐高	0.89	0.69	身高—两肘展开宽	0.71	0.64
身高—坐姿肘高	0.43	0.39	身高—两臂展开宽	0.80	0.44
身高—小腿加足高	0.78	0.60	身高—胸厚	0.34	0.29
身高—坐姿大腿厚	0.66	0.67	身高—胸围	0.34	0.46
身高—坐姿臀宽	0.44	0.15	身高—腰围	0.24	0.44
身高—坐深	0.48	0.61	身高—臀围	0.42	0.62
身高—臀膝距	0.69	0.58	身高—手长	0.70	0.65
身高—坐姿下肢长	0.89	0.76	身高—足长	0.76	0.71

中国成年人人体有关尺寸表 18~60岁(女55岁)　　单位:mm 男子尺寸/女子尺寸　　附表2

编号 项目(y)	函数方程(x为身高)	5百分位	50百分位	95百分位	家具设计参考尺寸
3.2.1		1583	1678	1775	1800
身高	$y=x$	1484	1570	1659	1660

续表

编　号 项目(y)	函数方程(x为身高)	5百分位	50百分位	95百分位	家具设计参考尺寸
3.2.4	$y=0.8x+69.22$	1330	1406	1483	1500
肩　高	$y=0.98x-242.97$	1213	1302	1383	
3.2.10	$y=0.74x-200.63$	973	1043	1115	990
肘　高	$y=0.66x-61.16$	908	967	1026	
3.2.13	$y=1.54x-474.3$	1963	2109	2259	1950
中指尖点上举高	$y=1.3x-97.45$	1831	1948	2065	
3.2.21	$y=0.26x-56.12$	385	409	409	420
肩　宽	$y=0.26x-50.33$	342	388	388	
3.2.25	$y=0.31x-301.7$	186	212	245	270
胸　厚	$y=0.39x-417.26$	170	199	239	
A_1	$y=0.37x+48.43$	628	663	698	630
肩指点距离	$y=0.37x+51.62$	595	627	660	
A_2	$y=0.79x-27.61$	1229	1305	1382	1230
腋　高	$y=0.84x-105.59$	1140	1216	1292	
A_3	$y=1.5x-341.8$	2046	2189	2336	2100
踮　高	$y=1.33x+118.8$	1940	2051	2162	
3.3.1	$y=0.52x-33.73$	858	908	958	960
坐　高	$y=0.53x+29.18$	809	855	901	
3.3.7	$y=0.26x-155.88$	228	263	298	270
坐姿肘高	$y=0.39x-369.2$	215	251	284	
3.3.8	$y=0.43x-210.84$	467	508	549	540
坐姿膝高	$y=0.32x-17.25$	456	485	514	
3.3.9	$y=0.2x-210.06$	112	130	151	150
坐姿大腿厚	$y=0.22x-209.97$	113	130	151	
3.3.10	$y=0.34x-153.76$	383	413	448	450
小腿加足高	$y=0.36x-188.3$	342	382	423	
3.3.16	$y=0.42x-144.81$	515	554	595	670
臀膝距	$y=0.43x-142.25$	495	529	570	
3.3.17	$y=0.38x-180.92$	421	457	494	450
坐　深	$y=0.39x-176.26$	401	433	469	
3.3.20	$y=0.61x-604.8$	371	422	498	450
坐姿两肘间宽	$y=0.74x-757.84$	348	404	478	
3.3.21	$y=0.31x-201.14$	295	321	355	390
坐姿臀宽	$y=0.41x-301.16$	310	344	382	
B_1	$y=0.77x-199.04$	1016	1089	1164	1200
蹲　高	$y=0.83x-258.6$	967	1042	1116	
B_2	$y=0.61x-415.24$	554	612	672	690
蹲　距	$y=0.37x-14.59$	532	564	597	
C_1	$y=0.56x+333.12$	1218	1271	1326	1320
单腿跪高	$y=0.79x-41.57$	1137	1205	1276	
C_2	$y=1.02x-984.11$	631	728	827	840
单腿跪距	$y=0.91x-730.32$	613	691	771	

附录 2

柜类家具设计高度　　单位:mm　$\dfrac{男子尺寸}{女子尺寸}$　　附表 3

编号 项目(y)	回归方程 x 为身高	5百分位	50百分位	95百分位	柜类家具 建议高度
A.1.1	$y = 0.99x + 269.33$	1843	1938	2034	1860
立姿单手托举最大高度	$y = 1.57x - 665.47$	1655	1796	1938	
A.2.1	$y = 1.05x - 153.72$	1506	1606	1708	1650
立姿单手托举舒适高度	$y = 1.21x - 324.39$	1471	1575	1683	
A.3.1	$y = 1.84x - 1083.8$	1821	1996	2174	1950
立姿单手推拉最大高度	$y = 1.26x - 87.31$	1789	1898	2010	
A.4.1	$y = 1.46x - 953.31$	1363	1502	1644	1500
立姿单手推拉舒适高度	$y = 1.24x - 479.72$	1356	1462	1572	
A.5.1	$y = 0.89x + 375.41$	1777	1861	1947	1800
立姿单手取放最大高度	$y = 1.41x - 465.04$	1635	1756	1882	
A.6.1	$y = 1.22x - 654.68$	1283	1399	1518	1350
立姿单手取放舒适高度	$y = 1.3x - 609.63$	1245	1358	1474	
B.1.1	$y = 0.72x - 535.33$	608	676	746	720
阅读桌台面舒适高度	$y = 0.48x - 101.28$	606	647	690	
B.2.1	$y = 0.8x - 686.67$	580	656	733	690
写字桌台面舒适高度	$y = 0.56x - 249.56$	586	634	684	
B.3.1	$y = 0.85x - 803.44$	540	621	703	660
打字桌台面舒适高度	$y = 0.46x - 120.71$	555	594	634	
B.4.1	$y = 1.1x - 1544.06$	208	314	421	360
坐姿单手推拉舒适高度	$y = 0.8x - 906.07$	287	356	427	
B.5.1	$y = 1.08x - 871.4$	841	944	1049	960
坐姿单手取放舒适高度	$y = 1.31x - 1137.87$	800	921	1029	
C.1.1	$y = 1.6x - 2159.9$	380	533	688	480
弯姿单手推拉舒适高度	$y = 1.37x - 1675.14$	352	470	591	
C.1.2	$y = 2.1x - 2756.89$	576	766	970	780
弯姿单手取放舒适高度	$y = 1.67x - 1932.2$	536	679	827	
DC.1.1	$y = 1.01x - 1342.27$	255	351	448	360
蹲姿单手推拉舒适高度	$y = 0.6x - 631.84$	263	315	368	
D.1.2	$y = 2.28x - 3291.5$	315	531	752	660
蹲姿单手取放舒适高度	$y = 2.68x - 3696.18$	282	521	751	
E.1.1	$y = 1.7x - 2343.8$	345	507	671	600
单腿跪姿推拉舒适高度	$y = 1.56x - 1964.4$	345	487	618	
E.1.2	$y = 2.42x - 3468.47$	355	584	819	720
单腿跪姿取放舒适高度	$y = 2.54x - 3412.72$	358	576	802	

柜类家具使用空间水平尺寸　　单位:mm　$\dfrac{男子尺寸}{女子尺寸}$　　附表4

姿势	项目（y）编号	回归方程（x 为身高）	5百分位	50百分位	95百分位	使用建议尺寸（最小尺寸加安全尺寸）
立姿	A.2.2	$y = 0.47x - 303.28$	435	479	524	510 + 150
	单手托举	$y = 0.24x - 4.10$	353	373	395	
	A.4.2	$y = 0.31x + 44.68$	534	564	594	600 + 150
	单手推拉	$y = 0.29x - 8.34$	417	442	468	
	A.5.2	$y = 0.7x - 879.32$	224	290	357	360 + 150
	单手取放柜前距离	$y = 0.85x - 1048.76$	219	292	368	
	A.6.2	$y = 0.7x - 725.15$	388	455	523	420
	单手取放搁置深度	$y = 0.69x - 651.42$	365	424	485	
坐姿	B.1.2	$y = 0.53x - 451.20$	394	445	496	480 + 200
	看书	$y = 0.4x - 167.95$	427	461	497	
	B.2.2	$y = 0.46x - 322.30$	402	445	490	480 + 200
	写字	$y = 0.46x - 276.77$	405	444	485	
	B.3.2	$y = 0.52x - 431.16$	392	443	493	480 + 200
	打字	$y = 0.36x - 129.62$	411	442	475	
	B.4.2	$y = 0.45x - 228.91$	487	530	574	570 + 200
	单手推拉	$y = 0.73x - 690.06$	400	463	528	
	B.5.2	$y = 0.98x - 1264.39$	281	373	468	480 + 200
	单手取放柜前距离	$y = 1.01x - 1253.32$	254	341	431	
	B.6.2	$y = 0.52x - 443.44$	372	421	471	420
	单手取放搁置深度	$y = 0.77x - 776.39$	369	434	504	
弯姿	C.1.2	$y = 0.69x - 451.71$	647	713	780	780 + 200
	单手推拉	$y = 0.56x - 172.64$	665	713	764	
	C.2.2	$y = 1.78x - 2406.65$	414	583	756	750 + 200
	单手取放柜前距离	$y = 0.45x - 106.89$	557	596	635	
	C.3.2	$y = 0.3x - 56.5$	419	448	477	420
	单手取放搁置深度	$y = 0.59x - 507.2$	366	417	469	
蹲姿	D.1.2	$y = 0.45x - 13.58$	696	739	782	780 + 200
	单手推拉	$y = 0.91x - 740$	610	689	769	
	D.2.2	$y = 0.43x - 144.38$	541	583	625	660 + 200
	单手取放柜前距离	$y = 0.35x + 17.81$	543	573	605	
	D.3.2	$y = 0.49x - 442.64$	328	374	422	330
	单手取放搁置深度	$y = 0.81x - 933.12$	264	334	405	
跪姿	E.1.2	$y = 0.45x + 110.66$	816	858	901	900 + 200
	单手推拉	$y = 0.67x - 214.06$	782	839	899	
	E.2.2	$y = 1.23x - 1330.44$	621	738	858	900 + 200
	单手取放柜前距离	$y = 0.51x - 127.49$	636	680	726	
	E.3.2	$y = 1.15x - 1582.24$	234	343	454	330
	单手取放搁置深度	$y = 0.72x - 770.36$	300	362	426	

单手不同功能高度的拉力　　单位:mm、kg　　　　　　　附表 5

姿势	功能高度	回归方程	5百分位	50百分位	95百分位	平均拉力	建议设计高度	建议最大计算拉力
立姿	最大高度(男)	$y=1.4x-403.63$	1824	1958	2095	6.08	1800	4.50
	最大高度(女)	$y=1.2x-67.40$	1709	1812	1918	4.40		
	最低高度(男)	$y=0.28x+357.57$	802	828	855	10.04	800	7.50
	最低高度(女)	$y=0.48x+49.25$	760	801	843	7.20		
	适宜高度(男)	$y=1.89x-2040.45$	945	1124	1307	11.38	1100	8.50
	适宜高度(女)	$y=1.06x-568.96$	1010	1101	1196	8.70		
坐姿	适宜高度(男)	$y=1.04x-1010.71$	642	741	843	19.12	650	10.50
	适宜高度(女)	$y=0.6x-295.86$	588	639	692	10.60		
弯姿	适宜高度(男)	$y=0.76x-521.14$	690	762	836	15.00	750	10.00
	适宜高度(女)	$y=1.09x-1003.08$	618	712	809	10.30		
蹲姿	适宜高度(男)	$y=0.56x-420.40$	472	526	580	17.31	500	13.00
	适宜高度(女)	$y=0.09x+348.79$	479	486	492	13.30		
跪姿	适宜高度(男)	$y=0.87x-889.66$	492	575	659	17.04	600	10.50
	适宜高度(女)	$y=0.39x-37.29$	545	579	614	10.70		

注:1. y 为不同姿势的拉力点高度,x 为被试身高;
　　2. 第 5、50、95 百分位的功能高度,均按国标 GB 10000—88《中国成年人人体尺寸》,男 18～60 岁(女 18～55 岁)的相应身高计算而得。

住宅功能空间低限净面积指标　　　　　　　　　附表 6

项　目	低限净面积指标(m^2)
起居室	16.20(3.6m×4.5m)
餐　厅	7.20(3.0m×2.4m)
主卧室	13.86(3.3m×4.2m)
次卧室(双人)	11.70(3.0m×3.9m)
厨房(单排型)	5.55(1.5m×3.7m)
卫生间	4.50(1.8m×2.5m)

住区空气质量标准　　　　　　　　　　　　　附表 7

参　数	单　位	标准值	备　注
二氧化硫	mg/m³	≤0.05	日平均值
一氧化碳	mg/m³	≤4.00	日平均值
二氧化氮	mg/m³	≤0.08	日平均值
臭　氧	mg/m³	≤0.12	1h平均值
总悬浮颗粒物	mg/m³	≤0.12	日平均值
可吸入颗粒物	mg/m³	≤0.05	日平均值

室内空气质量标准　　　　　　　　　　　　　附表 8

参　数	单　位	标准值	备　注
二氧化硫	mg/m³	≤0.50	1h平均值
二氧化氮	mg/m³	≤0.24	1h平均值
一氧化碳	mg/m³	≤10	1h平均值

续表

参　　数	单　位	标　准　值	备　注
二氧化碳	%	≤0.10	日平均值
氨	mg/m³	≤0.20	1h平均值
臭氧	mg/m³	≤0.16	1h平均值
甲醛	mg/m³	≤0.10	1h平均值
苯	mg/m³	≤0.11	1h平均值
甲苯	mg/m³	≤0.20	1h平均值
二甲苯	mg/m³	≤0.20	1h平均值
苯并[a]芘	mg/m³	≤1.0	日平均值
可吸入颗粒物	mg/m³	≤0.15	日平均值
总挥发性有机物	mg/m³	≤0.60	8h平均值
氡	Bq/m³	≤400	年平均值

室内新风量标准 附表9

参　数	单　位	标　准　值
新风量	m³/(h·人)	≥30
换气次数	次/h	1

室内装修材料有害物指标限量 附表10

材　料 \ 分类	指　标　限　量		
无机非金属装修材料		A类	B类
	内照射指数(I_{Ra})	≤1.0	≤1.3
	外照射指数(I_r)	≤1.3	≤1.9
人造木板、饰面人造板		E_1	E_2
	游离甲醛含量(mg/100g)	≤9.0	>9.0,≤30.0
	游离甲醛释放量(mg/L)	≤1.5	>1.5,≤5.0
涂料		溶剂型	水基型
	总挥发性有机化合物(g/L)	≤270~750	≤200
	游离甲醛(g/kg)		≤0.1
	苯(g/kg)	≤5	不得检出
胶粘剂		溶剂型	水基型
	总挥发性有机化合物(g/L)	≤750	≤50
	游离甲醛(g/kg)		≤1.0
	苯(g/kg)	≤5	

注1：室内溶剂型涂料中总挥发性有机化合物指标限量(g/L)：醇酸漆≤550,硝基清漆≤750,聚氨酯漆≤700,酚醛清漆≤500,酚醛磁漆≤380,酚醛锈漆≤270,其他溶剂型涂料≤600。
注2：溶剂型涂料不准用苯作为涂料溶剂。
注3：聚氨酯漆和聚氨酯胶粘剂都含有毒性较大的甲苯二异氰酸酯,前者不应大于7g/kg,后者不应大于10g/kg。

室内装饰涂料安全性评价指标 附表11

项　　目	安全性指标
急性吸入毒性	实际无毒
急性皮肤刺激	无刺激

续表

项 目	安全性指标
急性眼结膜刺激	无刺激
致突变性(Ames试验、睾丸染色体试验)	阴性

室内温度和相对湿度标准 附表12

参　数	单　位	标准值	备　注
温　度	℃	24~28	夏季制冷
		18~22	冬季采暖
相对湿度	%	≤70	夏季制冷
		≥30	冬季采暖

住区户外环境噪声标准 dB(A) 附表13

项　目		住宅周边
住 区 内	昼　间	≤55
	夜　间	≤45
干线道路两侧住宅	昼　间	≤70
	夜　间	≤55

住宅室内噪声标准 dB(A) 附表14

房 间 名 称		标　准　值
卧室、书房	昼　间	≤40
	夜　间	≤30
起 居 室	昼　间	≤45
	夜　间	≤35

分户墙与楼板空气声隔声标准 附表15

参　数	一级标准值	二级标准值
计权隔声量(dB)	≥50	≥45

楼板撞击声隔声标准 附表16

参　数	标　准　值
计权标准化撞击声压级(dB)	≤65

住宅日照标准 附表17

建筑气候区号和城市类型	Ⅰ、Ⅱ、Ⅲ、Ⅶ气候区		Ⅳ气候区		Ⅴ与Ⅵ气候区
	大城市	中小城市	大城市	中小城市	
日照标准日	大　寒　日				冬　至　日
日照时数(h)	≥2		≥3		≥1
有效日照时间带(h)	8~16				9~15
计算起点	住宅底层窗台面				

住宅室内采光标准   附表18

房间名称	侧面采光	
	采光系数最低值(%)	窗地面积比值(A_c/A_d)
起居室(厅)、卧室、书房、厨房	1	1/7
楼梯间	0.58	1/12

生活饮用水水质标准   附表19

	项目	限值
感官性状	色	15度
	浑浊度	1NTU
	臭和味	无
	肉眼可见物	无
一般化学指标	pH	6.5~8.5
	硬度(以碳酸钙计)	450mg/L
	铝	0.2mg/L
	铁	0.3mg/L
	锰	0.1mg/L
	铜	1.0mg/L
	锌	1.0mg/L
	挥发酚类(以苯酚计)	0.002mg/L
	阴离子合成洗涤剂	0.3mg/L
	硫酸盐	250mg/L
	氯化物	250mg/L
	溶解性总固体	1000mg/L
	耗氧量(以O_2计)	3mg/L
理化指标	氟化物	1.0mg/L
	氰化物	0.05mg/L
	硝酸盐(以N计)	20mg/L
	砷	0.05mg/L
	硒	0.01mg/L
	汞	0.001mg/L
	镉	0.005mg/L
	铬(六价)	0.05mg/L
	铅	0.01mg/L
	氯仿	0.06mg/L
	四氯化碳	0.002mg/L
微生物指标	细菌总数	100cfu/mL
	总大肠菌数	每100mL水样中不得检出
	粪大肠菌群	每100mL水样中不得检出
	游离余氯	≥0.3mg/L(与水接触30min后),≥0.05mg/L(管网末端水)

饮用净水水质标准   附表20

	项目	限值
感官性状	色	5度
	浑浊度	1NTU
	臭和味	无
	肉眼可见物	无

续表

项 目		限 值
一般化学指标	pH	6.5~8.5
	铝	0.2mg/L
	硬度(以碳酸钙计)	300mg/L
	铁	0.20mg/L
	锰	0.05mg/L
	铜	1.0mg/L
	锌	1.0mg/L
	挥发酚类(以苯酚计)	0.002mg/L
	阴离子合成洗涤剂	0.20mg/L
	硫酸盐	100mg/L
	氯化物	100mg/L
	溶解性总固体	500mg/L
	高锰酸钾消耗量(以氧计)	2mg/L
	*总有机碳	4mg/L
理化指标	氟化物	1.0mg/L
	氰化物	0.05mg/L
	硝酸盐(以N计)	10mg/L
	砷	0.01mg/L
	硒	0.01mg/L
	汞	0.001mg/L
	镉	0.01mg/L
	铬(六价)	0.05mg/L
	铅	0.01mg/L
	银	0.05mg/L
	氯仿	30μg/L
	四氯化碳	2μg/L
	滴滴涕	0.5μg/L
	六六六	2.5μg/L
	苯并(a)芘	0.01μg/L
微生物指标	细菌总数	50cfu/mL
	总大肠菌数	0cfu/mL
	粪大肠菌群	0cfu/mL
	游离余氯	≥0.05mg/L(管网末端水)
放射性指标	总α放射性	0.1Bq/L
	总β放射性	1Bq/L

*试行

中水水质标准　　　　附表21

指　　标 \ 项目	冲厕	道路清扫消防	绿化	车辆冲洗
pH	6.0~9.0			
色(度) ≤	30			
嗅	无不快感			
浑浊度(NTU) ≤	5	10	10	5

续表

指标 \ 项目		冲厕	道路清扫消防	绿化	车辆冲洗
溶解性总固体(mg/L)	≤	1500	1500	1000	1000
5日生化需氧量(mg/L)	≤	10	15	20	10
氨氮(mg/L)	≤	10	10	20	10
阴离子合成洗涤剂(mg/L)	≤	1.0	1.0	1.0	0.5
铁(mg/L)	≤	0.3	—	—	0.3
锰(mg/L)	≤	0.1	—	—	0.1
溶解氧(mg/L)	≤	1.0			
总余氯(mg/L)	≥	接触30min后1.0,管网末端0.2			
总大肠菌群(个/L)	≤	3			

水景类景观环境用水的再生水水质标准　　　　　　附表22

项目		观赏性景观环境用水	娱乐性景观环境用水
基本要求		无漂浮物,无令人不愉快的嗅觉和味道	
pH		6~9	
5日生化需氧量(mg/L)	≤	6	6
悬浮物(SS)	≤	10	—
浊度(NTU)	≤	—	5.0
溶解氧(mg/L)	≤	1.5	2.0
总磷(以P计,mg/L)	≤	0.5	0.5
总氮(mg/L)	≤	15	
氨氮(以N计,mg/L)	≤	5	
粪大肠菌群(个/L)	≤	2000	不得检出
余氯(mg/L)	≥	0.05(接触30min后)	
色(度)	≤	30	
石油类(mg/L)	≤	1.0	
阴离子表面活性剂(mg/L)	≤	0.5	

注:若使用未经过除磷脱氮的再生水作为景观用水,鼓励使用本标准的各方在回用地点积极探索通过人工培养具有观赏价值水生植物的方法,使景观水的氮磷满足表中的要求,使再生水中的水生植物有经济合理的出路。

说明:

1. 附表3中的 y 为功能高度,附表4中的 y 为功能深度(包括柜前距离和搁置深度),而 x 均为被试身高。

2. 表中第5、50、95百分位值,均按国标 GB 10000—88《中国成年人人体尺寸》18~60岁(女18~55岁)的相应百分位身高计算而得。

3. 附表4的统计表明,柜类家具前的使用空间最小水平尺寸约为(360+200)~(900+200)=560~1100mm,故室内家具布置时,柜前留有约900mm的空间,一般均能满足使用要求。柜内最佳搁置深度330~420mm,挂钩和搁置物品深度以360mm较为方便,此数值也适合工作而上的物品最佳搁置范围。

4. 附表6~附表22引自国家住宅与居住环境工程中心编制的《健康住宅建设技术要点》(2004年版)

参 考 文 献

1. 赫葆源,张厚粲,陈舒永等编.实验心理学.北京:北京大学出版社,1983
2. 常怀生编译.建筑环境心理学.北京:中国建筑工业出版社,1990
3. 贾云唏,周俊全,周振明主编.应用心理学词典.南宁:广西人民出版社,1993
4. 罗子明编著.消费者心理学.北京:中央编译出版社,1994
5. (丹麦)杨·盖尔著,何人可译.交往与空间.北京:中国建筑工业出版社,1992
6. L·H·肖丁尼斯基等,林达悃、李崇理译。声音·人·建筑.北京:中国建筑工业出版社,1985
7. (匈)L·巴赫基著.傅忠诚等译.房间的热微气候.北京:中国建筑工业出版社,1987
8. 肖辉乾,林若慈等译.日光与建筑译文集.北京:中国建筑工业出版社,1988
9. 龚锦编译,曾坚校.人体尺度与室内空间.天津:天津科学技术出版社,1987
10. 城乡建设环境保护部建筑设计院组织编号.王荣寿,黄德龄主编.室内设计论丛.北京:中国建筑工业出版社,1985
11. [美]程大锦著,乐民成编译.室内设计图解.北京:中国建筑工业出版社,1992
12. 中央工艺美术学院环境艺术设计系张绮曼,郑曙旸主编.室内设计资料集.北京:中国建筑工业出版社,1994
13. 建筑设计资料集(第二版).第1、2、3、4、5、6、7册.北京:中国建筑工业出版社,1994
14. 许家诊主编.商店建筑设计.北京:中国建筑工业出版社,1993
15. [美]阿摩斯·拉普卜特著,黄兰谷等译,张良皋校.建成环境的意义——非言语表达方法.北京:中国建筑工业出版社,1992
16. 赵红洪编译.普通人体工程学.长沙:湖南科学技术出版社,1988
17. 卢煊初,李广燕编译.人类工效学.北京:轻工业出版社,1990
18. 杨公侠编著.视觉与视觉环境.上海:同济大学出版社,1985
19. [德]J·约狄克著,冯纪忠、杨公侠译.建筑设计方法论.武汉:华中工学院出版社,1985
20. 卢少夫编著.立体构成.杭州:浙江美术学院出版社,1993
21. 雷印凯编著.设计基础平面构成.沈阳:辽宁美术出版社,1992
22. 朱伟编著.环境色彩设计.北京:中国美术学院出版社,1995
23. 史春珊,孙清军编著.建筑造型与装饰艺术.沈阳:辽宁科学技术出版社,1988
24. GESUNDES LICHT NATURLICHE UND WIRTSCHFTLICHE BELEUCHTUNG FRIEDRICH WOLFF. BAND4 ENERGIR UND LEBEN 1984. Naturwissenschaftliche Verlagsgellschft mbH in Freiburg.
25. Ergonomie Grundlagen menschlicher Arbeit und leistung Herausgegeben von Heinz Schmidtke Carl Hanser Verlag München 1973

后　　记

《人体工程学与室内设计》一书，克服了多种困难，终于脱稿。首先要感谢广大读者的谅解，主编来增祥教授和出版社编辑的支持和帮助，研究生史桓源为书稿整理做了大量工作。

该书内容涉及面很广，需要介绍的知识很多。通过编著，迫使我不断学习，终使散落的讲稿和脑中的印象初步成文，虽缺点和错误难免，但我深信，人体工程学，以及在人和环境交互作用基础上发展起来的行为建筑理论，将会受到建筑界更多同仁的重视，故著书虽苦，但而自慰。它将激发我去完成行为建筑学丛书的宿愿。

此书正值母校同济大学建校 90 周年，故权作校庆的献礼。

本书的编写始终得到妻子秦佩玲副教授的支持与鼓励。

刘盛璜　1997.5.8　于同济园